# 单片微型计算机原理

## （第二版）

邹丽新　翁桂荣　主编

苏州大学出版社

**图书在版编目(CIP)数据**

单片微型计算机原理/邹丽新,翁桂荣主编. —2版.
苏州:苏州大学出版社,2009.1
ISBN 978-7-81137-203-8

Ⅰ. 单… Ⅱ. ①邹…②翁… Ⅲ. 单片微型计算机－理论
Ⅳ. TP368.1

中国版本图书馆 CIP 数据核字(2009)第 009053 号

## 内 容 提 要

本书是以 MCS-51 单片微机为中心介绍单片微型计算机原理的教材。内容包括:微型计算机的基本知识、MCS-51 单片微机的硬件结构、指令系统、汇编语言程序设计、输入/输出口的扩展等。同时还简单介绍了近年来比较流行的新型 MCS-51 兼容单片微机,如:AT89 系列、Winbond 系列、NXP 80C51 系列、C8051F 单片机。

本书可作为高等院校单片微机课程的教材。全书具有较强的系统性、先进性和实用性,内容由浅入深,并配有习题,特别适合于没有学过微机原理课程的人员学习。本书也可作为工程技术人员参考用书。

**单片微型计算机原理(第二版)**

邹丽新 翁桂荣 主编

责任编辑 周建兰

───────────────────────

苏州大学出版社出版发行
(地址:苏州市干将东路 200 号 邮编:215021)
宜兴文化印刷厂印装
(地址:宜兴市南漕镇 邮编:214217)

───────────────────────

开本 787 mm×1 092 mm 1/16 印张 16.5 字数 410 千
2009 年 1 月第 2 版 2009 年 1 月第 1 次印刷
ISBN 978-7-81137-203-8 定价:28.00 元

───────────────────────

苏州大学版图书若有印装错误,本社负责调换
苏州大学出版社营销部 电话:0512-67258835

# 《单片微型计算机原理(第二版)》编委会

# 再版前言

《单片微型计算机原理》一书出版以来，深受广大读者的喜爱。当前单片微机技术在现代社会的各个领域正越来越广泛地得到应用。在我国最早得到推广应用，并迅速占领我国单片微机技术应用市场的 MCS-51，目前仍然在我国被广泛应用。这是因为 Intel 公司实施了对 MCS-51 的技术开放政策，与多家半导体公司签定了技术协议，允许这些公司在 MCS-51 内核的基础上开发与之兼容的新型产品。这一策略使 MCS-51 兼容单片机的产品种类和数量得到了迅速的发展。众多半导体厂商在 MCS-51 单片机的基础上，结合了最新的技术成果，推出了各具特色的 MCS-51 兼容单片机。这给 MCS-51 单片机这一早期开发的产品赋予了新的生命力，并形成了众星捧月、不断更新、长久不衰的发展格局，在 8 位单片机的发展中成为一道独特的风景线。MCS-51 系列以及由其派生出的 ATMEL89CX 系列、PHIL-IPS80C51、NXP 80C51 系列、C8051F 系列等以其优越的性能、成熟的技术以及高可靠性和高性能价格比，迅速占领了工业测控和智能仪器仪表应用的主要市场，成为国内单片微机应用领域的主流。

为了使《单片微型计算机原理》一书能更适应广大读者对单片微型计算机原理的学习、使用要求，我们对本教材进行了修订再版。这次修订再版主要涉及本书的第 7 章"输入/输出口的扩展"，第 8 章"新型 MCS-51 兼容计算机"。对某些遗漏进行了补充，如指令表中增加了"标志位影响"说明。再版后的教材在保持基本体系不变的前提下，对第 8 章的内容进行了全部改写，这是因为一些著名的半导体公司已经重组后更名，某些单片微机的型号也作了调整，第一版中介绍的某些型号的单片微机已经停产，第二版删除了这些内容，同时介绍了新推出的功能更强的 MCS-51 兼容单片机。第 7 章增加了"扩展输入/输出接口的应用"一节，方便了教师教学安排。这次再版我们特别增加了习题量，便于学生自学和练习。鉴于本书主要是作为教材使用，所以篇幅不宜过多，内容也不宜过杂，内容的安排和选择是为了便于学生学习单片微型计算机原理最基本的知识。

在本书修订再版期间各兄弟院校的老师提出了不少宝贵建议和意见，在此一并致以衷心的谢意。由于编者水平有限，错误、遗漏和不妥之处在所难免，敬请各位读者批评指正。

编　者
2009 年 1 月

# 第一版前言

随着电子技术的迅猛发展和超大规模集成电路设计和制造工艺的进一步提高,单片微机也有了迅速发展,各种新颖的单片微机层出不穷,令人目不暇接。当前单片微机技术已渗透到国防尖端、工业、农业、日常生活的各个领域,成为当今世界科技现代化不可缺少的重要工具和强有力的武器。人们都迫切希望学习和掌握单片微机技术。目前单片微机课程已成为高等院校中自动控制、测控技术、信息工程、机电一体化等专业的必修课。为此,我们总结了多年的教学经验以及科学研究成果,编写了本书。

在我国单片微机技术受到重视是在20世纪80年代中期,从那时起介绍单片微机的书籍也不断出版发行。而正是从那时起各高等院校相继开设了单片微机课程,但该课程往往安排在微机原理以后。因此学生进入单片微机领域往往需要学习两门课程(微机原理、单片微机)。本书的编写意图是将单片微机和微机原理结合起来,使得从来没有学过计算机硬件知识的读者也能较为顺利地阅读本书,在学习单片微机的同时,也可掌握一些计算机的硬件知识,这正是本书的特点。因此我们在编写此书时,力求深入浅出,通俗易懂,并注重理论联系实际。在重点介绍 Intel MCS-51 单片微机的同时,还介绍了一些近年来新推出的新颖单片微型计算机,以拓宽读者的视野。书中介绍了大量的应用实例,供读者参考。

全书以 Intel MCS-51 单片微机作为分析和讨论的对象。第1章介绍微型计算机的基础知识。第2章介绍 MCS-51 的硬件结构。第3、4章介绍 MCS-51 的指令系统和程序设计。第5、6章介绍 MCS-51 的中断、定时器及串行口。第7章介绍 MCS-51 并行输入/输出口的扩展技术。第8章介绍几种目前较为流行的常用单片微机。教师在讲授时可根据各专业的特点和需要适当删减部分内容,带"＊"号的章节可作为阅读材料。每章都附有少量的练习题,供读者练习。

读者如需进一步学习单片微机的接口技术,还可以参阅苏州大学出版社出版的《单片微型计算机接口技术》一书。

参加本书编写的人员有:邹丽新、翁桂荣、王富东、石明慧、毛伟康、陈蕾、朱桂荣、丁建强、栗荣、缪晓中、付保川、曹丰文、张崇军、徐大诚、李浩等。本书承蒙苏州大学计算机与信息工程学院副院长赵鹤鸣教授和物理系姚天忠教授负责主审。在编写期间各兄弟院校的老师提出了不少宝贵意见和建议,并参阅了相关的文献和资料,在此一并致以衷心的谢意。

由于编者水平有限,时间仓促,错误、遗漏和不妥之处在所难免,敬请各位读者批评指正。

编 者

2001. 10

# 目　录

## 第6章  定时器/计数器与串行接口

## 第7章  输入/输出口的扩展

## *第8章  新型 MCS-51 兼容单片机

# 第 1 章

## 微型计算机基础

## 1.1 概　述

### 1.1.1 计算机的产生与发展

电子计算机是一种能自动、高速、准确地对各种信息进行处理和存储,并能进行算术与逻辑运算的电子设备。电子计算机的产生标志着人类文明进入了一个崭新的历史阶段,并在人类发展史上引起了一场深刻的工业革命。

我们通常把以电子管及其电路为技术基础而构成的计算机称为第一代计算机( 1946 ~ 1958 年);第二代计算机为晶体管计算机时代(1958 ~ 1964 年);第三代计算机是以集成电路为主的计算机时代(1964 ~ 1971 年),这时计算机的逻辑元件已开始采用小规模与中规模的集成电路(Small Scale Integration or Middle Scale Integration,简称 SSI 或 MSI);第四代计算机是大规模与超大规模集成电路(Large Scale Integration and Very Large Scale Integration,简称 LSI 或 VLSI)计算机(1971 年以后),它是在单片硅片上集成了一千至几千万以上个晶体管的集成电路。

目前,计算机的应用已进入各个领域,计算机已从早期的数值计算、数据处理发展到当今进行知识处理的人工智能阶段,它不仅可以处理文字、字符、图形、图像信息,而且还可以处理音频、视频等信息,并正向智能、多媒体计算机方向发展。

在推动计算机技术发展的诸多因素中,除了计算机系统结构和计算机软件技术的发展起重大作用外,电子技术的发展起着决定性的作用。随着大规模与超大规模集成电路技术的快速发展,已能将原来体积庞大的中央处理器(Central Processing Unit,简称 CPU)集成在一块面积仅十几平方毫米的半导体芯片上,该半导体芯片称为微处理器(Microprocessor)。微处理器的出现,开创了微型计算机的新时代。以 MPU 为核心,加上半导体存储器,输入/输出(I/O)接口电路,系统总线和其他逻辑电路组成的计算机,称为微型计算机,它是计算机发展史上的又一重要环节。

### 1.1.2 计算机的基本组成

虽然计算机的型号各不相同,但其基本组成都可以分为硬件和软件两大部分,如图 1-1 所示。从第一代计算机问世以来,计算机不断更新换代,其实质就是硬件的更新换代。但无论它怎样改变、升级,就其基本工作原理而言,都是存储程序控制的原理,其基本结构均属于冯·诺依曼型计算机。它至少应由运算器、控制器、存储器、输入、输出设备这五个部分组成。原始的冯·诺依曼机在结构上是以运算器和控制器为中心的,但随着计算机系统结构的改进和发展,已逐渐演变为以存储器为中心的结构,如图 1-2 所示。

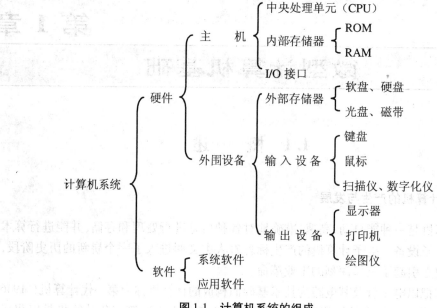

图 1-1　计算机系统的组成

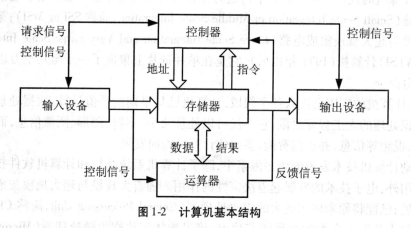

图 1-2　计算机基本结构

### 1.1.3　微型计算机的系统结构

微型计算机的组成与其他各类计算机的组成并无本质的区别。但是,由于微型计算机广泛使用了大规模和超大规模集成电路,这样就决定了微型计算机在组成上又具有它本身的特点。

微型计算机由微处理器(MP)、存储器(ROM、RAM)、I/O 接口电路、系统总线(地址总线 AB、数据总线 DB、控制总线 CB)这四个部分组成。

#### 1. 微处理器

微处理器是微型计算机的核心部件,其性能决定了微型计算机的性能。微处理器是集成在一片大规模集成电路上的控制器和运算器。不同型号微型计算机的差别,首先是其微处理器性能的不同。但是无论何种微处理器,其基本的部件总是相同的。如运算器部分,应包括算术逻辑单元(Arithmetical Logical Unit,简称 ALU)、累加器(Accumulator,简称 ACC)、标志寄存器(Flag Register,简称 FR)、寄存器组等。而控制器部分总是会有程序计数器(Program Counter,简称 PC)、指令寄存器、指令译码器、控制信号发生器等。

**2. 存储器**

存储器是用来存放程序或数据的,存储器分随机存储器(Random Access Memory,简称 RAM)和只读存储器(Read Only Memory,简称 ROM)。

**3. 系统总线(BUS)**

系统总线是计算机系统中各功能部件间传送信息的公共通道(公共信号线),它是微型计算机的重要组成部分,也称为内总线(在微型计算机外部,与外设或其他计算机进行通信的连线称外总线,或叫通讯总线)。系统总线包括地址总线(Address Bus,简称 AB)、数据总线(Data Bus,简称 DB)和控制总线(Control Bus,简称 CB)。

**4. 接口**

由于微型计算机广泛应用于各个领域,它所连接的外部设备要求不同的电平、速率、模拟或数字信号,同时微型计算机与外部设备之间还需要查询和应答信号,用来进行通信联络,因此就需要在微型计算机和外设之间连接一个中间部件,这就是输入/输出(I/O)接口,它也是微型计算机的主要部件。

### 1.1.4　单片微型计算机

随着 LSI、VLSI 技术的高速发展,微型计算机也向着两个方向快速发展:一是高性能的 32 位微型计算机系列正向中、大型计算机挑战;二是在一片芯片上集成多个功能部件,构成一台具有一定功能的单片微型计算机(Single-Chip Microcomputer),简称单片机。从微型计算机诞生开始,单片机的系列产品就如雨后春笋般地层出不穷。Intel 公司、Zilog 公司、Motorola公司、Gl 公司、Rockwell 公司、NEC 公司等世界著名计算机公司都纷纷推出自己的单片机系列产品。现在,已有 4 位、8 位和 16 位单片机的产品,32 位超大规模集成电路单片机也已面世。与此同时,单片机的工作性能不断改进和提高。

据统计,在 20 世纪 90 年代,全世界每 6 人就有一片单片机,美国及西欧国家已达人均 4 片。单片机已成为工控领域、军事领域及日常生活中使用最广泛的微型计算机。在我国以 Intel 的 MCS-51 单片机应用最为广泛。

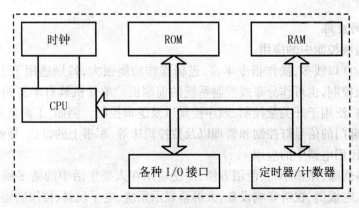

**图 1-3　单片微型计算机的结构框图**

单片机是在一块芯片上集成了中央处理器(CPU)、存储器(ROM、RAM)、输入/输出(I/O)接口、可编程定时器/计数器等构成一台计算机所必需的功能部件,有的还包含 A/D 转换器等,一块单片机芯片相当于一台微型计算机,其结构如图 1-3 所示,它具有如下特点。

(1) 集成度高、功能强

通常微型计算机的 CPU、RAM、ROM 以及 I/O 接口等功能部件分别集成在不同的芯片上。而单片机则不同,它把这些功能部件都集成在一块芯片内。

(2) 结构合理

单片机大多采用 Harvard 结构,这是数据存储器与程序存储器相互独立的一种结构,这种结构的好处是:

① 存储量大

如采用 16 位地址总线的 8 位单片机可寻址外部 64KB RAM 和 64KB ROM(包括内部 ROM)。此外,还有内部 RAM(通常为 64～256B)和内部 ROM(一般为 1～8KB)。正因为如此,单片机不仅可以进行控制,而且能够进行数据处理。

② 速度快、功能专一

单片机小容量的随机存储器安排在内部,这样的结构极大地提高了 CPU 的运算速度。并且由于单片机的程序存储器是独立的,因此很容易实现程序固化。

(3) 抗干扰性强

单片机的各种功能部件都集成于一块芯片上,其布线极短,数据均在芯片内部传送,增强了抗干扰能力,运行可靠。

(4) 指令丰富

单片机的指令一般有数据传送、算术运算、逻辑运算、控制转移等,有些还具有位操作指令。例如,在 MCS-51 系列单片机中,专门设有布尔处理器,并且有一个专门用于处理布尔变量的指令子集。

### 1.1.5 单片微型计算机的应用和发展

单片机的应用,打破了人们的传统设计思想。原来需要使用模拟电路、脉冲数字电路等部件来实现的功能,在应用了单片机以后,无需使用诸多的硬件,可以通过软件来解决问题。目前单片机已成为科技、自控等领域的先进控制手段,在人类日常生活中的应用也非常广泛。

#### 1. 单片机的应用

(1) 工业过程控制中的应用

单片机的 I/O 口线多,操作指令丰富,逻辑操作功能强大,特别适用于工业过程控制。单片机可作主机控制,也可作分布或控制系统的前端机。单片机具有丰富的逻辑判断和位操作指令,因此广泛用于开关量控制、顺序控制以及逻辑控制。例如,工矿企业的锅炉控制、电机控制,交通部门的信号灯控制和管理以及数控机床等,军事上的雷达、导弹控制等。

(2) 家用、民用电器中的应用

单片机价格低廉、体积小巧、使用方便,广泛应用在人类生活中的诸多场合,如洗衣机、电冰箱、空调器、电饭煲、视听音响设备、大屏幕显示系统、电子玩具、楼屋防盗系统等。

(3) 智能化仪器、仪表中的应用

　　单片机可应用于各类仪器、仪表和设备中,大大地提高了测试的自动化程度与精度,如智能化的示波器、计价器、电表、水表、煤气表等。

　　(4) 计算机网络、外设及通信技术中的应用

　　单片机中集成了通信接口,因而能在计算机网络以及通信设备中广泛应用。如 Intel 公司的 8044,它由 8051 单片机与 SDLC 通信接口组合而成,用高性能的串行接口单元 SIU 代替传统的 UART,其传送距离可达 1200m,传送速率为 2.4Mbit/s。此外,单片机还在小型背负式通信机、自动拨号无线电话网、串行自动呼叫应答设备、程控电话、无线遥控等方面均有广泛的应用。

## 2. 单片机的发展概况

　　单片机的发展主要可分为四个阶段。

　　(1) 4 位单片机(1971～1974 年)

　　它的特点是价廉、结构简单、功能单一、控制能力较弱。如 Intel 公司的 4004。

　　(2) 低、中档 8 位机(1974～1978 年)

　　此类单片机为 8 位机的早期产品,如 Intel 公司的 MCS-48 单片机系列,Rockwell 公司的 R6500 单片机,Zilog 公司的 Z8 系列单片机等。

　　(3) 高档 8 位机(1978～1982 年)

　　此类单片机有串行 I/O 口,有多级中断处理,定时/计数器为 16 位,片内 RAM、ROM 容量增大,寻址范围达 64KB,片内尚带有 A/D 转换接口。它们有 Intel 公司的 MCS-51、Motorola公司的 6801 等。

　　(4) 16 位单片机和超 8 位单片机(1982 年～目前)

　　这个阶段的单片机的特点是不断完善高档 8 位机,并同时发展 16 位单片机及专用类型的单片机。16 位单片机 CPU 为 16 位,片内 RAM 和 ROM 的容量也进一步增大,如片内 RAM 为 256 字节,ROM 为 8KB,片内带高速 I/O 部件,多通道 10 位 A/D 转换部件,中断处理 8 级,片内带监视器(Watchdog),以及 PWM(Pulse Width Modulation,脉冲宽度调制)、SPI 串行接口等。现在 32 位单片机也已进入实用阶段。

　　总之,单片机的发展趋势向着大容量、高性能与小容量、低廉化,外围电路内装化以及 I/O接口的增强和能耗降低等方向发展。

　　● 大容量化:片内存储器容量扩大。以前的 ROM 为 1～8KB,RAM 为 64～256 字节;现在片内 ROM 可达 40KB,片内 RAM 达 4KB,以后会越来越大。

　　● 高性能化:不断改善 CPU 性能,加快指令运算速度与提高系统控制的可靠性,加强位处理功能、中断与定时控制功能。并采用流水线结构,指令以队列形式出现在 CPU 中,具有极高的运算速度,有的则采用多流水线结构,其运算速度比标准单片机高出 10 倍以上。

　　● 小容量、低廉化:小容量、低廉的 4 位、8 位单片机是发展的方向之一,其用途是把以往用数字逻辑电路组成的控制电路单片化。

　　● 外围电路内装化:随着单片机集成度的提高,可以把众多的外围功能器件集成到片内,除了 CPU、ROM、RAM、定时/计数器等以外,尚可把 D/A 和 A/D 转换器、DMA 控制器、声音发生器、监视定时器、液晶驱动电路、彩色电视机和录像机的锁相电路等一并集成在片内。

　　● 增强 I/O 接口功能:为减少外部驱动芯片,进一步增加单片机并行口驱动能力,有的单片机可直接输出大电流、高电压,可直接驱动显示器,同时设置了高速 I/O 接口,提高内、

外数据的处理能力。随着超大规模集成工艺的不断完善与发展,将来的单片机的集成度将更高,体积将更小,功能将更强,现正向 32 位和双 CPU 的单片机方向发展。

● 低功耗:最新推出的单片机其工作电压为 1.8～3.6V,在 1MHz 工作频率下,其工作电流仅为 400μA。

# 1.2　数字化信息编码与数据表示

所谓编码,就是用少量简单的基本符号,选用一定的组合规则,以表示出大量复杂多样的信息。基本符号的种类和这些符号的组合规则是一切信息编码的两大要素。例如,用 10 个阿拉伯数码表示数字,用 26 个英文字母表示英文词汇等,这就是编码的典型例子。

计算机中广泛采用的是仅用"0"和"1"两个基本符号组成的基 2 码,或称为二进制码。2 称为码制的基。

## 1.2.1　常用的信息编码

信息编码是计算机设计与应用的基本理论之一,要求能熟练掌握并应用自如。本节主要介绍中西文字符编码、逻辑型数据的表示和数值型数据的表示等。

### 1. 二进制编码的十进制数

二进制数的运算规律十分简单,但二进制数给人的感觉不直观,因此,在计算机的输入与输出部分一般还是采用十进制数来表示。但计算机中的十进制数是用二进制编码表示的。一位十进制数用四位二进制编码来表示,表示的方法有很多,常用的则是 8421BCD 码( Binary Coded Decimal)码,见表 1-1 所示。

表 1-1　BCD 编码表

| 十 进 制 数 | 8421BCD 码 | 十 进 制 数 | 8421BCD 码 |
|:---:|:---:|:---:|:---:|
| 0 | 0000 | 8 | 1000 |
| 1 | 0001 | 9 | 1001 |
| 2 | 0010 | 10 | 0001　0000 |
| 3 | 0011 | 11 | 0001　0001 |
| 4 | 0100 | 12 | 0001　0010 |
| 5 | 0101 | 13 | 0001　0011 |
| 6 | 0110 | 14 | 0001　0100 |
| 7 | 0111 | 15 | 0001　0101 |

8421BCD 码有十个不同的数字符号,逢"十"进位,但它的每一位都是用四位二进制编码来表示,所以它是二进制编码的十进制数。

我们所用的 BCD 码比较直观。例如,$[0100\ 1001\ 0111\ 1000.0001\ 0100\ 1001]_{(BCD)}$,可以很快地认出它为 4978. 149。

所以,只要了解 BCD 码的十种编码形式,就可以方便地实现十进制数与 BCD 码之间的转换。

### 2. 字符编码

字符是计算机中使用最多的信息形式之一。每个字符都要指定一个确定的编码,作为识别与使用这些字符的依据。在微型计算机中使用最多、最普遍的是 ASCII（American Standard Code for Information Interchange）字符编码，如表 1-2 所示。

表 1-2　ASCII 字符编码表

| b6 b5 b4<br>b3 b2 b1 b0 | 000 | 001 | 010 | 011 | 100 | 101 | 110 | 111 |
|---|---|---|---|---|---|---|---|---|
| 0 0 0 0 | NUL | DLE | SP | 0 | @ | P | ` | p |
| 0 0 0 1 | SOH | DC1 | ! | 1 | A | Q | a | q |
| 0 0 1 0 | STX | DC2 | " | 2 | B | R | b | r |
| 0 0 1 1 | ETX | DC3 | # | 3 | C | S | c | s |
| 0 1 0 0 | EOT | DC4 | $ | 4 | D | T | d | t |
| 0 1 0 1 | ENQ | NAK | % | 5 | E | U | e | u |
| 0 1 1 0 | ACK | SYN | & | 6 | F | V | f | v |
| 0 1 1 1 | BEL | ETB | ' | 7 | G | W | g | w |
| 1 0 0 0 | BS | CAN | ( | 8 | H | X | h | x |
| 1 0 0 1 | HT | EM | ) | 9 | I | Y | i | y |
| 1 0 1 0 | LF | SUB | * | : | J | Z | j | z |
| 1 0 1 1 | VT | ESC | + | ; | K | [ | k | { |
| 1 1 0 0 | FF | FS | , | < | L | \ | l | \| |
| 1 1 0 1 | CR | GS | − | = | M | ] | m | } |
| 1 1 1 0 | SO | RS | . | > | N | ^ | n | ~ |
| 1 1 1 1 | SI | US | / | ? | O | − | o | DEL |

### 3. 中文的编码

中文的编码可分为信息交换码、计算机内部码、输入码和字形码等。信息交换码主要用于中文信息在各种领域之间的交换。计算机内部码又称机内码或简称内码，是中文在计算机内部表示的一种二进制代码。输入码主要用于中文的键盘输入，如拼音码、五笔字型码等，输入码又称外部码或简称外码。字形码是表示中文形状的二进制代码，主要用于中文的显示和打印输出。

● 中文信息交换码。

信息交换码是计算机信息处理的重要基础，也是机内码的依据。各国政府和世界标准化组织都制定了一系列信息交换码的标准，我国制定的中文信息交换码的标准有 GB2312、GB13000 和 GB18030 等。

1980 年，我国颁布了第一个汉字编码字符集标准，即 GB2312-1980《信息交换用汉字编码字符集基本集》。GB2312 规定对任意一个图形字符都采用两个字节表示，每个字节均采用七位编码表示。GB2312 将代码表分为 94 个区，对应第一字节；每个区 94 个位，对应第二字节，两个字节分别表示区号和位号。01 ~ 09 区为符号、数字区，16 ~ 87 区为汉字区，10 ~ 15 区、88 ~ 94 区是有待进一步标准化的空白区。GB2312 将收录的汉字分成两级：第一级是常用汉字计 3755 个，置于 16 ~ 55 区，按汉语拼音字母顺序排列；第二级汉字是次常用汉字计 3008 个，置于 56 ~ 87 区，按部首顺序排列。

在计算机内部，常用两个 8 位二进制数分别表示 GB2312 中规定的区号和位号。为了能与 ASCII 码区别开来和避开控制码，这两个 8 位二进制数是在区号值和位号值的基础上再分别加上十六进制数 0A0H（即二进制数 10100000B）来表示，这就是俗称的"国标码"。

GB2312-1980 奠定了中文信息处理的基础,但其所能表示的字符远不能适应计算机信息处理的要求,1993 年我国制定了与国际标准 ISO/IEC 10646 对应的标准——GB13000.1-1993。

ISO/IEC 10646 是由国际标准化组织(ISO)、国际电工委员会(IEC)联合制定的国际标准。该标准的全称是"Information technology-Universal multiple-octet coded Character Set (UCS)",即《信息技术通用多八位编码字符集(UCS)》。

UCS 可用于世界上各种语言的书面形式以及附加符号的表示、传输、交换、处理、存储、输入及显现。UCS 标准定义的一个字符用四个字节来表示,整个字符集包括 128 个组(Group-octet),每组 256 个平面(Plane-octet),每平面 256 个行(Row-octet),每行 256 个字位(Cell-octet)。

目前流行的工业标准 Unicode 和中日韩统一汉字(CJK Unified Ideographs)就是 UCS 的子集。由于 UCS 新的编码体系与现有多数操作系统和外部设备不兼容,所以它的实现仍需要有一个过程。

1995 年全国信息技术化技术委员会提出了《汉字内码扩展规范》和相应的 GBK 字符集。GBK 采用双字节表示,编码范围为 8140H ~0FEFEH 之间,首字节在 81H ~0FEH 之间,尾字节在 40H ~0FEH 之间,共收入 21886 个汉字和图形符号,包括了 GB2312-1980 所有汉字,并向下与其兼容。GBK 并在 MS Windows 9x/Me/NT/2000、IBM OS/2 等操作系统中得到广泛应用。

2000 年我国信息产业部和原国家质量技术监督局联合发布 GB18030-2000《信息技术信息交换用汉字编码字符集基本集的扩充》,该标准作为国家强制性标准,自发布之日起实施。

GB18030-2000 是国家标准,在技术上是 GBK 的超集,并与其兼容,因此 GBK 也将结束其历史使命。GB18030-2000 收录了 2.7 万多个汉字,其中还同时收录了藏文、蒙文、维吾尔文等主要的少数民族文字。

GB18030-2000 标准采用单字节、双字节和四字节三种方式对字符编码。单字节部分使用00H ~7FH 码位(对应于 ASCII 码的相应码位)。双字节部分,首字节码位从 81H ~0FEH,尾字节码位分别是 40H ~07EH 和 80H ~0FEH。四字节编码范围为 81308130H ~0FE39FE39H。其中第一、三个字节码位为 81H ~0FEH,第二、四个字节码位为 30H ~39H。

双字节部分收录内容主要包括 GB13000.1 中 CJK 全部中日韩统一汉字、有关标点符号、表意文字描述符、增补的汉字和部首/构件、双字节编码的欧元符号等。

四字节部分收录了上述双字节字符之外的,包括 CJK 统一汉字扩充在内的 GB13000.1 中的全部字符。

表 1-3 是几个字符在不同标准下的编码。

表 1-3  不同标准下的编码

| 字符 | GB2312 对应的区号/位号 (十进制表示) | GB2312 对应的国标码 (十六进制表示) | GBK 编码 GB18030 双字节编码 (十六进制表示) | CJK/Unicode 编码 (十六进制表示) |
|---|---|---|---|---|
| 啊 | 16 / 01 | B0A1 | B0A1 | 554A |
| 单 | 21 / 05 | B5A5 | B5A5 | 5355 |
| 片 | 38 / 12 | C6AC | C6AC | 7247 |
| 机 | 27 / 90 | BBFA | BBFA | 673A |
| 槛 | 无 | 无 | E946 | 9555 |
| 熚 | 无 | 无 | 9546 | 65FB |

● 中文输入码。

为了通过计算机的西文键盘输入汉字,必须提供汉字的输入码,通过在键盘上键入汉字的输入码,间接实现汉字输入。因此,汉字输入码应具有单义、方便、高速、可靠等性能,现在已有四、五百种汉字输入编码方案。目前,我们较为常见的具有不同特点、适应不同需要的汉字输入编码主要有:国标码、区位码、拼音码、快速码、首尾码、五笔字型码、纵横码等。

● 中文字形码。

在计算机汉字信息处理系统中,为了显示或打印输出中文,系统必须提供中文字形码。最简单的字形码是字形点阵代码。

例如,一个汉字可用 $n \times n$ 的点阵来表示,点阵中每一点用一位二进制数表示,有笔划点阵取 1,无笔划点阵取 0。

常用的中国国家点阵汉字库标准有:

$15 \times 16$ 宋体点阵汉字库标准 GB5199-1985。

$24 \times 24$ 宋体、仿宋体、楷体和黑体点阵汉字库标准 GB5007-1985。

$48 \times 48$ 宋体、仿宋体、楷体和黑体点阵汉字库标准 GB12041-1989、GB12042-1989、GB12043-1989 和 GB12044-1989。

$15 \times 16$ 宋体点阵汉字常按 $16 \times 16$ 存储,一个汉字需要用 32 个字节来表示。GB2312 所定义的 7000 多个汉字,其字库所占的存储量为 224KB。

采用较大点阵描划字形(如 $24 \times 24$、$48 \times 48$ 或 $128 \times 128$),汉字字形的质量可以提高,但同时字库的存储容量也大大增加了。如 $48 \times 48$ 字库的容量将是 $16 \times 16$ 字库的 9 倍。

在单片机系统中,一般只使用 $16 \times 16$ 宋体点阵字库。大于 $256 \times 256$ 的汉字库已失去了实用意义,更高质量的汉字字形一般不采用点阵形式,可采用矢量或轮廓字形码。

### 4. 逻辑数据的表示

逻辑数据是用来表示二值逻辑中的“是”与“否”或“真”与“假”两个状态的数据。很容易想到,用计算机中的基 2 码的两个状态“1”和“0”恰好能表示逻辑数据的两个状态。例如,用“1”表示“真”,“0”则表示“假”。注意:这里的 1 和 0 没有了数值和大小的概念,只有逻辑上的意义。对逻辑数据只能进行逻辑运算,产生逻辑数据结果,以表达事物内部的逻辑关系。逻辑数据在计算机内可以用一位基 2 码表示,这就是说,8 个逻辑数据可以存放在 1 个字节中,用其中的每一位表示一个逻辑数据。

### 5. 数值数据的表示与编码

数值数据是表示数量多少、数值大小的数据。它们有多种表示方法。

日常生活中,用得最多的是带正、负符号的十进制数字串的表示方法,例如,3.1416、−234 等。这种形式的数据难以在计算机内直接存储和计算,主要用于计算机的输入/输出操作,是人—机间交换数据的媒介。

在计算机中,是用二进制数表示数值、数据,包括整数、纯小数和实数(通称浮点数),这有利于减少所用存储单元的数量,又便于实现算术运算。为了更有效、更方便地表示负数,对二进制数又可选用原码、反码、补码等多种编码方案。

数值数据的表示与编码,对计算机的设计与实现,关系十分密切,且涉及到一些基础理论与处理技术,下面将进行详细的讨论。

### 1.2.2　计算机中数值数据的表示、转换和运算

**1. 数制与进位计数法**

在采用进位计数的数字系统中,如果只用 r 个基本符号(例如 $0,1,2,\cdots,r-1$)表示数值,则称其为基 r 数制,r 称为该数制的基。假定数值 N 用 $m+k$ 个自左向右排列的代码 $D_i$($-k \leqslant i \leqslant m-1$)表示,即

$$N = D_{m-1}D_{m-2}\cdots D_1 D_0 D_{-1} D_{-2} \cdots D_{-k} \tag{1.1}$$

式中的 $D_i$($-k \leqslant i \leqslant m-1$)为该数制的基本符号,可取 $0,1,2,\cdots,r-1$,小数点位置隐含在 $D_0$ 与 $D_{-1}$ 位之间,则 $D_{m-1}D_{m-2}\cdots D_1 D_0$ 为 N 的整数部分,$D_{-1}D_{-2}\cdots D_{-k}$ 为 N 的小数部分。

如果每一个 $D_i$ 的单位值都赋以固定的值 $W_i$,则称 $W_i$ 为 $D_i$ 位的权,此时的数制称为有权的基 r 数制。N 代表的实际值可表示为

$$N = \sum_{i=m-1}^{-k} D_i \times W_i \tag{1.2}$$

如果该数制的编码还符合"逢 r 进位"的规则,则每一位的权(简称位权)可表示为

$$W_i = r^i \tag{1.3}$$

式中的 r 是数制的基,i 为位序号。式(1.2)又可以写为

$$N = \sum_{i=m-1}^{-k} D_i \times r^i \tag{1.4}$$

此时该数制称为 r 进位数制,简称 r 进制。

下面是计算机中常用的几种进位数制。

二进制:$r=2$,基本符号 $0,1$。

八进制:$r=8$,基本符号 $0,1,2,3,4,5,6,7$。

十六进制:$r=16$,基本符号 $0,1,2,3,4,5,6,7,8,9,A,B,C,D,E,F$,其中 A~F 分别表示十进制数 $10,11,12,13,14,15$。

十进制:$r=10$,基本符号 $0,1,2,3,4,5,6,7,8,9$。

十进制、二进制、八进制、十六进制数码对照表如表 1-4 所示。

如果每一位 $D_i$ 都具有相同的基,即采用同样的基本符号集来表示,则称该数制为固定基数值,这是在计算机内普遍采用的方案。在个别应用中,也允许对不同的 $D_i$ 位或位段选用不同的基,则该数制称为混合基数制,典型的例子是时、分、秒的计时制,时的基为24,分和秒的基为60。

**表 1-4　二进制、八进制、十进制、十六进制数码对照表**

| 十进制数 | 十六进制数 | 二进制数 | 八进制数 | 十进制数 | 十六进制数 | 二进制数 | 八进制数 |
|---|---|---|---|---|---|---|---|
| 0 | 0 | 0000 | 0 | 9 | 9 | 1001 | 11 |
| 1 | 1 | 0001 | 1 | 10 | A | 1010 | 12 |
| 2 | 2 | 0010 | 2 | 11 | B | 1011 | 13 |
| 3 | 3 | 0011 | 3 | 12 | C | 1100 | 14 |
| 4 | 4 | 0100 | 4 | 13 | D | 1101 | 15 |
| 5 | 5 | 0101 | 5 | 14 | E | 1110 | 16 |
| 6 | 6 | 0110 | 6 | 15 | F | 1111 | 17 |
| 7 | 7 | 0111 | 7 | 16 | 10 | 10000 | 20 |
| 8 | 8 | 1000 | 10 | | | | |

**2. 数据的转换**

（1）二（八、十六）进制转换成十进制

数值 N 和用于表示它的多个二进制位间的关系为

$$N = \sum_{i=m-1}^{-k} D_i \times 2^i \tag{1.5}$$

式中的 $D_i$ 可以为 1 或 0。i 为位序号，整数部分的位序号为 $m-1 \sim 0$，小数部分的位序号为 $-1 \sim -k$；

N 等于 $m+k$ 位二进制位的数值之和。例如，$(1101.0101)_2 = 1 \times 2^3 + 1 \times 2^2 + 0 \times 2^1 + 1 \times 2^0 + 0 \times 2^{-1} + 1 \times 2^{-2} + 0 \times 2^{-3} + 1 \times 2^{-4} = (13.3125)_{10}$。

用二进制表示一个数值 N，所用的位数 K 为 $\log_2 N$，如表示 4096，K 为 13，写起来位串很长。为此，计算机中也常常采用八进制和十六进制来表示数值数据，N 和各进制位间的关系分别为

$$N = \sum_{i=m-1}^{-k} D_i \times 8^i \tag{1.6}$$

$$N = \sum_{i=m-1}^{-k} D_i \times 16^i \tag{1.7}$$

上述两式中所用符号的意义与讨论二进制处所用符号的意义类同，但此处 $D_i$ 包含的基本符号分别限于 $0 \sim 7$ 和 $0 \sim 9$ 再加 $A \sim F$，各位的码权分别为 $8^i$ 和 $16^i$。例如：

$$(7.44)_8 = 7 \times 8^0 + 4 \times 8^{-1} + 4 \times 8^{-2}$$
$$= (7.5625)_{10}$$
$$(1A.08)_{16} = 1 \times 16^1 + 10 \times 16^0 + 8 \times 16^{-2}$$
$$= (26.03125)_{10}$$

把用二进制、八进制、十六进制表示的数转换成十进制数，使人们更能清楚地衡量该数的大小。

（2）二进制数与八进制、十六进制数的关系

由于 1 位八进制数可以用 3 位二进制数重编码来得到，1 位十六进制数可以用 4 位二进制数重编码得到，故人们通常认为，在计算机这个领域内，八进制数和十六进制数，只是二进制数的一种特定的表示形式。

在把二进制数转换成八进制或十六进制表示形式，对每 3 位或每 4 位二进制位进行分组时，应保证从小数点所在位置分别向左和向右进行划分，若小数点左侧（即整数部分）的位数不是 3 或 4 的整数倍，可以按在数的最左侧补零的方法处理，对小数点右侧（即小数部分），应按在数的最右侧补零的方法处理。对不存在小数部分的二进制数（整数），应从最低位开始向左把每 3 位划分成一组，使其对应一个八进制位，或把每 4 位划分成一组，使其对应一个十六进制位。例如：

$$(1100111.10101101)_2 = (001\ 100\ 111.101\ 011\ 010)_2$$
$$= (147.532)_8$$
$$(1100111.10101101)_2 = (0110\ 0111.1010\ 1101)_2$$
$$= (67.AD)_{16}$$

把八进制数或十六进制数转换成二进制数的规律是把它们每 1 位的二进制值依次写出

来。如$(2.A)_{16} = (0010.1010)_2 = (10.101)_2$。

八进制和十六进制之间的转换,经过二进制的中间结果是十分方便的。

(3)十进制数转换成二进制数

十进制到二进制的转换,通常要区分数的整数部分和小数部分,分别按除 2 取余数和乘 2 取整数两种不同的方法来完成。

**例 1-1**　将十进制数 215 转换成二进制数。其过程如下:

$$
\begin{array}{r|l l l}
2 & 215 & \text{余数} & \text{低位} \\
2 & 107 & \cdots\cdots 1 \\
2 & 53 & \cdots\cdots 1 \\
2 & 26 & \cdots\cdots 1 \\
2 & 13 & \cdots\cdots 0 \\
2 & 6 & \cdots\cdots 1 \\
2 & 3 & \cdots\cdots 0 \\
2 & 1 & \cdots\cdots 1 \\
& 0 & \cdots\cdots 1 & \text{高位}
\end{array}
$$

所以,$(215)_{10} = (11010111)_2$。

**例 1-2**　将十进制小数 0.6875 转换成二进制数(假设要求小数点后取 5 位)。其过程如下:

$$
\begin{array}{l l}
& \text{整数部分}\quad \text{高位} \\
0.6875 \times 2 = 1.3750\cdots\cdots 1 \\
0.3750 \times 2 = 0.750\cdots\cdots 0 \\
0.750 \times 2 = 1.50\cdots\cdots 1 \\
0.50 \times 2 = 1.0\cdots\cdots 1 \quad\quad \text{低位}
\end{array}
$$

所以,$(0.6875)_{10} = (0.1011)_2$。

对既有整数又有小数的十进制数,可以先转换其整数部分为二进制数的整数部分,再转换其小数部分为二进制数的小数部分,再把得到的两部分结果合起来,就得到了转换后的最终结果。例如,$(6.375)_{10} = 6 + 0.375 = (110.011)_2$。其过程如下:

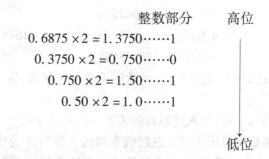

$$
\begin{array}{r|l l}
& & \text{整数部分} \\
2 & 6 \quad \text{余数} & 0.375 \times 2 = 0.75\cdots\cdots 0 \\
2 & 3 \cdots\cdots\cdots 0 & 0.75 \times 2 = 1.50\cdots\cdots 1 \\
2 & 1 \cdots\cdots\cdots 1 & 0.5 \times 2 = 1.0\cdots\cdots\cdots 1 \\
& 0 \cdots\cdots\cdots 1
\end{array}
$$

### 1.2.3　二进制数在计算机内的表示法

**1. 二进制数值数据的编码方法**

（1）机器数与真值

前面所提到的二进制数,是一种无符号数的表示,并没有涉及这个数的符号问题。但在实际应用中,数显然会有正有负。这里讲的编码方法,就是指计算机内表示正数、零和负数,以及它们实现算术运算所用到的规则。最常用的编码方法有原码、反码和补码三种表示方法。通常,一个编码的最高位用来表示符号,如字长为 8 位,即 d7 为符号位,d6 ~ d0 为数字位。符号位用"0"表示正,用"1"表示负。例如:

数值 $X = (+91)_{10} = (+1011011)_2$,用 8 位二进制编码可表示为 01011011;而对数值 X $= (-91)_{10} = (-1011011)_2$ 可表示为 11011011。

这样连同一个符号位在一起作为一个编码,就称为机器码或机器数,而其数值称为机器数的真值。

（2）原码、反码和补码

① 原码。

上面提到,正数的符号位用"0"表示,负数的符号位用"1"表示,其余各位与真值相同,这种编码就称为原码。例如:

设真值 $X = +105$,则相应的原码为$[X]_原 = 01101001$。

设真值 $Y = -105$,则$[Y]_原 = 11101001$。

用原码表示简单易懂,而且与真值的转换很方便。但如果是两个异号数相加(或两个同号数相减),就要做减法。因此,为了使上述运算转换为加法运算,就引入了反码和补码。

② 反码。

正数的反码表示与原码相同,最高位为符号位,用"0"表示正,其余位与真值相同。例如:

$$[+31]_反 = \quad 0 \quad \underline{0011111}$$
$$\text{符号位} \quad \text{二进制数值}$$

而负数的反码表示,就是由它的正数的按位取反(连符号位)而形成的。例如:

$$\begin{cases}[+31]_反 = 00011111 \\ [-31]_反 = 11100000\end{cases}$$

8 位二进制数的反码表示如表 1-5 所示。它的特点是:

● "0"有两种表示法。

● 8 位二进制反码所能表示的数值范围为 $-127 \sim +127$。

● 当一个带符号数由反码表示时,最高位为符号位。当符号位为"0"(即正数)时,后面的 7 位为数值部分;当符号位为"1"(即负数)时,这时一定要注意后面几位表示的不是此负数的数值,一定要把它们按位取反,才表示它的二进制值。

**表 1-5 计算机中数的表示法**

| 二进制数码 | 无符号二进制数的值 | 原码的值 | 反码的值 | 补码的值 |
|---|---|---|---|---|
| 00000000 | 0 | +0 | +0 | 0 |
| 00000001 | 1 | +1 | +1 | +1 |
| 00000010 | 2 | +2 | +2 | +2 |
| ... | ... | ... | ... | ... |
| 01111100 | 124 | +124 | +124 | +124 |
| 01111101 | 125 | +125 | +125 | +125 |
| 01111110 | 126 | +126 | +126 | +126 |
| 01111111 | 127 | +127 | +127 | +127 |
| 10000000 | 128 | −0 | −127 | −128 |
| 10000001 | 129 | −1 | −126 | −127 |
| 10000010 | 130 | −2 | −125 | −126 |
| ... | ... | ... | ... | ... |
| 11111100 | 252 | −124 | −3 | −4 |
| 11111101 | 253 | −125 | −2 | −3 |
| 11111110 | 254 | −126 | −1 | −2 |
| 11111111 | 255 | −127 | −0 | −1 |

③ 补码。

正数的补码表示与原码相同,即最高位为符号位,用"0"表示正,其余位为数值位。例如:

$$[+31]_补 = \quad 0 \qquad 0011111$$

符号位    数值位

而负数的补码表示是在它的反码基础上,再加 1 而形成的,例如:

$$\begin{cases} [-31]_原 = 10011111 \\ [-31]_反 = 11100000 \\ [-31]_补 = 11100001 \end{cases}$$

8 位带符号的补码表示也列在表 1-5 中,它有以下特点:

● $[+0]_补 = [-0]_补 = 00000000$。

● 8 位二进制补码所能表示的数值范围为 −128 ~ +127。

● 一个用补码表示的二进制数,最高位为符号位,当符号位为"0"(即正数)时,其余 7 位即为此数的二进制值;但当符号位为"1"(负数)时,其余几位不是此数的二进制值,将它们按位取反,且在最低位加 1,才是它的二进制值。

当负数采用补码表示时,就可以把减法转换为加法,计算公式如下:

$$[X-Y]_补 = [X]_补 - [Y]_补 = [X]_补 + [-Y]_补$$

例如,$[64-10]_补 = [64]_补 + [-10]_补$,$[64]_补 = 01000000$,$[-10]_补 = 11110110$,于是

按减法计算 $\begin{cases} \quad 01000000 \\ \underline{-00001010} \\ \quad 00110110 \end{cases}$    按加法计算 $\begin{cases} \quad 01000000 \\ \underline{+11110110} \\ 100110110 \end{cases}$

↑
自然丢失

由于在字长 8 位的机器内,位 7(d7)的进位自然丢失,故减法计算与按补码相加计算的

结果是相同的。例如：

$34-68=34+(-68)$，$[+34]_{\text{补}}=00100010$，$[+68]_{\text{补}}=01000100$，$[-68]_{\text{补}}=10111100$，则

$$
\begin{array}{r}
0\ 0\ 1\ 0\ 0\ 0\ 1\ 0 \\
+\ 1\ 0\ 1\ 1\ 1\ 1\ 0\ 0 \\
\hline
1\ 1\ 0\ 1\ 1\ 1\ 1\ 0
\end{array}
$$

和的符号位为 1，表示负数，数值部分后 7 位按位取反再加 1，可恢复为对应的原码，即为 10100010，所对应的真值为 $(-34)_{10}$。

综上所述，正数的原码、反码和补码的表示形式相同，负数的表示形式各不相同。计算机中常采用补码，其目的是可通过用对负数补码的加法运算来代替减法运算，从而在硬件上用加法电路同时实现加法和减法运算。

**2. 定点数与浮点数**

二进制数主要分成定点数与浮点数。

（1）定点数

数的定点表示法，就是指数值无论是整数还是小数，都统一用固定小数点位置的办法来表示。

① 定点小数的表示方法。

定点小数，是指小数点固定在数据某个位置上的小数。计算机运算中，常把小数点固定在最高数据位的左边，小数点前边可设一位符号位。按此规则，任何一个小数都可以被写成

$$N=N_s.N_{-1}N_{-2}\cdots N_{-m}$$

如果在计算机中用 $m+1$ 个二进制位表示上述带符号的小数，则可以用最高（最左）一个二进制位表示符号（如用"0"表示正号，用"1"就表示负号），而用后面的 $m$ 个二进制位表示该小数的数值。小数点不用明确表示出来，因为它总是定在符号位与最高数值位之间。定点小数值的范围很小，对用 $m+1$ 个二进制位表示的小数来说，其值的范围为

$$|N|\leqslant 1-2^{-m}$$

即小于 1 的纯小数。因此，用户在计算前，必须通过合适的"比例因子"把参加运算的数先化成绝对值小于 1 的小数，并保证运算的中间结果和最终结果的绝对值也都小于 1，在输出真正结果时，还要把计算的结果按相应的"比例因子"加以扩大。

② 定点整数的表示方法。

定点整数的小数点定在数值最低位右面，其表示数据的最小单位为 1。

整数又被分为带符号整数和不带符号整数两类。对带符号的整数来说，符号位被安排在最高位，任何一个带符号的整数都可以被写成

$$N=N_s.N_nN_{n-1}\cdots N_2N_1N_0$$

对于 $n+1$ 个二进制位表示的带符号的二进制整数，其值的范围为

$$|N|\leqslant 2^n-1$$

对不带符号的整数来说，所有的 $n+1$ 个二进制位均被视为数值，此时数值的范围为

$$0\leqslant N\leqslant 2^{n+1}-1$$

即原来的符号位被解释为 $2^n$ 的数值。

（2）浮点数

浮点数的小数点在数据中的位置可以浮动。一个数的浮点表示形式通常可写为

$$N = M \cdot R^E$$

这里 M 称为浮点数的尾数，R 称为阶的基数，E 称为阶的阶码。计算机中一般规定 R 为 2、8 或 16，是一个常数，不需要在浮点数中明确表示出来。因此，要表示浮点数，一是要给出尾数 M，通常用定点小数形式表示，它决定了浮点数的表示精度，即可以给出的有效数字的位数。二是要给出阶码，通常用整数形式表示，它指出的是小数点在数据中的位置，决定了浮点数的表示范围。浮点数也要有符号位。

① 浮点数表示格式。

在计算机中，浮点数通常被表示成如下格式：

| $M_s$ | E | M |
|---|---|---|
| 1 位 | m 位 | n 位 |

$M_s$ 是尾数的符号位，安排在最高一位；E 是阶码，紧跟在符号位之后，占用 m 位；M 是尾数，在低位部分，占用 n 位。

合理地选择 m 和 n 的值是十分重要的，以便在总长度为 1 + m + n 个二进制位表示的浮点数中，既保证有足够大的数值范围，又保证有所要求的数值精度。

一个浮点数的表示不是唯一的。例如，0.5 可以表示为 $0.05 \times 10^1$，$50 \times 10^{-2}$ 等。为了提高数据的表示精度，也为了便于浮点数之间的运算与比较，规定计算机内浮点数的尾数部分用纯小数形式给出，而且当尾数的值不为 0 时，其绝对值应大于或等于 0.5，即尾数的最高位为 1。对于不符合这一规定的浮点数，要通过修改阶码并同时左右移尾数的办法使其变成满足这一要求的表示形式，这种表示方式称为浮点数的规格化表示，变不满足规格化表示的浮点数为其规格化表示的处理过程，称为对浮点数的规格化操作。对浮点数的运算结果就经常需要进行规格化处理。例如：

$$非规格化数 \, 0.010011 \times 2^{+5} \rightarrow 规格化数 \, 0.100110 \times 2^{+4}$$

当一个浮点数的尾数为 0，不论其阶码为何值；或阶码的值遇到比它所能表示的最小值还小时，不管其尾数为何值，计算机都把该浮点数看成零值，又称机器零。

按 IEEE754 标准，常用的浮点数的格式见表 1-6。

表 1-6　常用的浮点数格式

| 格　式 | 符号位 | 阶码 | 尾数 | 总位数 |
|---|---|---|---|---|
| 短浮点数 | 1 | 8 | 23 | 32 |
| 长浮点数 | 1 | 11 | 52 | 64 |
| 临时浮点数 | 1 | 15 | 64 | 80 |

浮点数能够表示的数的范围要比定点数大得多。当需要进行大范围和高精度的数值运算时，常采用浮点数表示法。

② 浮点数的常用编码方法。

前面已经说到，在计算机内浮点数被表示为如下格式：

| $M_s$ | E | M |
|:---:|:---:|:---:|
| 1 位 | n + 1 位 | m 位 |

也可表示为如下格式:

| $E_s$ | E | $M_s$ | M |
|:---:|:---:|:---:|:---:|
| 阶符 | 阶码 | 尾符 | 尾数值 |

通常情况下,数的符号位 $M_s$ 仍采用"0"表示正、"1"表示负的规则。数的尾数部分 M 采用定点小数形式表示,可用原码或补码等编码方式。阶码部分 E 采用整数形式表示,可用原码或补码或其他编码方式。

例如,一个数 X 用 8 位机器浮点数表示如下,其中前三位表示阶符和阶码,后五位表示尾符和尾数值,它们都用原码表示:

$$1 \quad \underline{10} \quad 0 \quad \underline{1100}$$
$$\text{阶符} \quad \text{阶码} \quad \text{尾符} \quad \text{尾数值}$$

那么, $X = 0.1100B \times 2^{-10B} = 0.75 \times 2^{-2} = 0.1875$(其中后缀 B 表示二进制数)。

下面结合实例,介绍单片机中常用的三字节浮点数编码方法。

三字节浮点数格式如下所示:

| | d7 | d6 | d5 | d4 | d3 | d2 | d1 | d0 |
|:---:|:---:|:---:|:---:|:---:|:---:|:---:|:---:|:---:|
| 第 1 字节 | 数符 | 阶 | | | | | | 码 |
| 第 2 字节 | 尾 | | 数 | | ( | 高 | 位 | ) |
| 第 3 字节 | 尾 | | 数 | | ( | 低 | 位 | ) |

第 1 字节的高位 d7 为数的符号位,简称数符,"0"表示正,"1"表示负。

第 1 字节的 d6 ~ d0 为阶码,以补码形式表示。其中 d6 为阶码的符号位,"0"表示正,"1"表示负。阶码的表示范围为 – 64(1000000B) ~ + 63(0111111B)。

第 2 字节为尾数的高位字节,第 3 字节为尾数的低位字节,尾数为 16 位二进制数,以原码形式表示,表示的范围为 0.0000000000000000B ~ 0.1111111111111111B。

为保证最高精度,运算前,通过调整阶码使尾数最高位为 1,这个过程叫做"规格化"。规格化的尾数范围为 0.1000000000000000B ~ 0.1111111111111111B。尾数为 0 时,不管其数符和阶码如何,整个浮点数的值为 0。

这个三字节浮点数能表示的非零数范围为 $\pm$ ( 0.1000000000000000B $\times 2^{-1000000B}$ ~ 0.1111111111111111B $\times 2^{+111111B}$ ),即 $\pm$ ( $1 \times 2^{-65}$ ~ $65535 \times 2^{+47}$ ),对应的十进制数范围约为 $\pm$ ( $2.7 \times 10^{-20}$ ~ $9.2 \times 10^{+18}$ )。

这个三字节浮点数能表示的有效数精度为 $1/2^{15} \approx 0.000030517578125 \approx 0.00003$,相当于 4 位半十进制数的精度。

由三字节内容,可计算出相应的十进制数。

**例1-3** 已知三字节内容如下:

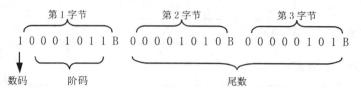

根据上述三字节浮点数格式,可知数符 = 1,阶码 = 0001011B,尾数为 0000101000000101B。尾数左移 4 位,得到规格化尾数 1010000001010000B,阶码减 4,调整为 0000111B,如下所示:

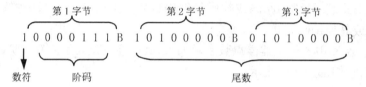

三字节的内容用十六进制表示为 87H、0A0H 和 50H,所表示的真值为

$$-0.1010000001010000B \times 2^{+0000111B} = -1010000.001010000B = -80.15625$$

**例 1-4** 已知十进制数 321,要用三字节浮点数表示,可先化为二进制数,依次求出尾数和阶码:321 = 141H = 101000001B,可取尾数 = 0141H = 0000000101000001B,取阶码为 16 = 0010000B,数符为 0,则三字节内容如下所示:

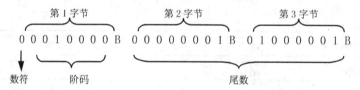

尾数进行规格化:尾数左移 7 位,阶码减 7,得

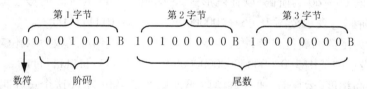

**例 1-5** 已知十进制数 26.4,要用三字节浮点数表示,可先化为二进制数,依次求出尾数和阶码。尾数的整数部分为 26 = 1AH = 11010B,尾数的小数部分为 0.4 ≈ 0.6666H = 0.0110011001100110B,所以 26.4 ≈ 1A.6666H = 11010.0110011001100110B。规格化后,尾数取为 0.1101001100110011B = 0.D333H,取阶码为 5 = 000101B,数符为 0,三字节内容如下所示:

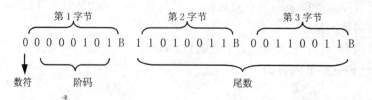

三字节内容用十六进制表示为 05H、0D3H、33H。当然这个三字节浮点数与十进制数 26.4 之间有一定的误差,这个三字节浮点数的实际值为 26.39990234375。

# 习　题　一

1. 微型计算机系统由哪些主要结构部件组成？

2. 什么是微处理器？它与 CPU 是什么关系？

3. 简述单片微型计算机的结构和特点。它与一般的微型计算机有什么区别?

4. 什么是 BCD 码？什么是压缩 BCD 码？什么是非压缩 BCD 码?

5. 我国制定的中文信息交换码标准有哪些？它们可以表示的中文字符有多少?

6. 定点数与浮点数的表示方法各有什么特点?

7. 原码、补码和反码在表示正数和负数时有什么区别?

8. 设真值 X = 115,Y = –117,写出 X 与 Y 的原码、反码和补码(8 位二进制数)。

9. 按本章介绍的一种三字节浮点数格式,三个字节分别为 12H、87H、6AH,它所表示的十进制数为多少?

10. 用本章介绍的一种三字节浮点数格式来表示十进制数 2001.75,则三个字节分别是什么?

11. 将下列二进制数转换成十六进制数。

(1) 1111001101011100B　　　　　(2) 1011100110000100B

(3) 1101011110010010B　　　　　(4) 1011001101011110B

12. 将下列十进制数转换成二进制数和十六进制数。

(1) 12　　　　(2) 35　　　　(3) 100　　　　(4) 255

13. 分别用压缩 BCD 码和非压缩 BCD 码表示下列十进制数。

(1) 15　　　　(2) 28　　　　(3) 39　　　　(4) 76

14. 用 ASCII 码表示下列字符串。

(1) ab　　　　(2) 46　　　　(3) DEH　　　　(4) \$

15. 写出下列数据的原码和补码(取字长为 8 位二进制数)。

(1) 30　　　　(2) –30　　　　(3) –95　　　　(4) 102

16. 十六进制数转换为 ASCII 码的规律是怎样的?

17. 8 位无符号二进制数的数据表示范围是多少?

18. 8 位有符号二进制数的数据表示范围是多少?

19. 10 位有符号和无符号二进制数的数据表示范围是多少?

20. 单片机的发展趋势如何?

# 第 2 章

# MCS-51 单片机的硬件结构

## 2.1 MCS-51 单片机的组成及工作原理

### 2.1.1 MCS-51 单片机的结构与特点

MCS-51 单片机是由 Intel 公司研制开发的系列产品，是目前国内广泛应用的单片机，属于这一系列的单片机型号有许多种，它们的基本组成和基本性能都是相同的。

**1. MCS-51 单片机的基本组成**

MCS-51 单片机是在一块芯片中集成了 CPU、ROM、RAM、定时器/计数器和多种功能的 I/O端口等一台计算机所需要的基本功能部件。图 2-1 所示为 MCS-51 单片机的基本结构框图。

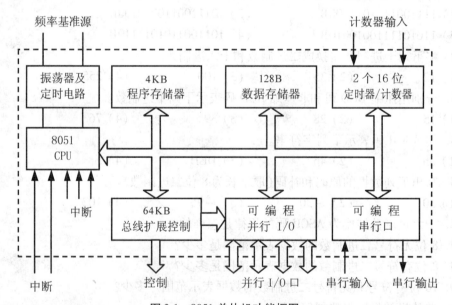

图 2-1　8051 单片机功能框图

单片机内部包含了下列几个部件：

- 一个 8 位 CPU；
- 一个片内振荡器及时钟电路；
- 4KB 程序存储器；
- 128B 数据存储器；
- 两个 16 位可编程定时器/计数器；

- 一个可编程全双工串行口；
- 四个 8 位可编程并行 I/O 端口；
- 64KB 外部数据存储器和 64KB 程序存储器扩展控制电路；
- 五个中断源，两个优先级嵌套中断结构。

以上各部分通过总线相连接。

### 2. MCS-51 单片机处理器及内部结构

MCS-51 单片机处理器及内部结构如图 2-2 所示。和一般微处理器相比，除了增加接口部分外，基本结构是相似的，有的只是部件名称不同。如图中的程序状态字 PSW（Program Status Word）就相当于一般微处理器中的标志寄存器 FR（Flag Register）。但也有明显不同的地方，如图中的数据指针 DPTR（Data Pointer）是专门为指示存储器地址而设置的寄存器。

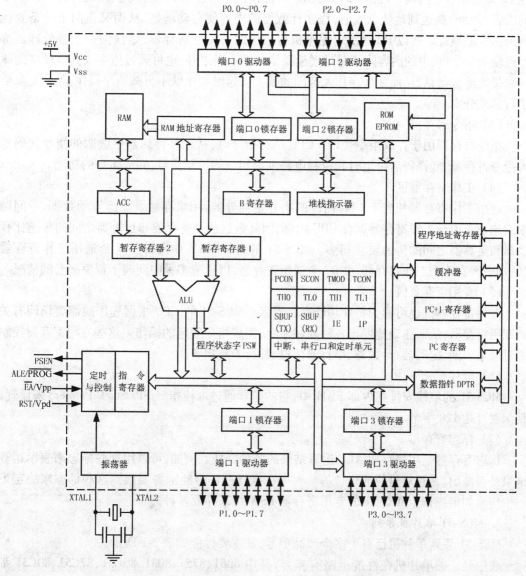

**图 2-2　MCS-51 单片机处理器及内部结构框图**

（1）运算器

运算器的功能是进行算术运算和逻辑运算,可以实现对半字节(4 位)、字节等数据进行操作。它能完成加、减、乘、除、加 1、减 1、BCD 码十进制调整等算术运算及与、或、异或、非、移位等逻辑操作。MCS-51 单片机的运算器还包括一个布尔处理器,专门用来进行位操作。它是以进位标志 C 为位累加器的,可执行置位、清零、取反、等于 1 转移、等于 0 转移以及进位标志位与其他可寻址位之间进行数据传送等位操作。也可使进位标志位与其他可寻址位之间进行逻辑与、或操作。

（2）程序计数器 PC( Program Counter)

MCS-51 单片机的程序计数器 PC 用来存放即将要执行的指令的地址,共 16 位。可对64K 字节的程序存储器直接寻址。若系统的程序存储器在片外,执行指令时,PC 的低 8 位经 P0 口送出,PC 的高 8 位由 P2 口送出。一般情况下程序总是按顺序执行的,因此当 PC 中的内容(地址)被送到地址总线后,程序计数器的内容便自动增加,从而又指向下一条要执行的指令的地址。所以 PC 是决定程序执行顺序的关键性寄存器,是任何一个微处理器都不可缺少的。PC 中的内容除了通过增量操作自动改变之外,也可通过指令或其他硬件的原因来接收地址信息,从而使程序作大范围的跳变。这时程序就不再按顺序操作了,而是发生了转移或分支。

（3）指令寄存器

指令寄存器用于存放指令代码。CPU 执行指令时,从程序存储器中读取的指令代码送入指令寄存器,经译码后由定时和控制电路发出相应的控制信号,完成指令的功能。

（4）工作寄存器区

通用工作寄存器相当于 CPU 内部的小容量存储器,用来存放参加运算的数据、中间结果或地址。由于工作寄存器就在 CPU 内部,因此数据通过寄存器和运算器之间的传递比存储器和运算器之间的传递要快得多。MCS-51 的内部 RAM 中开辟了 4 个通用工作寄存器区,每个区有 8 个工作寄存器,共 32 个通用寄存器,以适应多种中断或子程序嵌套的情况。

（5）专用寄存器区

专用寄存器区也可称为特殊功能寄存器区。MCS-51 的 CPU 根据程序的需要访问有关的专用寄存器,从而正确地发出各种控制命令,完成指令规定的操作。这些专用寄存器控制的对象为中断、定时器/计数器、串行通信口、并行 I/O 口等。

（6）堆栈

MCS-51 的堆栈安排在内部 RAM 中,它的位置通过堆栈指针 SP( Stack Pointer)来设置,其深度可达 128 字节。

（7）标志寄存器

标志寄存器是用来存放 ALU 运算结果的各种特征。例如,可以用这些标志来表示运算结果是否溢出,是否有进位或借位等。程序在执行过程中经常需要根据这些标志来决定下一步应当如何操作。MCS-51 的专用寄存器 PSW 用来存放各种标志。

3. MCS-51 单片机系列

MCS-51 系列单片机已有十多个产品型号,其主要性能如表 2-1 所示。

表中列出的单片机在性能上略有差异,其中 8051、8751、8031、80C51、87C51、80C31 都称为 51 子系列,而 8052、8752、8032、80C252、87C252、80C232 则称为 52 子系列,它是

MCS-51 系列单片机中的一个子系列,其性能要优于 51 子系列。两组中带"C"则表示所用工艺为 CMOS,故具有低功耗的特点,如 8051 功耗约为 630mW,而 80C51 的功耗只有 120mW。此外,8751、87C51 和 8752、87C52 还具有两级程序保密系统。

**表 2-1　MCS-51 系列单片机性能表**

| 型号 | 片内 ROM | | 片内 RAM /B | 片外 ROM 寻址范围 /KB | 片外 RAM 寻址范围 /KB | 计数器/定时器 | 中断源 | I/O 口 | |
|---|---|---|---|---|---|---|---|---|---|
| | 掩膜 ROM /KB | EPROM /KB | | | | | | 并行口 | 串行口(全双工) |
| 8051 | 4 | | 128 | 64 | 64 | 2×16(位) | 5 | 4×8(位) | 1 |
| 8751 | | 4 | 128 | 64 | 64 | 2×16(位) | 5 | 4×8(位) | 1 |
| 8031 | | | 128 | 64 | 64 | 2×16(位) | 5 | 4×8(位) | 1 |
| 80C51 | 4 | | 128 | 64 | 64 | 2×16(位) | 5 | 4×8(位) | 1 |
| 87C51 | | 4 | 128 | 64 | 64 | 2×16(位) | 5 | 4×8(位) | 1 |
| 80C31 | | | 128 | 64 | 64 | 2×16(位) | 5 | 4×8(位) | 1 |
| 8052 | 8 | | 256 | 64 | 64 | 3×16(位) | 6 | 4×8(位) | 1 |
| 8752 | | 8 | 256 | 64 | 64 | 3×16(位) | 6 | 4×8(位) | 1 |
| 8032 | | | 256 | 64 | 64 | 3×16(位) | 6 | 4×8(位) | 1 |
| 80C252 | 8 | | 256 | 64 | 64 | 3×16(位) | 7 | 4×8(位) | 1 |
| 87C252 | | 8 | 256 | 64 | 64 | 3×16(位) | 7 | 4×8(位) | 1 |
| 80C232 | | | 256 | 64 | 64 | 3×16(位) | 7 | 4×8(位) | 1 |

### 2.1.2　MCS-51 单片机的引脚功能

MCS-51 系列单片机中各种型号芯片的引脚是相互兼容的,而绝大多数都采用 40 引脚的双列直插封装方式。图 2-3(a)为引脚排列图,图 2-3(b)为逻辑符号图。40 条引脚的功能简要说明如下:

**1. 主电源引脚 Vcc 和 Vss**

(1)Vcc(40)

Vcc(40)正常操作时接 +5V 电源。

(2)Vss(20)

Vcc(20)接地。

**2. 外接晶体引脚 XTAL1 和 XTAL2**

(1)XTAL1(19)

接外部晶体和微调电容的一个引脚。在单片机内部,它是一个反相放大器的输入端,这个放大器构成了片内振荡器。当采用外部振荡器时,对 HMOS 单片机(如 8051),此引脚应接地。对 CMOS 单片机(如 80C51),此引脚作为振荡信号的输入端。

(2)XTAL2(18)

接外部晶体和微调电容的另一个引脚。在单片机内部,它是反相放大器的输出端。当采用外部振荡器时,对 HMOS 单片机,此引脚接收振荡器信号,即把振荡器信号直接送入内部时钟发生器的输入端。对 CMOS 单片机,此引脚应浮空。

**3. 控制或其他电源复用引脚 RST/Vpd、ALE/$\overline{\text{PROG}}$、$\overline{\text{PSEN}}$和$\overline{\text{EA}}$/Vpp**

(1) RST/Vpd(9)

当振荡器工作时,在此引脚上出现两个机器周期以上的高电平将使单片机复位。

当 Vcc 掉电期间,此引脚可接上备用电源,由 Vpd 向内部 RAM 提供备用电源,以保持内部 RAM 中的数据。

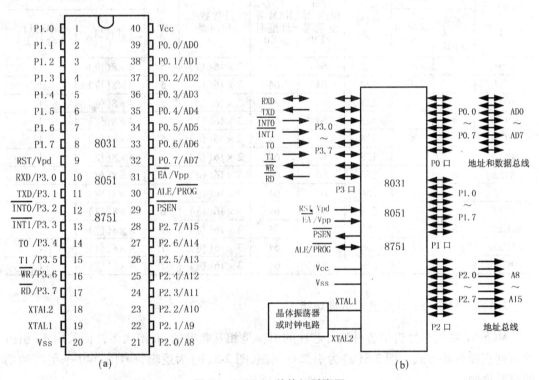

图2-3　MCS-51 单片机引脚图

(2) ALE/$\overline{\text{PROG}}$(30)

当访问外部存储器时,地址锁存允许 ALE( Address Latch Enable )信号的输出用于锁存低 8 位地址信息。即使不访问外部存储器,ALE 端仍以不变的频率周期性地发出正脉冲信号。此信号的频率为振荡器的 1/6。但是要注意的是,每当访问外部数据存储器时,将少发出一个 ALE 信号。因此假若要将 ALE 信号直接作为时钟信号,那么程序中必须不出现访问外部数据存储器的指令,否则就不能将 ALE 作为时钟信号。ALE 端可以驱动(吸收或输出电流)8 个 LSTTL 电路。对于 EPROM 型单片机( 如 8751),在 EPROM 编程期间,此引脚用于输入编程脉冲信号( $\overline{\text{PROG}}$)。

(3) $\overline{\text{PSEN}}$(29)

该端输出外部程序存储器读选通信号。当 CPU 从外部程序存储器取指令(或数据)期间,在 12 个振荡周期内将会出现 2 次$\overline{\text{PSEN}}$信号(低电平)。但是如果 CPU 执行的是一条访问外部数据存储器指令,那么在执行这条指令所需的 24 个振荡周期内将会少发出 2 个$\overline{\text{PSEN}}$信号,即原来在 24 个振荡周期内应该发出 4 个$\overline{\text{PSEN}}$信号,而它仅发出 2 个$\overline{\text{PSEN}}$信号。CPU 在访问内部程序存储器时,$\overline{\text{PSEN}}$端不会产生有效的$\overline{\text{PSEN}}$信号。$\overline{\text{PSEN}}$端同样可以驱动(吸收或输出电流)8 个 LSTTL 电路。

（4）$\overline{EA}/V_{PP}$（31）

访问外部程序存储器控制端。当$\overline{EA}$端保持高电平时,单片机复位后访问内部程序存储器,当 PC 值超过 4KB（对 8051/8751）或 8KB（对 8052/8752）时,将自动转向执行外部程序存储器程序。当$\overline{EA}$端保持低电平时,则只访问外部程序存储器,而不管内部是否有程序存储器。

对于 EPROM 型单片机,在 EPROM 编程期间,该引脚用于施加 EPROM 编程电压。

**4. 输入/输出引脚**

（1）P0.0 ~ P0.7（39 ~ 32）

P0 是一个 8 位漏极开路型双向 I/O 口。在访问外部存储器时可作为地址（低 8 位）/数据分时复用总线使用。当 P0 作为地址/数据分时复用总线使用时,在访问存储器期间它能激活内部的上拉电阻。在 EPROM 型单片机编程时,P0 接收指令,而在验证程序时,则输出指令。验证时,要求外接上拉电阻。P0 能以吸收电流的方式驱动 8 个 LSTTL 电路。

（2）P1.0 ~ P1.7（1 ~ 8）

P1 是一个内部带上拉电阻的 8 位准双向 I/O 口。在对 EPROM 型单片机编程和验证程序时,它接收低 8 位地址。P1 能驱动（吸收或输出电流）4 个 LSTTL 电路。

在 52 子系列中（如 8052、8032）,P1.0 还被用作定时器/计数器 2 的外部计数输入端,即专用功能端 T2。P1.1 被用作专用功能端 T2EX ,即定时器 T2 的外部控制端。

（3）P2.0 ~ P2.7（21 ~ 28）

P2 是一个内部带上拉电阻的 8 位准双向 I/O 口。在访问外部存储器时,它送出高 8 位地址。在对 EPROM 型单片机编程和验证程序期间,它接收高 8 位地址。P2 可以驱动（吸收或输出电流）4 个 LSTTL 电路。

（4）P3.0 ~ P3.7（10 ~ 17）

P3 是一个内部带上拉电阻的 8 位准双向 I/O 口。P3 能驱动（吸收或输出电流）4 个 LSTTL 电路。P3 每个引脚分别具有第二功能,如表 2-2 所示。

**表 2-2　P3 各口线的第二功能**

| 口线 | 第 二 功 能 |
| --- | --- |
| P3.0 | RXD（串行口输入） |
| P3.1 | TXD（串行口输出） |
| P3.2 | $\overline{INT0}$（外部中断 0 外部输入） |
| P3.3 | $\overline{INT1}$（外部中断 1 外部输入） |
| P3.4 | T0（定时器/计数器 0 外部输入） |
| P3.5 | T1（定时器/计数器 1 外部输入） |
| P3.6 | $\overline{WR}$（外部数据存储器写选通） |
| P3.7 | $\overline{RD}$（外部数据存储器读选通） |

### 2.1.3 振荡器、时钟电路和 CPU 时序

#### 1. 振荡器、时钟电路

MCS-51 单片机内部有一个用于构成振荡器的高增益反相放大器,引脚 XTAL1 和 XTAL2 分别是该放大器的输入端和输出端。这个放大器与作为反馈元件的片外石英晶体及电容一起构成一个自激振荡器。

图 2-4 是 HMOS 型单片机片内振荡器的等效电路。外接石英晶体以及电容 C1 和 C2 构成并联谐振电路,接在放大器的反馈回路中。

石英晶体可以在 1.2~12MHz 之间选择,外接电容的值虽然没有严格的要求,但电容的大小多少会影响振荡器频率的高低、振荡器的稳定性、起振的速度和温度特性。C1、C2 通常选择为 30pF 左右。在设计印刷电路板时晶体和电容应尽量与单片机靠近,以减少寄生电容,更好地保证振荡器的稳定性。

根据需要我们也可以采用外部振荡器来产生时钟,图 2-5 所示的是 HMOS 型单片机采用外部振荡器产生时钟的电路。由于 XTAL2 端的逻辑电平不是 TTL 电平,建议外接一个上拉电阻。

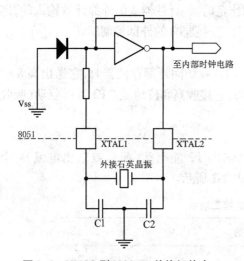

图 2-4　HMOS 型 MCS-51 单片机片内振荡器的等效电路

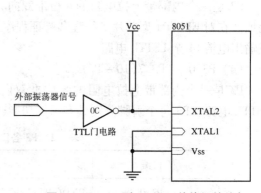

图 2-5　HMOS 型 MCS-51 单片机的外部振荡器产生时钟电路

图 2-6 所示的是 CMOS 型单片机内部振荡器的等效电路,该电路与 HMOS 型的电路有两点重要的区别:一是内部时钟发生器的输入信号取自反相放大器的输入端,而不是像 HMOS 型电路那样取自输出端;二是此振荡器的工作靠软件控制,当电源控制寄存器 PCON 的 PD 位置 1 时,可切断振荡器的工作,使系统进入低功耗工作状态。

CMOS 型单片机片内振荡电路外接的晶振和 C1、C2 的取值同 HMOS 型单片机。

在 CMOS 型电路中,因内部时钟发生器的信号取自反相放大器的输入端(即与非门的一个输入端),故采用外部振荡器产生时钟时,接线方式与 HMOS 型有所不同,如图 2-7 所示。

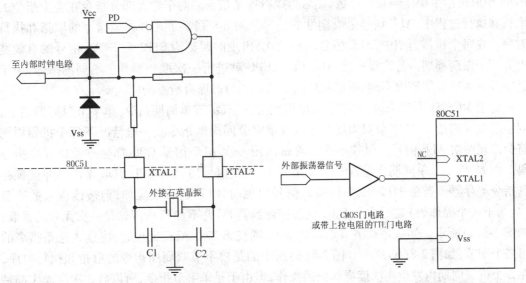

图 2-6　CMOS 型 MCS-51 单片机片内　　　　图 2-7　CMOS 型 MCS-51 单片机的外部
振荡器的等效电路　　　　　　　　　　　　振荡器产生时钟电路

外部振荡器信号通过一个 2 分频的触发器而成为内部时钟信号,它向系统提供了一个 2 节拍的时钟信号,一个时钟信号的密度宽度称为一个状态周期 S。在每个状态的前半周期,节拍 1 有效;在每个状态的后半周期,节拍 2 有效。

**2. CPU 时序**

微型计算机的 CPU 实质上就是一个复杂的同步时序电路,所有工作都是在时钟信号控制下进行的。每执行一条指令,CPU 的控制器都要发出一系列特定的控制信号,这些控制信号在时间上的相互关系问题就是 CPU 的时序。

一般将 CPU 发生的控制信号分成两类。一类是用于计算机内部的,这类信号非常多,用户并不直接接触这些信号;另一类信号是通过控制总线送到片外的。由于在使用计算机时,用户必须接触这类控制信号,因此这部分信号的时序,用户必须掌握它。

对于一般微处理器来说,由于存储器以及接口电路都不在同一块芯片上,因此需要较多的控制信号与外界联系,时序也就较为复杂。而对单片机来说,时序就要简单得多。

单片机的指令由字节组成,而在讨论单片机的时序时,则以机器周期作为单位。在一个机器周期中,单片机可以完成某种规定的操作。例如,取指令,读存储器,写存储器等。

MCS-51 单片机的每个机器周期包含 6 个状态周期。由于每个状态周期包含 2 个节拍(2 个振荡周期),因此一个机器周期包含 12 个振荡周期,由 S1P1(状态 1 节拍 1)一直到 S6P2(状态 6 节拍 2),若采用 12MHz 的晶体振荡器,则每个机器周期恰为 $1\mu s$ 。

每条指令都由一个或几个机器周期组成,执行一条指令的时间称为指令周期。在 MCS-51 系统中,有单周期指令、双周期指令和四周期指令。四周期指令只有乘、除两条指令,其余都是单周期或双周期指令。

指令的执行速度和它的机器周期直接有关,机器周期较少则执行速度快。因此,在编程时要选用同样功能而机器周期少的指令。

每一条指令的执行都可以包括取指和执行两个阶段。在取指阶段,CPU 从内部和外部

ROM 中取出指令操作码及操作数,然后再执行这条指令。对于绝大部分指令在整个指令的取指和执行过程中,ALE 信号是周期性的信号。图 2-8 列举了几种典型指令的取指和执行时序。在每个机器周期中,ALE 信号出现两次,出现的时刻为 S1P2 和 S4P2,信号的有效宽度为两个振荡周期。每出现一次 ALE 信号,CPU 就进行一次取指操作。不同的指令,由于其字节数和机器周期数不同,所以具体的取指和执行时序有所不同。

对于 MCS-51 系统来说,有单字节单周期指令、双字节单周期指令、单字节双周期指令、双字节双周期指令、三字节双周期指令以及单字节四周期指令。一般情况下每个机器周期将会出现两次 ALE 信号。但并不意味着每出现一次 ALE 信号 CPU 都会有效地读取指令码。例如,单字节单周期指令,在 S1P2 第一个 ALE 信号出现时 CPU 读取操作码并被锁存到指令寄存器。当在 S4P2 第二个 ALE 信号出现时,CPU 仍有读操作,但被读进去的字节(应为下一个操作码)是不予考虑的,且程序计数器 PC 并不加 1,所以这是一次无效的读取,如图 2-8(a)所示。如果是双字节单周期指令,则在第二个 ALE 出现时,将读入这条指令的第二个字节,如图 2-8(b)所示。图 2-8(c)所示的是单字节双周期指令的取指和执行时序,在 2 个机器周期内发生 4 次读操作码的操作,但由于是单字节指令,所以后 3 次读操作都是无效的。

但是当指令执行的是对外部 RAM 进行读写操作时,ALE 信号不是周期性的。对外部 RAM 进行读写操作的时序,我们将在本章程序存储器的扩展一节中加以讨论。

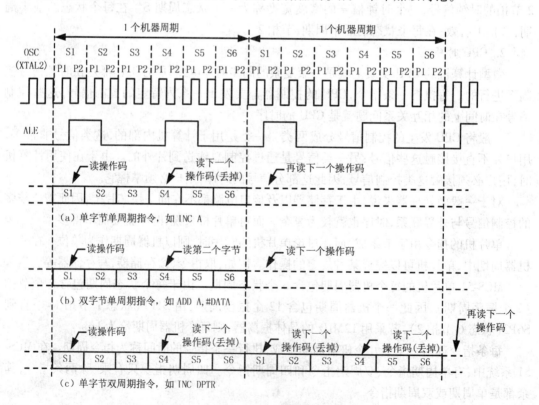

图 2-8 MCS-51 典型指令的取指/执行时序

### 2.1.4　并行 I/O 端口

MCS-51 单片机有四个 8 位并行 I/O 口(P0、P1、P2、P3),共 32 根 I/O 线,四个端口都是双向通道。每一条 I/O 口线都是独立地用作输入或输出。作输出时数据可以锁存,作输入时数据可以缓冲,但这四个端口的功能不完全相同。

1. P0 口

图 2-9 所示的是 P0 口的位结构逻辑图,它包含 1 个输出锁存器、2 个三态缓冲器、1 个输出驱动电路和 1 个输出控制电路。输出驱动电路由一对 FET(场效应管)组成,其工作状态受输出控制电路的控制。控制电路由一个与门、一个反相器和模拟开关 MUX 组成。模拟开关的位置由 CPU 发出的控制信号决定,当控制信号为低电平时,模拟开关接通输出锁存器的 $\overline{Q}$ 端。同时由于控制信号送入与门的一个输入端,所以与门输出为 0,这样输出级中的 T1 处于截止状态,从而使 T2 处于开漏状态,因此 P0 口的输出级是漏极开路的电路。

当控制信号为低电平时,P0 可作为一般的 I/O 口用,其输出和输入操作如下:CPU 向端口输出数据时,写脉冲加在触发器的时钟端 CL 上,此时与内部总线相连的 D 端数据经反相后由 $\overline{Q}$ 端输出后送输出级的 T2,再经 T2 反相后送出,因此在 P0 引脚上出现的数据正好是内部总线的数据。P0 的输出级可以灌电流的方式驱动 8 个 LSTTL 输入。因为 P0 作为输出口使用时处于漏极开路状态,所以必需外接上拉电阻。

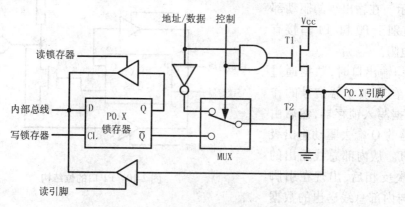

**图 2-9　P0 口的位结构**

当进行输入操作时,端口中的两个三态缓冲器用于读操作。下面一个三态缓冲器用于直接读端口引脚的数据,当执行通用的端口输入指令时,读引脚脉冲信号将缓冲器打开,这样引脚上的数据经三态缓冲器直接送入内部总线。上面一个三态缓冲器的输入端连接至输出锁存器的 Q 端,在读锁存器脉冲信号的作用下,缓冲器打开,这样 Q 端的数据被读入内部总线,而 Q 端的数据实际上是与从内部总线输出至引脚的数据相一致的。结构上作这样的安排是为了适应所谓"读—修改—写"这类指令的需要。这类指令操作过程是:先读端口,随之可以对读入的数据进行修改,然后再将修改后的数据写到端口。例如,逻辑或指令"ORL P0,A"就属于这类指令。该指令的功能是先把 P0 口的数据读入 CPU,随后同累加器 A 中的数据按位进行逻辑或操作,最后将逻辑或的结果送回 P0 口。

对于"读—修改—写"这类指令,不直接读引脚上的数据而读取锁存器 Q 端的数据,是为了避免错误地读取引脚上的电平信号。例如,若用一根口线去驱动一个晶体管的基极,当向该口写 1 时,晶体管 be 结导通,并把引脚的电平箝为 0.6～0.7V。这时若从引脚上读取数据,会把此数据错误地读为 0(实际应为 1)。而从锁存器 Q 端读取数据,则能得到正确的数据。

从图 2-9 中还可以看出,从引脚上输入的外部信号既加在三态缓冲器的输入端上,又加在输出级 T2 的漏极上,若此场效应管 T2 是导通的(相当于输出的是数据 0),则引脚上的电位始终被箝在低电平上,因此数据不可能被正确地读入。为了能从引脚上正确地输入数据,在 P0 口作输入口前,必须向端口先写 1,这样使输出级的两只场效应管 T1、T2 均处于截止状态,引脚处于浮空状态,作高阻抗输入。P0 口输出级的结构有别于 P1 口、P2 口、P3 口输出级的结构。只有 P0 口才能真正实现高阻抗输入。从这个意义上理解,可以认为 P0 口是一个双向口。

当 P0 口作为地址/数据分时复用总线使用时,控制信号为 1,模拟开关接向地址/数据输出端,同时与门开锁。这样从地址/数据输出端送出的信号既可通过与门去驱动输出级场效应管 T1,又可以通过反相器经模拟开关去驱动输出级场效应管 T2。如果从外部输入数据,则仍应从下面一个输入缓冲器进入内部总线。

**2. P1 口**

P1 口是一个准双向口,作通用 I/O 口使用,P1 口的位结构如图 2-10 所示。在输出级的驱动部分,P1 口有别于 P0 口,P1 口接有内部上拉电阻。

P1 口作输出时,数据通过内部总线,在写锁存器信号的作用下,将数据写入锁存器,然后由输出锁存器的 $\overline{Q}$ 端去驱动输出级场效应管 T。从内部总线输出的数据经两次反相后,出现在引脚上的数据与内部总线送出的数据

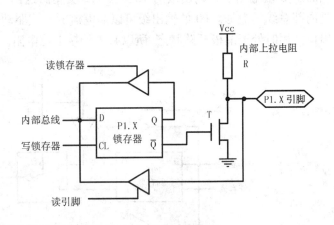

**图 2-10　P1 口的位结构**

应该相同。P1 口作输入口时,必须先向引脚写 1,使场效应管 T 截止,该引脚由内部上拉电阻拉成高电平。于是,当外部输入信号为高电平时,该口线为 1;当外部输入信号为低电平时,该口线为 0,从而使输入端的电平随着输入信号而变,这样便能正确地读入出现在引脚上的信息。P1 口作为输入口时,可以被任何 TTL 电路和 MOS 电路所驱动。由于内部具有上拉电阻,所以也可以直接被集电极开路或漏极开路的电路驱动而不必外加上拉电阻。同时由于 P1 口内部具有上拉电阻,所以不可能实现高阻抗输入,从这个意义上理解,P1 口被认为是一个准双向口。

与 P0 口一样,CPU 读 P1 口也有两种读取情况:读引脚和读锁存器。读引脚时,打开下面一个三态缓冲器,读入引脚上的数据(如执行指令"MOV A,P1");读锁存器时,打开上面一个三态缓冲器,读入输出锁存器 Q 端的数据,这与前面分析的 P0 口情况相同。因此,P1 口同样可以执行"读—修改—写"操作。

在 52 子系列中,P1.0 可以作为定时器/计数器 2 的外部输入端,此引脚以标识符 T2 表

示,P1.1 可以作为定时器/计数器 2 的外部控制输入,以标识符 T2EX 表示。

### 3. P2 口

P2 口的位结构如图 2-11 所示,它同 P1 口一样内部有上拉电阻。P2 口可作为通用的 I/O 口使用,也可以作为外扩存储器时的地址总线(输出高 8 位地址),其功能转换由内部控制信号对模拟开关(MUX)进行切换实现。当 P2 口作通用的 I/O 口使用时,模拟开关(MUX)倒向输出锁存器,接通输出锁存器的 Q 端。P2 口作为通用的 I/O 口使用时,其功能与 P1 口相同,它也是一个准双向口。当系统需在外部扩展存储器时,模拟开关(MUX)在控制信号的作用下倒向地址输出端,这样高 8 位的地址信息可以通过 P2 口送出。在外部扩展程序存储器的系统中,由于访问外部存储器的操作连续不断,P2 口不断地送出高 8 位地址,因而这时 P2 口不能再作通用的 I/O 口使用了。对于内部没有程序存储器的单片机(如8031、8032)来说,P2 口通常只作为地址总线使用,即使 P2 口的 8 根地址总线没有全部与外部程序存储器的地址总线连接,P2 口中剩余的端口也不能作为通用的 I/O 口使用。

在不接外部程序存储器而接有外部数据存储器的系统中,情况有所不同。若外接数据存储器的容量为 256 字节,则可使用外部数据存储器页内访问的指令(如"MOVX @ Ri"类),这时可由 P0 口送出 8 位地址,P2 口引脚上的状态在整个访问外部数据存储器期间不会改变,故 P2 口仍可作通用的 I/O 口。若外接数据存储器的容量较大时,需用"MOVX @ DPTR"类指令,这时由 P0 口和 P2 口送出 16 位地址,在读/写周期内 P2 将保持地址信息。但从图 2-11 所示的结构可知,输出地址时锁存器的内容不会在送地址的过程中改变,故在访问外部数据存储器周期结束后,P2 口锁存器的内容又会重现在引脚上。这样,根据访问外部数据存储器的频繁程度,P2 口仍可在一定程度内作通用的 I/O 口使用。在外扩数据存储器容量不太大的情况下,也可从软件上设法实现,利用 P1 口或 P2 口的某几根口线先送出高位地址,然后用"MOVX @ Ri"类指令送出低 8 位地址,这样就可以保留 P2 口中的部分或全部口线作通用的 I/O 口。

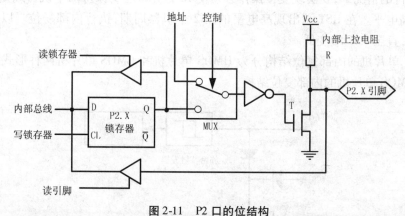

图 2-11　P2 口的位结构

### 4. P3 口

P3 口是一个双功能口,其每一位的结构如图 2-12 所示。当它作为通用 I/O 口使用时,其工作原理与 P1 口和 P2 口类似,因此,P3 口也是一个准双向口。此时第二功能输出端为高电平,使与非门对输出锁存器的 Q 端保持畅通。

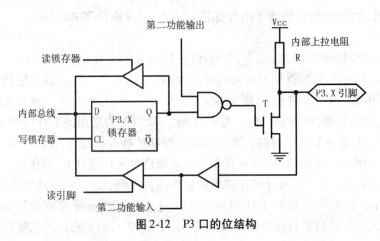

**图 2-12　P3 口的位结构**

P3 口除了可以作为通用 I/O 口使用外,它的各位还分别具有第二功能,P3 口各位的第二功能见表 2-2。关于这些口的第二功能介绍见后续章节。当某一位作为第二功能使用时,相应的某一位输出锁存器必须为 1,这时与非门对第二功能输出端是畅通的。当某一位作为输入口输入数据时,不管是作为通用输入口或作为第二功能输入口,相应的输出锁存器和第二功能输出端都应置 1。

在 P3 口的引脚信号输入通道中有 2 个缓冲器,第二功能输入口的输入信号取自第一个缓冲器的输出端,通用输入口的输入信号仍取自三态缓冲器的输出端。

### 2.1.5　复位和低功耗操作

1. 复位

RST 引脚是复位信号的输入端。在 RST 引脚出现高电平时实现复位和内部初始化。在振荡器运行的情况下,要实现复位操作必须使 RST 引脚至少保持两个机器周期(24 个振荡周期)的高电平。在 RST 端出现高电平的第 2 个机器周期,执行内部复位。以后每个周期重复一次,直至 RST 端变低。

MCS-51 单片机的内部复位结构分为 HMOS 单片机和 CMOS 单片机两种形式。图 2-13 表示的是 HMOS 单片机的内部复位结构。

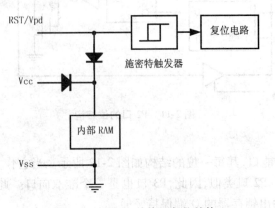

**图 2-13　HMOS 单片机复位结构**

复位引脚 RST/Vpd(在掉电方式下该引脚向内部 RAM 供电)通过一个施密特触发器与

复位电路相连。施密特触发器用于抑制噪声,复位电路在每个机器周期的 S5P2 采样施密特触发器的输出,必须连续两次采样为高才形成一次完整的复位和初始化。

　　CMOS 型的内部复位结构如图 2-14 所示。CMOS 的复位引脚仅起复位功能,而不是 RST/Vpd,因为 CMOS 单片机的备用电源是由 Vcc 引脚提供的。

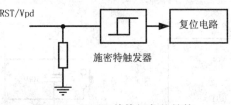

图 2-14　CMOS 单片机复位结构

　　复位后,各内部寄存器的状态如下:

| 寄存器 | 内容 |
| --- | --- |
| PC | 0000H |
| ACC | 00H |
| B | 00H |
| PSW | 00H |
| SP | 07H |
| DPTR | 0000H |
| P0 ~ P3 | 0FFH |
| IP | $\times\times$000000B |
| IE | 0 $\times$000000B |
| TMOD | 00H |
| TCON | 00H |
| T2CON | 00H |
| TH0 | 00H |
| TL0 | 00H |
| TH1 | 00H |
| TL1 | 00H |
| TH2 | 00H |
| TL2 | 00H |
| RCAP2H | 00H |
| RCAP2L | 00H |
| SCON | 00H |
| SBUF | 不确定 |
| PCON | 0 $\times\times\times$0000B |

　　复位时把 ALE 和$\overline{PSEN}$端设置为输入状态,即 ALE = 1 和$\overline{PSEN}$ = 1,内部 RAM 中的数据将不受复位的影响。

　　复位的实现通常可以采用开机上电复位和外部手动复位两种方式。图 2-15 (a)为开机上电复位电路,加电瞬间 RST 端的电位与 Vcc 相同,随着 RC 电路充电电流的减小,RST 端的电位逐渐下降。只要 RST 端保持 10ms 以上的高电平就能使 MCS-51 单片机有效地复位。复位电路中的 RC 参数通常由实验调整,若 C 采用 $10\mu F$,R 采用 $8.2k\Omega$,时间常数为 $10 \times 10^{-6} \times 8.2 \times 10^{3}s = 82ms$,只要 Vcc 的上升时间不超过 1ms,振荡器建立时间不超过 10ms,这个时间常数足以保证完成复位操作。上电复位所需的最短时间是振荡器建立时间加上 2 个机器周期。

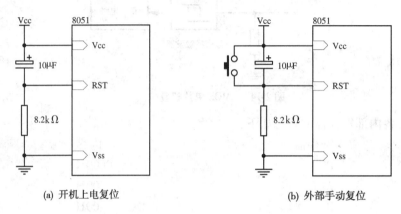

(a) 开机上电复位　　　　　　　　　(b) 外部手动复位

图 2-15　复　位　电　路

### 2. 低功耗操作

在功耗成为关键因素的应用场合,可以采用低功耗操作方式,对于 HMOS 和 CMOS 工艺的 51 系列单片机各有自己的低功耗操作方式。

(1) CMOS 工艺的单片机

CMOS 工艺的单片机有两种低功耗方式:待机方式和掉电方式。待机方式和掉电方式所涉及的硬件如图 2-16 所示。在低功耗操作方式下备用电源由 Vcc 端输入。在待机方式下振荡器继续工作,时钟信号继续提供给中断逻辑、串行口、定时器,但送给 CPU 的时钟信号被切断了。在掉电方式下,振荡器被冻结了,时钟信号发生器不再工作。

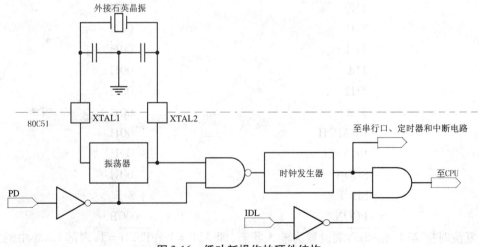

图 2-16　低功耗操作的硬件结构

对于 CMOS 工艺的单片机,待机方式和掉电方式是由专用寄存器 PCON 中有关的位来控制的。专用寄存器 PCON 各位定义和功能如下:

| 寄存器名：PCON | 位名称 | SMOD | — | — | — | GF1 | GF0 | PD | IDL |
|---|---|---|---|---|---|---|---|---|---|
| 地址：87H | 位地址 | — | — | — | — | — | — | — | — |

SMOD（PCON.7）：波特率倍增位。当 SMOD = 1 时，在串行口工作在模式 1、2、3 时，波特率提高一倍。

—（PCON.6）：保留位。

—（PCON.5）：保留位。

—（PCON.4）：保留位。

GF1（PCON.3）：通用标志位。

GF0（PCON.2）：通用标志位。

PD（PCON.1）：掉电方式控制位。当 PD = 1 时，激活掉电工作方式，使系统处于掉电方式。

IDL（PCON.0）：待机方式控制位。当 IDL = 1 时，激活待机工作方式，使系统处于待机状态。

若 PD 和 IDL 同时为 1，则先激活掉电方式。

① 待机方式。

当一条把 IDL（PCON.0）置 1 的指令执行结束后，系统就进入待机方式，这时送给 CPU 的内部时钟信号被门控制电路所封锁，但时钟信号仍提供给中断逻辑、定时器和串行口。CPU 的全部状态在待机期间都被保存起来，它们是：堆栈指针 SP、程序计数器 PC、程序状态字 PSW、累加器 A 以及所有的工作寄存器。各端口引脚也仍保持待机前的逻辑状态，而 ALE 和 $\overline{\text{PSEN}}$ 则变为无效状态。

结束待机方式的方法有两种。

方法一是激活任何一个被允许的中断，IDL（PCON.0）将被硬件清除，从而结束待机方式状态。当单片机响应中断，进入中断服务程序，在执行 RETI 指令之后执行的指令是使单片机进入待机方式的那条指令后面的一条指令。

PCON 中的通用标志位 GF1 和 GF0 可以用作一般的软件标志。它们可以用来指示某次中断是发生在正常操作期间还是发生在待机期间。例如，激活待机方式的那条指令可以同时把上述标志之一置 1。当系统处于待机方式时被一次中断终止待机方式时，中断服务程序可以先检查一下此标志位，以确定服务的性质。

终止待机方式的另一个方法是靠硬件复位。由于时钟振荡器仍在运行，硬件复位只需保持 2 个机器周期有效，就能完成复位操作。

待机方式下，在 Vcc 上施加的电压仍为 5V，但消耗的电流可由正常的 24mA 降为 3mA。

② 掉电方式。

当一条把 PD（PCON.1）置 1 的指令执行完后，系统就进入掉电方式。在该方式下，片内振荡器停止工作。由于时钟被冻结，一切功能都被禁止，只有片内 RAM 区和专用寄存器的内容被保存，而端口的输出状态值都保存在对应的 SFR 中，ALE 和 $\overline{\text{PSEN}}$ 都为低电平。

退出掉电方式的唯一方法是硬件复位。复位后所有的专用寄存器中的内容将被初始化，但不改变内部 RAM 中的数据。

在掉电工作方式下为了降低功耗，Vcc 的电压可以降到 2V，此时系统耗电仅为 50μA。

但必须注意:在进入掉电方式前,Vcc 不能降下来;在掉电方式结束前,Vcc 就应恢复到正常的工作电压,复位终止了掉电方式,也释放了振荡器。因此在 Vcc 恢复到正常值以前,不应该复位。复位应保持足够长的有效时间(约 10ms),以保证振荡器重新启动并达到稳定。

(2)HMOS 工艺的单片机

HMOS 工艺的单片机低功耗操作只有一种方式,即掉电方式。正常操作时,系统的内部 RAM 由 Vcc 供电,参见图 2-13。当 RST/Vpd 端的电压超过 Vcc 时,内部 RAM 将改由 RST/Vpd 端的电源供电。若 RST/Vpd 端接有备用电源,则当 Vcc 掉电时,此备用电源就可以维持内部 RAM 的数据。利用这一特点,一旦发现主电源掉电时,掉电检测电路就能很快发现故障,向 $\overline{INT0}$ 或 $\overline{INT1}$ 端发出中断请求,中断服务程序把需要保护的数据送入 RAM,并把备用电源送到 RST/Vpd 端。当主电源恢复时,Vpd 仍需维持一段时间,在完成复位操作后 Vpd 才能撤去。图 2-17 表示的是一种掉电电路方案。

假设主电源 Vcc 掉电时,掉电检测电路检测发现后向外部中断发出中断请求,中断服务程序在完成数据保存后向 P1.0 写入 0,由于 P1.0 接到 555 电路的触发端,而该 555 电路构成的是一个单稳态电路,它输出的脉冲宽度取决于 RC1 和 Vcc 存在与否,输出脉冲的幅度取决于备用电源的电压值。若 Vcc 依然存在,单稳态电路被触发后,备用电源通过 555 的引脚暂向 RST/Vpd 供电,但由于单片机内部结构(见图 2-13)决定,此时备用电路并不能向内部 RAM 供电,而 Vcc 通过 R 向 C1 充电,使 555 的阈值端(引脚 6)的电平不断上升,直至回复到初始稳定状态即单稳态输出低电平,这相当于误告警,使系统进行了一次复位。CPU 继续从复位重新开始操作。若向 P1.0 写 0 时,Vcc 已不存在,RC1 电路失去充电电源。555 的阈值端维持低电平,因而单稳态电路始终停留在暂稳状态,此时 555 通过引脚 3 输出一个常值电压,即备用电源电压。该电源将向内部 RAM 供电,以保护内部 RAM 中的数据。当 Vcc 恢复时,555 则退出暂稳态状态。系统从复位开始运行。

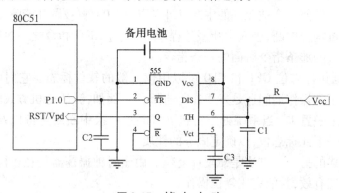

图 2-17　掉电电路

# 2.2　存　储　器

## *2.2.1　半导体存储器

在微型计算机中,存储器是用来存放指令和数据的重要部件,冯·诺依曼计算机程序存储原理就是利用存储器的记忆功能把程序和数据存放起来,使计算机可以脱离人的干预自动地工作。它的存取时间和存储容量直接影响计算机的性能。

从使用功能角度看,半导体存储器可以分成两大类:断电后数据会丢失的易失性存储器和断电后数据不会丢失的非易失性存储器。过去曾把可以随机读写信息的易失性存储器称为 RAM。根据工作原理和使用条件不同,RAM 又分为静态读写存储器 SRAM(Static RAM)和动态读写存储器 DRAM(Dynamic RAM)。而过去的非易失性存储器指的是只读存储器 ROM,这种存储器只能脱机写入信息,在使用中只能读出信息而不能写入信息。传统的非易失性存储器根据写入方法和可写入次数的不同,又可分为掩膜只读存储器 MROM(Mask ROM,简称 ROM)、一次性编程的 OTP ROM(One Time Programmable ROM)和可用紫外线擦除可多次编程的 UV-EPROM(Ultraviolet-Erasable Programmable ROM)。

存储器的容量现在一般是以字节(Byte)作单位,但有时也以位(bit)作单位。由于存储器的容量一般都比较大,现在习惯上常以 $2^{10}=1024=1K$ 来作为计算单位。例如,2764 存储器的容量是 8KB。

**1. 只读存储器 ROM(Read Only Memory)**

只读存储器 ROM 中的信息,一旦写入以后,就不能随意改变,特别是不能在程序的运行过程中再写入新的内容,而只能在程序执行过程中读出其中的内容,故称为只读存储器。

将数据写入 ROM 通常是在脱机状态下或是在计算机非正常工作情况下进行的。只读存储器的特点之一是它所存储的内容在掉电后不会消失,即所谓的非易失性。因此通常采用 ROM 来存放程序,计算机在接通电源后,就可以执行 ROM 中的程序。

(1)只读存储器的基本结构和分类

① 只读存储器的基本结构。

ROM 的结构框图如图 2-18 所示,它由地址译码器、存储矩阵和输出缓冲器组成。地址译码器根据地址总线送来的地址信号,选中相应的地址单元。存储矩阵由许多存储单元组成,每个存储单元为 m 位。每一位可以是一个二极管,也可以是一个三极管,或是一个 MOS 管。输出缓冲器是一个三态门,用 $\overline{OE}$ 端进行控制。

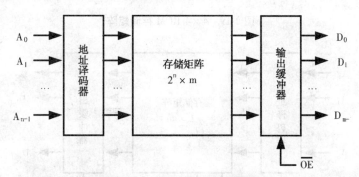

**图 2-18　ROM 的基本结构框图**

图 2-19 表示的是 $4 \times 4$ ROM 存储矩阵。由图可见,存储矩阵的每一位对应一个 MOS 管,ROM 中存储的信息就反映在各个 MOS 管栅极的连接方式上。W0 ～ W3 是译码器的输出,一般称为字线。当某条字线为 1 时,就选中了存储单元。MOS 管的栅极若接到字线上时,该位所存储的信息为 0。MOS 管的栅极悬空时,则该位所存储的信息为 1。当某条字线为 1 时,相应单元的信息就从 D3 ～ D0 上读到输出缓冲器。一般将 D3 ～ D0 称为位线。例

如,当 W1 = 1 时,读出的信息为1010。从图 2-19 可以看出为什么 ROM 的内容一旦写入(即确定各 MOS 管栅极的连接状态)之后,就不能更改,也不会被破坏。

图 2-19 所示的 ROM 结构,只在地址输出线数目较少时使用,当地址线数较多时,译码器的输出线数 $2^n$ 将变得很大,所需译码器中器件的数目及连线数目也将很大,在这种情况下,往往采用 X、Y 两个方向译码的结构,如图 2-20 所示。图中 10 条地址线分为 2 组:A0 ~ A5,加到 X 译码器,共有 $2^6 = 64$ 条译码输出线,而 A6 ~ A9 加到 Y 译码器,其输出数为 $2^4 = 16$ 条,总计输出为 $2^6 + 2^4 = 80$ 条。这比只用一级译码器时需 $2^{10} = 1024$ 条译码输出线要少得多。

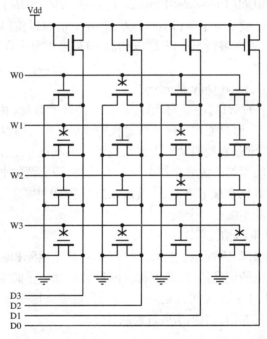

**图 2-19　4 × 4 ROM 存储矩阵**

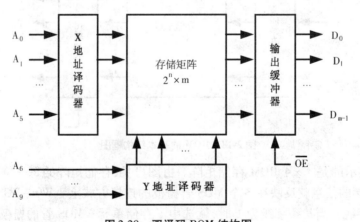

**图 2-20　双译码 ROM 结构图**

图 2-21 是一个 16 × 1 位的 ROM 存储矩阵。四条地址线分成 2 组,分别加到行、列译码器。行译码器用以选择存储单元,列译码器产生的信号用以控制各列的位线信号输出。矩

阵中每个单元的选中与否,应由行地址译码信号和列地址译码信号组合决定。当地址信号 A3 ~ A0 为 0101 时,行译码信号选中了 1、5、9、13 四个单元,但这些单元能否被读出,还取决于列译码信号,由于 A3、A2 为 01,所以列译码信号打开了左边的第二列读出放大器,故只有 5 号单元的内容可以读出到数据输出线。

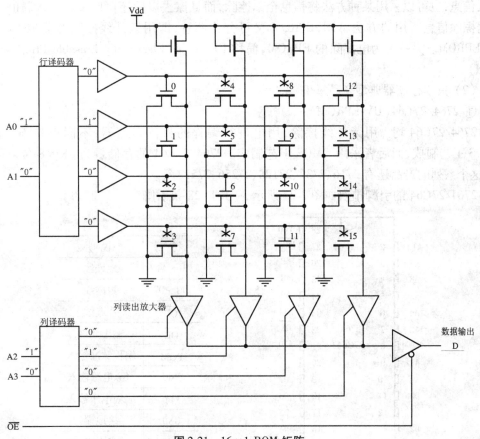

图 2-21　16 × 1 ROM 矩阵

② 只读存储器的分类。

从以上的分析可以看出,ROM 存储矩阵的各基本单元中信息的存储是用 MOS 管栅极的接通或断开来实现的。由 ROM 的使用者根据需要来确定 ROM 中各个管子状态的过程称为对 ROM 编程。根据编程方式的不同,ROM 常分为以下三种:

● 掩膜编程的 ROM。

掩膜编程的 ROM 简称 ROM,它的编程是由半导体制造厂家完成的,生产厂家根据用户提供的存储内容制造一块决定 MOS 管连接方式的掩膜,然后把存储内容制作在芯片上,因而制造完毕后,用户不能更改所存入的信息。

掩膜型 ROM,适合大批量生产的产品。这种 ROM 结构简单、集成度高,但掩膜成本也较高,只有在大量生产某种定型的 ROM 产品时,经济上才是合算的。

● 一次性现场编程 ROM(OTP ROM)。

一次性现场编程 ROM 也称可编程 ROM,简称 PROM。其含义是这种 ROM 的编程可以在工作现场一次完成。OTP ROM 出厂前并未存储任何信息。用户要用专用的 OTP ROM

编程器根据自己的需要把信息写入到 OTP ROM 中去。但这种 ROM 一旦写入信息,就不能更改,即用户只能写入一次。

● 可改写的现场编程 ROM(EPROM)。

可改写的现场编程 ROM 简称 EPROM。这种只读存储器用户既可以采取某种方法自行写入信息,也可以采用某种方法将信息全部擦除,而且擦去以后还可以重新写入新的信息。根据擦除信息所用的方法不同,EPROM 又可分为两种,即用紫外线擦除的 EPROM,简称 UV-EPROM。另一种为电擦除的 EPROM,简称 EEPROM(Electrically Erasable Programmable ROM)。

(2) 只读存储器典型产品举例

① 2764/27C64(UV-EPROM)。

2764/27C64 均为用紫外线擦除,用电进行编程的只读存储器,不同点是前者采用 NMOS 工艺制成,而后者采用 CMOS 工艺制成。2764/27C64 的存储量为 8K × 8 位,即 64K 位,这个系列的产品还有 2716、2732、27128、27256、27512 等。

2764/27C64 的引脚排列如图 2-22 所示,一共是 28 条引脚。

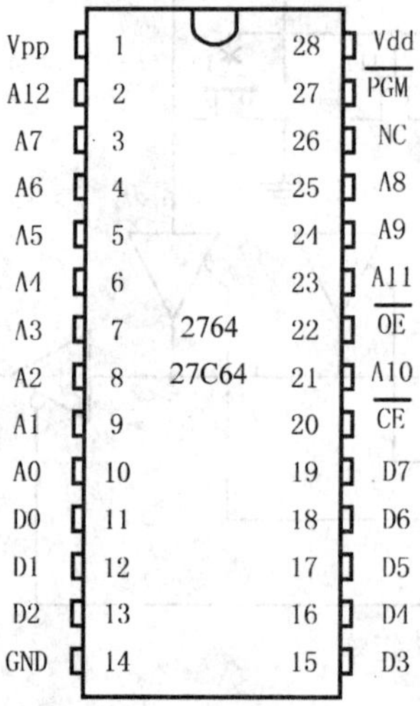

| 符 号 | 说 明 |
|---|---|
| A0~A12 | 地址线 |
| D0~D7 | 数据线 |
| $\overline{CE}$ | 片选线 |
| $\overline{OE}$ | 输出允许 |
| $\overline{PGM}$ | 编程脉冲输入 |
| Vdd | +5V 电源输入 |
| Vpp | 编程电压输入 |
| GND | 接地端 |
| NC | 空引脚 |

**图 2-22  27C64 引脚图**

2764/27C64 的工作方式如表 2-3 所示。

**表 2-3  2764/27C64 工作方式**

| 方式 \ 引脚 | $\overline{CE}$ | $\overline{OE}$ | $\overline{PGM}$ | Vpp | Vdd | D0 ~ D7 |
|---|---|---|---|---|---|---|
| 读 | L | L | H | +5V | +5V | 数据输出 |
| 维持 | H | × | × | +5V | +5V | 高阻 |
| 编程 | L | H | L | +12.5V | +6V | 数据输入 |
| 编程校验 | L | L | H | +12.5V | +6V | 数据输出 |
| 编程禁止 | H | × | × | +12.5V | +6V | 高阻 |
| 输出禁止 | L | H | H | +5V | +5V | 高阻 |

② 2864A/28C64(EEPROM)。

2864A/28C64 是一种采用 NMOS/CMOS 工艺制成的 8K×8 位 28 引脚的可用电擦除的可编程只读存储器。采用单一电源 +5V 供电,低功耗工作电流 30mA,备用状态时只有 100μA,三态输出,与 TTL 电平兼容。

图 2-23 所示的是 2864A/28C64 的引脚图。

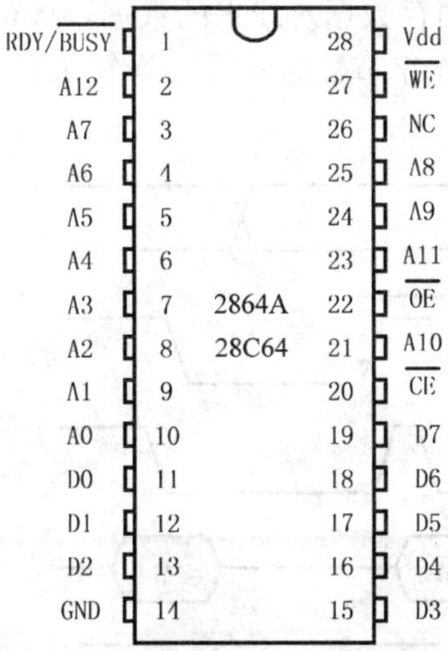

| 符　号 | 说　明 |
| --- | --- |
| A0～A12 | 地址线 |
| D0～D7 | 数据线 |
| $\overline{CE}$ | 片选线 |
| $\overline{OE}$ | 输出允许 |
| $\overline{WE}$ | 写允许 |
| RDY/$\overline{BUSY}$ | 写结束输出 |
| Vdd | +5V 电源输入 |
| GND | 接地端 |
| NC | 空引脚 |

图 2-23　28C64 引脚图

2864A/28C64 的工作方式如表 2-4 所示。

表 2-4　2864A/28C64 工作方式

| 　　　　　引脚<br>方式 | $\overline{CE}$ | $\overline{OE}$ | $\overline{WE}$ | D0～D7 |
| --- | --- | --- | --- | --- |
| 维持 | H | × | × | 高阻 |
| 读 | L | L | H | 数据输出 |
| 写 | L | H | L | 数据输入 |
| 数据查询 | L | L | H | 数据输出 |

● 维持和读出方式。

2864A/28C64 的维持方式和读出方式与普通的 EPROM 完全相同。读访问时间约为 45～450ns。

● 写入方式。

2864A/28C64 提供了两种数据写入操作方式,即字节写入和页面写入。

◇字节写入:当向 2864A/28C64 发出字节写入命令后,2864A/28C64 便锁存地址、数据及控制信号,从而启动一次写操作。每写入一个字节的时间大约为 10ms 左右,在此期间引脚 RDY/$\overline{BUSY}$ 呈低电平,表示 2864A/28C64 正在进行写操作,此时它的数据总线呈高阻状态,因而允许微处理器在此期间执行其他任务。一旦一个字节写入操作完毕,引脚 RDY/$\overline{BUSY}$ 又呈高电平。2864A/28C64 的字节擦除是在字节写入之前自动完成的。

◇页面写入:为了提高写入速度,2864A/28C64 将整个 8K 字节存储器阵列划分为 512 页,每页 16 个字节,并且在内部设置了 1 个 16 个字节的“页缓冲器”。页的区分可由地址线的高 9 位($A_4～A_{12}$)来确定,地址线的低四位($A_0～A_3$)用以选择页缓冲器中的 16 个地址单元中的某一个。将数据写入须分两步来完成:第一步,在软件控制下把数据写入页缓冲器,此过程称之为"页加载"周期;第二步,2864A/28C64 在内部定时电路控制下,把页缓冲器中的内容送到指定的存储器单元,即为"页存储"周期。

图 2-24 给出了向 2864A/28C64 的页缓冲器中加载一页数据的时序图。2864A/28C64 在 $\overline{WE}$ 信号的下降沿锁存地址线上的地址,上升沿锁存数据总线上的数据。从 $\overline{WE}$ 脉冲的下降沿算起,用户的写入程序应在 $t_{BLW}$ 时间内完成一个字节数据的写入操作,并按此时序顺序写入 16 个字节的数据。

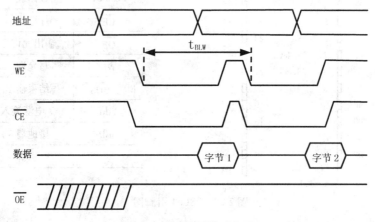

**图 2-24　"页加载"时序图**

由于 2864A/28C64 内部时序要求 $3\mu s < t_{BLW} < 20\mu s$,所以用户程序按此要求进行操作,这是正确完成对 2864A/28C64 页面写入操作的关键。

如果在 $20\mu s$ 的窗口时间内($t_{BLW}$上限)不对芯片写入数据,2864A/28C64 将从"页加载"周期自动转入"页存储"周期。首先,它将所选中的内容擦除,然后将页缓冲器的数据转储到相应的 EEPROM 阵列中去。在此期间,控制芯片完成写入操作的 $\overline{WR}$ 信号无效,芯片不再接收外部数据,2864A/28C64 的数据总线呈高阻状态。

● 数据查询方式。

数据查询是指用软件来检测写操作中的"页存储"周期是否完成。在"页存储"期间,如对 2864A/28C64 执行读操作,那么读出的是最后写入的字节,若芯片的转储工作未完成,则读出数据的最高位是原来写入数据最高位的反码。据此,CPU 可以判断芯片的编程是否结束。如果 CPU 读出的数据与写入的数据相同,表示芯片已完成编程,CPU 可继续向芯片加载下一页数据。

**2. 随机存取存储器 RAM(Random Access Memory)**

随机存取存储器简称 RAM。它和 ROM 的区别在于这种存储器不但能随时读取已存放在其各个单元中的数据,而且能根据需要随时写入新的信息。在写入信息时,不需要像 EEPROM那样,分页先将原有的内容擦除,而是可以直接写入。它和 ROM 的另一个重要的区别是 RAM 是易失性存储器,切断电源甚至暂时的掉电都可能会使所存储的信息全部丢失。

**(1) RAM 的基本结构**

随机存取存储器的结构除了地址译码器、存储矩阵、三态输出缓冲器之外,还包括有读写控制逻辑,其结构如图 2-25 所示。

由图 2-25 可以看出,RAM 和 ROM 在结构上很相似,只是 RAM 的数据线 $D_i$ 既可读出又可写入,故缓冲器也应该是双向的。图中的 $R/\overline{W}$ 为读写控制线,用来决定被选中的随机存储器是要进行读操作,还是进行写操作。

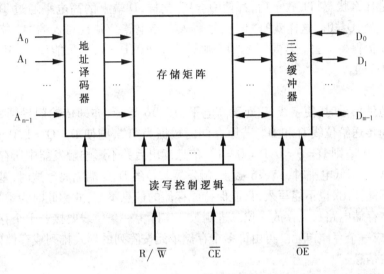

图 2-25　RAM 的结构框图

CPU 和随机存储器之间要进行交换信息时,应先把地址码通过地址总线送到存储器的地址线,地址信息由 CPU 通过地址锁存器来维持。然后 CPU 通过控制总线向 RAM 发出选通信息和读写控制信号,当选通信号 $\overline{CE}$ 端为 0 时使芯片被选中,同时根据需要发出相应的读写控制信号,完成读操作或写操作。若不对 RAM 进行操作,$\overline{CE}$ 和 $\overline{OE}$ 都无效时,三态输出缓冲器对系统的数据总线呈高阻状态,这样可以使该存储器实际上与系统的数据总线完全隔离。

（2）静态基本存储电路

静态 RAM 是用 MOS 触发器作为基本记忆元件。触发器的工作必须要有电源,故只有在有电源的条件下数据才可能进行读出和写入,掉电之后存入的信息将全部消失。

图 2-26 是一个 NMOS 六管静态基本存储电路。其中 T1 ~ T4 组成静态触发器。触发器有两个稳态:T1 截止、T3 导通时 Q = 1 的状态称为"1"状态;T1 导通、T3 截止时 Q = 0 的状态称为"0"状

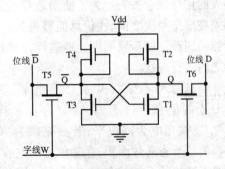

图 2-26　六管静态基本存储电路

态。这两种状态反映了存入存储器的信息是"0"还是"1"。T5、T6 在地址译码器的输出字线 W 为高电平时有效,这时这个基本存储电路才被选中。该存储电路有两个数据输出端,称为位线或数据线。

当字线 W 为高电平时,T5、T6 导通,该电路进入工作状态,这时可实现数据的输出或写出。其过程如下:

● 写入数据。

将写入的数据分别从位线 D 和 $\overline{D}$ 端送入,此时字线 W 已经有效,T5 和 T6 是两个导通的 MOS 传输门,因此位线上的信号就通过传输入门送入静态触发器。若要写入的信号为"1",即 $D=1,\overline{D}=0$,则 $\overline{D}$ 端上的低电平通过 T5 传送到 T1 的栅极,使 T1 截止。不论这个存储电路原来是什么状态,T1 截止后,都使 $Q=1$。同样,D 端上的高电平通过 T6 送至 T3 的栅极,使 T3 导通,$\overline{Q}=0$。这样就使"1"信号写入存储电路。并且写入的"1"能够依靠静态触发器内部反馈保持下去。若要写入"0",则送入 $D=0,\overline{D}=1$,结果能使 T3 截止,T1 导通,达到写"0"的目的。

● 读出数据。

在收到地址信号时,使字线 W 处于高电平,T5、T6 导通,亦即传输门导通,触发器的状态通过传输门传送给位线 D 和 $\overline{D}$。若原存储的数据为"1",则使 $D=Q=1,\overline{D}=\overline{Q}=0$;若原存储的数据为"0",则 $D=Q=0,\overline{D}=\overline{Q}=1$。信息读出后并不影响触发器中所存储的信息。

当字线 W 处于低电平时,T5、T6 截止,触发器与位线 D、$\overline{D}$ 端隔离。这时,基本存储电路内的信息既不能读出,也不能写入,只能保持原存储的信息不变,故称此时为维持状态。

一个基本存储电路只能存放一位二进制数。实际上一条位线要接若干个存储电路的传输门,从而构成一个存储单元。再由许多个存储单元按阵列的形式排列成存储体,才能够存放所需存储的信息。

(3) 动态基本存储电路

静态基本存储电路在没有新的写入信号到来时,触发器的状态不会改变,只要不掉电,所写入的信息一直保持不变。但静态存储电路的元件较多,并且一个基本电路中至少有一组 MOS 管导通,因而功耗较大。而动态存储单元具有元件少、功耗低的优点,在大容量存储器中得到广泛应用。

图 2-27 所示的是单管动态存储电路,其中 Cg 上的信息可以保留一段时间,然而不能长时间地保留,经过电容的放电,Cg 上的电荷会逐渐泄放掉,这样存入的信息就会丢失。为了使动态存储器也能长期保存信息,必须在信息消失之前,使信息能够再生。这种操作称为动态存储器的刷新。刷新要周期性地进行,一般应在几毫秒到几十毫秒之内进行一次。

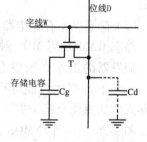

**图 2-27　单管动态存储电路**

信息写入时,字线 W 处于高电平,使 T 导通,此时可将位线 D 上的信息经过 T 写入 Cg 存储。若数据线(位线)上为"1",Cg 被充电为高电平;若数据线为"0",Cg 被放电为低电平。为了节省芯片面积,存储单元的电容 Cg 不能做得很大,而位线上连接的元件较多,杂散电容 Cd 远大于 Cg。当读出时,电容 Cg 上的电荷向 Cd 转移,因而位线上的电压远小于读出操作前 Cg 上的电压。因此,需经读出放大器对输出信号进行放大。同时,由于 Cg 上的电荷减少,存储的信息被破坏,故每次读出后,必须及时对读出单元进行刷新。

从以上分析可以看出,与静态 RAM 相比,动态 RAM 具有成本低、功耗小的优点,适用于需要大容量数据存储器空间的场合。但动态 RAM 需要刷新逻辑电路,以保持数据信息不丢失,故在单片机系统中的应用受到一定限制。随着存储器技术的不断发展,近年来出现了一种新型的动态随机存储器 iRAM。它将一个完整的动态 RAM 系统(包括动态刷新硬件逻辑)集成到一块芯片之内,从而兼有静态 RAM、动态 RAM 的优点:价廉、功耗低、接口简单。

(4) 典型 RAM 芯片举例

① 静态 RAM 6264。

6264 是一种采用 CMOS 工艺制成的 8K×8 位 28 引脚的静态读写存储器。其读写访问时间根据不同的型号可以从 20ns 到 200ns 不等,数据输入和输出引脚共用,三态输出,其引脚如图 2-28 所示。

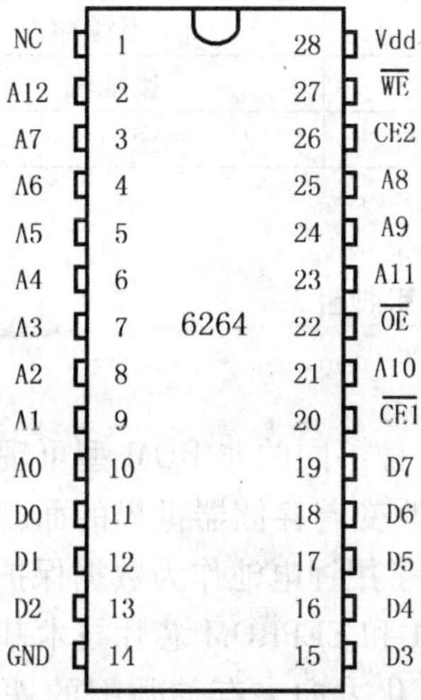

| 符　号 | 说　明 |
| --- | --- |
| A0～A12 | 地址线 |
| D0～D7 | 数据线 |
| $\overline{CE1}$ | 片选线 1 |
| CE2 | 片选线 2 |
| $\overline{OE}$ | 输出允许 |
| $\overline{WE}$ | 写允许 |
| Vdd | +5V 电源输入 |
| GND | 接地端 |
| NC | 空引脚 |

图 2-28　6264 引脚图

6264 的工作方式如表 2-5 所示。

表 2-5　6264 工作方式选择表

| $\overline{WE}$ | $\overline{OE}$ | $\overline{CE1}$ | CE2 | D0～D7 | 工作方式 |
| --- | --- | --- | --- | --- | --- |
| × | × | H | × | 高阻 | 未选中 |
| × | × | × | L | 高阻 | 未选中 |
| H | H | L | H | 高阻 | 禁止输出 |
| H | L | L | H | 数据输出 | 读操作 |
| L | H | L | H | 数据输入 | 写操作 |
| L | L | L | H | 数据输入 | 写操作 |

② 2186/2187 iRAM。

2186/2187 由 Intel 公司生产,片内具有 8K×8 位集成动态随机存储器,内部包含动态刷新电路,从而兼有静态 RAM 和动态 RAM 的优点,它使用单一电源 +5V 供电,工作电流为 70mA,存取时间为 250ns,管脚与 6264 兼容。图 2-29 是 2186/2187 的引脚。

2186 与 2187 的不同点仅在于 2186 的引脚 1 是和 CPU 握手的信号 RDY,而 2187 的引脚 1 则是刷新检测输入端$\overline{REFEN}$。

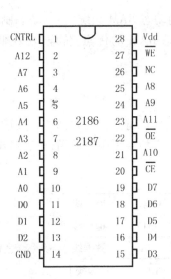

| 符　号 | 说　明 |
|---|---|
| A0～A12 | 地址线 |
| D0～D7 | 数据线 |
| $\overline{CE}$ | 片选线 |
| CNTRL | 2186 为刷新检测 RDY 端<br>2187 为刷新选通 $\overline{REFEN}$ 端 |
| $\overline{OE}$ | 输出允许 |
| $\overline{WE}$ | 写允许 |
| Vdd | +5V 电源输入 |
| GND | 接地端 |
| NC | 空引脚 |

图 2-29　2186/2187 引脚图

### 3. 非易失性存储器的介绍

随着新型半导体存储器技术的发明,近年来,各种不同的非 ROM 型可现场改写的非易失性存储器被推向了市场,这些芯片技术正在迅速改变着存储器世界的面貌。除了前面介绍的可用电擦除的可编程 EEPROM 外,近年来出现了用锂电池作为数据保护后备电源的一体化非易失性静态读写存储器 NVSRAM,在 EPROM 和 EEPROM 芯片技术基础上发展起来的快擦写存储器 Flash Memory,利用铁电材料的极化方向来存储数据的铁电读写存储器 FRAM。这些存储器既可作为 ROM 使用,又可以作为 RAM 使用,所以传统的 ROM 与 RAM 的定义和划分已逐渐失去意义。微处理器技术的高速发展,使存储器发展的速度远不能满足 CPU 的发展要求。目前世界各大半导体厂商,正致力于成熟存储器的大容量化、高速化、低电压化、低功耗化。

（1）快擦写可编程存储器（Flash Memory）

Flash Memory 这种存储器可以用电气的方法快速地擦写。根据其制造时采用的工艺不同而具有不同的体系结构。从使用角度看,无论采用何种结构形式,其供电电压可以分为两大类:一类是从用紫外线擦除的 EPROM 发展而来的需要用高电压(12V)编程的器件,这类 Flash Memory 通常需要双电源（芯片工作电源和擦除/编程电源）供电,型号序列为 28FXXX;另一类是用 5V 编程的以 EEPROM 为基础发展起来的器件,它只需要单一电源供电,其型号序列通常为 29C(/N)XXX。近年来 Atmel 公司提供了只需单一电源低电压 3.3V（还有 2.7V）就能工作的快擦写存储器。日本 Oki 正致力于研究用单一电源低电压为 1.5V 工作的存储器。由此可知,需要用双电源供电的快擦写存储器很快会被淘汰。

Flash Memory 尽管优点很多,但与 RAM 相比较,其写入速度要慢得多,写入速度一般为 7～10μs/B。经过改进后的 Flash Memory 目前最快的写入速度为 3μs/B。

Flash Memory 广泛应用于办公设备、通信设备、医疗设备、工业控制等领域,利用其信息非易失性和可以在线更新数据的特性,可把它作为具有一定灵活性的只读存储器使用。另外,它还被广泛应用于台式计算机、便携式计算机中,用来存放 BIOS 和其他参数,并能进行更新数据的只读存储器。

（2）非易失性静态读写存储器（NVSRAM）

1984 年美国 Dallas 半导体公司用高容量、长寿命的锂电池作为数据保护的后备电源，在低功耗的 SRAM 芯片上加上可靠的数据保护电路，推出了非易失性静态读写存储器 NVS-RAM（Non-Volatile SRAM），即封装一体化的电池后备供电的静态读写存储器 IBBSRAM（Integrated Battery Backed SRAM），其性能和用法都与静态读写存储器一样，但在掉电情况下其中的信息可以保存 10 年。非易失性静态读写存储器 NVSRAM 的典型型号有 DS13 ××、DS16 ××、DS17 ×× 等。

（3）掉电自保护 SRAM 插座

掉电自保护 SRAM 插座是一种有源电子插座，内部带有 CMOS 控制电路和锂电池电源，可以在不增加原印刷板面积、不改变原来系统设计的情况下，完全解决静态 RAM 掉电数据丢失的难题。这种插座可以自动对电源电压进行检测，当低于某一容限值时，可以自动启用内部锂电池供电，同时对芯片进行写保护。插入这种插座的 SRAM 芯片在断电情况下可以保护其中的信息达 10 年以上。掉电自保护 SRAM 插座的典型型号有 DS1213B、DS1213C、DS1213D 等。

（4）铁电介质读写存储器（FRAM）

FRAM 是 Ferroelectric Random Access Memory 的缩写，这是一种新发明的非易失性存储器技术，它克服了现有非易失性存储器的缺陷和限制。FRAM 存储器使用标准 CMOS 技术并利用铁电材料作为介质，存储单元不同的数据状态是通过加到铁电材料上的电场使之极化实现的。到目前为止，这是一种最好的非易失性存储器的解决方案，并有可能成为一种理想的存储器。

FRAM 系列存储器是利用铁电材料使之极化而不是利用电荷来进行存储的，因而它们有非常快的写入速度，可以把写入时间从毫秒级缩短到微秒级。FRAM 采用 CMOS 工艺与高效的极化存储技术，所以，这种存储器有极好的低功耗特性，采用 +5V 供电时其工作电流只有其他非易失性存储器的 1/2 到 1/12，在休眠期低功耗状态时其功耗更低。与其他非易失性存储器的写入次数相比，FRAM 的写入次数已达 1 亿次以上，远远高于其他非易失性存储器。非易失性铁电存储器的典型型号并行读写的有 1208S/1408S/1608S，串行读写的有 F24C04/24C16 等。

### 2.2.2　MCS-51 单片机存储器的配置和组织

MCS-51 单片机的存储器结构和配置与常见的微型计算机的配置方式不同，它把程序存储器和数据存储器分开，各有自己的寻址系统和控制信号。程序存储器用来存放程序、常数和表格等。数据存储器通常用来存放程序运行中所需要的数据和需暂时存放的数据，以及存放采集的数据等。

从物理地址空间分析，MCS-51 有 4 个存储器空间：片内程序存储器和片外程序存储器以及片内数据存储器和片外数据存储器。从逻辑地址空间分析，MCS-51 有 3 个存储器空间：片内外统一的 64KB 的程序存储器地址空间、256B（对 51 子系列）或 384B（对 52 子系列）的内部数据存储器地址空间（其中 128B 的专用寄存器地址空间）以及 64KB 的外部数据存储器地址空间。MCS-51 存储器的配置如图 2-30 所示。

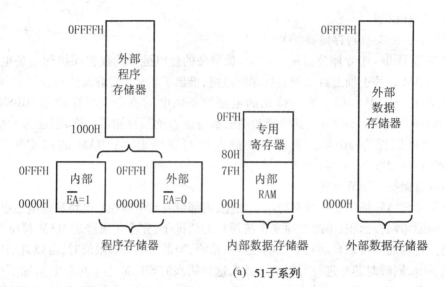

(a) 51子系列

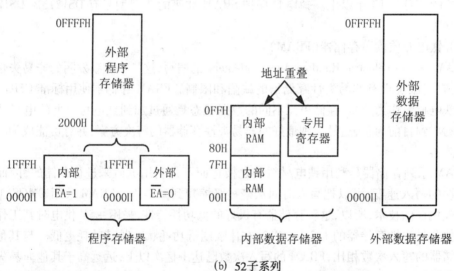

(b) 52子系列

**图 2-30    MCS-51 存储器的配置**

### 1. 程序存储器

程序存储器用于存放编制好的程序、表格等。程序存储器以程序计数器 PC 作为地址指针,通过 16 位地址总线可寻址的地址空间为 64KB。

在 8051/8751 片内,分别驻留最低地址空间的 4KB ROM/EPROM,在 8052/8752 片内,分别驻留最低地址空间 8KB ROM/EPROM,在 8031/8032 片内则无程序存储器,需外部扩展。

在 MCS-51 系统中,64KB 程序存储器的地址空间是统一的。对于有内部程序存储器的单片机,应把 $\overline{EA}$ 引脚接高电平,使程序从内部程序存储器开始执行,当 PC 值超过内部程序存储器的容量时,会自动转向外部程序存储器地址空间。对于这类单片机型,若把 $\overline{EA}$ 接低电平,可用于调试程序,把要调试的程序置于与内部 ROM 地址空间重叠的外部程序存储器内进行调试和修改。而无内部程序存储器的芯片, $\overline{EA}$ 引脚应始终接低电平,迫使系统从外部程序存储器中取指令。

64KB 程序存储器中有 7 个单元具有特殊功能。

0000H 单元,MCS-51 系统复位后程序计数器 PC 中的内容为 0000H,故系统是从 0000H 单元开始取指,执行程序。它是系统的起始地址,一般在该单元中存放一条绝对跳转指令,而用户设计的主程序从跳转地址开始安放。

除了 0000H 单元外,0003H、000BH、0013H、001BH、0023H 和 002BH 这 6 个单元分别对应于 6 种中断服务子程序的入口地址,见表 2-6。通常在这些入口地址单元中都安放一条绝对跳转指令,而真正的中断服务子程序则是从转移地址开始安放的。这 6 个单元又称为 6 个中断矢量单元地址,因此 0003H ~ 002BH 单元应被保留专用于中断服务处理。

表 2-6　各中断源的中断入口地址

| 中　　　断　　　源 | 入　口　地　址 |
| --- | --- |
| 外部中断 0 | 0003H |
| 定时器/计数器 0 溢出中断 | 000BH |
| 外部中断 1 | 0013H |
| 定时器/计数器 1 溢出中断 | 001BH |
| 串行口 | 0023H |
| ＊定时器/计数器 2 溢出或 T2EX(P1.1)端负跳变时 | 002BH |

＊52 子系列所特有

**2. 内部数据存储器**

MCS-51 的数据存储器无论从物理上还是从逻辑上都分为两个地址空间,一个是内部数据存储器,访问内部数据存储器用 MOV 等指令;另一个是外部数据存储器,对外部数据存储器的访问只能用 MOVX 指令。

内部数据存储器在物理上又可以分为 3 个不同的块:00H ~ 07FH(0 ~ 127)单元组成的低 128 字节的 RAM 块、80H ~ 0FFH(128 ~ 255)单元组成的高 128 字节的 RAM 块(仅为 52 子系列所有),以及 80H ~ 0FFH(128 ~ 255)高 128 字节的专用寄存器块(SFR)。

在 51 子系列中,只有低 128 字节的 RAM 块和高 128 字节的专用寄存器块,两块地址空间是相连的。

在 52 子系列中,高 128 字节的 RAM 块与专用寄存器块的地址是重合的。究竟访问哪一块是通过不同的寻址方式加以区分。访问高 128 字节 RAM 时采用寄存器间接寻址方式,访问 SFR 块时则只能采用直接寻址方式。访问低 128 字节 RAM 时,两种寻址方式都可以采用。

注意:高 128 字节的 SFR 块中仅有 26 个字节是有定义的,若访问的是这一块中没有定义的单元,则将得到一个随机数。

(1) 内部 RAM

MCS-51 的内部 RAM 结构如图 2-31 所示。其中 00H ~ 1FH(0 ~ 31)单元共 32 个字节是四个通用工作寄存器区,每个区含有 8 个工作寄存器,编号为 R0 ~ R7。这样在发生中断处理或子程序调用时,很容易实现现场保护,这给软件设计带来了极大的方便。专用寄存器 PSW(程序状态字)中有 2 位(RS1、RS0)专门用来确定使用哪一个工作寄存器区。

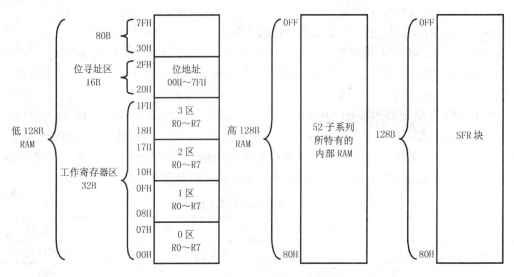

图 2-31　MCS-51 内部 RAM 结构

表 2-7　内部 RAM 位寻址区位地址

| 位　地　址 | | | | | | | | 字节地址 |
|---|---|---|---|---|---|---|---|---|
| D7 | D6 | D5 | D4 | D3 | D2 | D1 | D0 | |
| 7F | 7E | 7D | 7C | 7B | 7A | 79 | 78 | 2FH |
| 77 | 76 | 75 | 74 | 73 | 72 | 71 | 70 | 2EH |
| 6F | 6E | 6D | 6C | 6B | 6A | 69 | 68 | 2DH |
| 67 | 66 | 65 | 64 | 63 | 62 | 61 | 60 | 2CH |
| 5F | 5E | 5D | 5C | 5B | 5A | 59 | 58 | 2BH |
| 57 | 56 | 55 | 54 | 53 | 52 | 51 | 50 | 2AH |
| 4F | 4E | 4D | 4C | 4B | 4A | 49 | 48 | 29H |
| 47 | 46 | 45 | 44 | 43 | 42 | 41 | 40 | 28H |
| 3F | 3E | 3D | 3C | 3B | 3A | 39 | 38 | 27H |
| 37 | 36 | 35 | 34 | 33 | 32 | 31 | 30 | 26H |
| 2F | 2E | 2D | 2C | 2B | 2A | 29 | 28 | 25H |
| 27 | 26 | 25 | 24 | 23 | 22 | 21 | 20 | 24H |
| 1F | 1E | 1D | 1C | 1B | 1A | 19 | 18 | 23H |
| 17 | 16 | 15 | 14 | 13 | 12 | 11 | 10 | 22H |
| 0F | 0E | 0D | 0C | 0B | 0A | 09 | 08 | 21H |
| 07 | 06 | 05 | 04 | 03 | 02 | 01 | 00 | 20H |

　　内部 RAM 的 20H~2FH 为位寻址区见表 2-7。这 16 个字节的每一位都有一个位地址,位地址的范围为 00H~7FH。除了内部 RAM 中 16 个字节具有位地址外,在专用寄存器区中还有 12 个专用寄存器同样也具有位寻址、位操作功能。这 28 个字节构成了布尔处理机的存储器空间。20H~2FH 这 16 个字节既可以进行字节操作,又可以对其某一位进行位操作,给编程带来了极大的方便。

　　在程序设计中,往往需要一个先进后出的 RAM,以保存程序处理的现场,这种先进后出的数据缓冲区称为堆栈(堆栈的用途详见指令系统和中断系统的分析)。对堆栈的访问是通过专用寄存器堆栈指针 SP 来完成的。MCS-51 的堆栈深度小于 128 字节,一般以不超出内部 RAM 空间为限。对 51 子系列的芯片而言,堆栈的实际空间比 128 字节要小得多,堆栈一般设在 30H ~7FH 的范围内;对 52 子系列的芯片,堆栈也可以安放在 80H ~0FFH 的范围内。堆栈的顶部可以由堆栈指针 SP 确定。

（2）专用寄存器

MCS-51 内部锁存器、定时器/计数器、串行口、数据缓冲器以及各种控制寄存器和状态寄存器都是以专用寄存器的形式出现的,它们分散地分布在内部数据存储器的高 128 字节（80H ~0FFH）内。表2-8 列出了这些专用寄存器的助记标识符、名称及地址。表2-9 介绍了专用寄存器的详细地址。

表 2-8　专用寄存器（除 PC 外）

| 标 识 符 | 说　　　　明 | 地　　址 |
| --- | --- | --- |
| * ACC | 累加器 | 0E0H |
| * B | B 寄存器 | 0F0H |
| * PSW | 程序状态字 | 0D0H |
| SP | 堆栈指针 | 81H |
| DPTR | 数据指针（包括 DPH 和 DPL） | 83H 和 82H |
| * P0 | 口 0 | 80H |
| * P1 | 口 1 | 90H |
| * P2 | 口 2 | 0A0H |
| * P3 | 口 3 | 0B0H |
| * IP | 中断优先级控制 | 0B8H |
| * IE | 允许中断控制 | 0A8H |
| TMOD | 定时器/计数器方式控制 | 89H |
| * TCON | 控制寄存器 | 88H |
| + * T2CON | 定时器/计数器 2 控制 | 0C8H |
| TH0 | 定时器/计数器 0（高位字节） | 8CH |
| TL0 | 定时器/计数器 0（低位字节） | 8AH |
| TH1 | 定时器/计数器 1（高位字节） | 8DH |
| TL1 | 定时器/计数器 1（低位字节） | 8BH |
| + TH2 | 定时器/计数器 2（高位字节） | 0CDH |
| + TL2 | 定时器/计数器 2（低位字节） | 0CCH |
| + RCAP2H | 定时器/计数器 2 自动再装载（高位字节） | 0CBH |
| + RCAP2L | 定时器/计数器 2 自动再装载（低位字节） | 0CAH |
| * SCON | 串行控制 | 98H |
| SBUF | 串行数据缓冲器 | 99H |
| PCON | 电源控制 | 87H |

注：带"＊"号寄存器可按字节和按位寻址。带"＋"号的寄存器是与定时器/计数器 2 有关的寄存器,仅在 52 了系列中存在。

**表 2-9　专用寄存器地址表**

| 位 地 址 | | | | | | | | 字节地址 | 标识符 |
|---|---|---|---|---|---|---|---|---|---|
| P0.7 | P0.6 | P0.5 | P0.4 | P0.3 | P0.2 | P0.1 | P0.0 | 80H | P0 |
| 87 | 86 | 85 | 84 | 83 | 82 | 81 | 80 | | |
| | | | | | | | | 81H | SP |
| | | | | | | | | 82H | DPL |
| | | | | | | | | 83H | DPH |
| | | | | | | | | 87H | PCON |
| TF1 | TR1 | TF0 | TR0 | IE1 | IT1 | IE0 | IT0 | 88H | TCON |
| 8F | 8E | 8D | 8C | 8B | 8A | 89 | 88 | | |
| | | | | | | | | 89H | TMOD |
| | | | | | | | | 8AH | TL0 |
| | | | | | | | | 8BH | TL1 |
| | | | | | | | | 8CH | TH0 |
| | | | | | | | | 8DH | TH1 |
| P1.7 | P1.6 | P1.5 | P1.4 | P1.3 | P1.2 | P1.1 | P1.0 | 90H | P1 |
| 97 | 96 | 95 | 94 | 93 | 92 | 91 | 90 | | |
| SM0 | SM1 | SM2 | REN | TB8 | RB8 | TI | RI | 98H | SCON |
| 9F | 9E | 9D | 9C | 9B | 9A | 99 | 98 | | |
| | | | | | | | | 99H | SBUF |
| P2.7 | P2.6 | P2.5 | P2.4 | P2.3 | P2.2 | P2.1 | P2.0 | 0A0H | P2 |
| A7 | A6 | A5 | A4 | A3 | A2 | A1 | A0 | | |
| EA | | ET2 | ES | ET1 | EX1 | ET0 | EX0 | 0A8H | IE |
| AF | AE | AD | AC | AB | AA | A9 | A8 | | |
| P3.7 | P3.6 | P3.5 | P3.4 | P3.3 | P3.2 | P3.1 | P3.0 | 0B0H | P3 |
| B7 | B6 | B5 | B4 | B3 | B2 | B1 | B0 | | |
| | | PT2 | PS | PT1 | PX1 | PT0 | PX0 | 0B8H | IP |
| BF | BE | BD | BC | BB | BA | B9 | B8 | | |
| CY | AC | F0 | RS1 | RS0 | OV | | P | 0D0H | PSW |
| D7 | D6 | D5 | D4 | D3 | D2 | D1 | D0 | | |
| ACC.7 | ACC.6 | ACC.5 | ACC.4 | ACC.3 | ACC.2 | ACC.1 | ACC.0 | 0E0H | ACC |
| E7 | E6 | E5 | E4 | E3 | E2 | E1 | E0 | | |
| F7 | F6 | F5 | F4 | F3 | F2 | F1 | F0 | 0F0H | B |

下面将介绍部分专用寄存器的功能,另一部分专用寄存器将在相关的章节中介绍。

① 程序计数器 PC。

程序计数器 PC 用于安放一条将要执行的指令的地址(程序存储器地址),是一个 16 位专用寄存器,可以满足程序存储器 64K 字节的寻址要求。PC 在物理上是独立的,它不属于内部数据存储器 SFR 块。

② 累加器 ACC。

累加器是一个最常用的专用寄存器,大部分单操作数指令的操作数取自累加器。许多双操作数指令的一个操作数也取自累加器。加、减、乘、除算术运算指令的运算结果都存放在累加器 A 或 AB 寄存器对中。对外部数据存储器的访问均通过累加器进行。指令系统中采用 A 作为累加器的助记符。

③ B 寄存器。

在乘除指令中,用到了 B 寄存器。乘法指令的两个操作数分别取自 A 和 B,其运算结果存放在 AB 寄存器对中。除法指令中被除数取自 A,除数取自 B,运算结束后商存放在 A 中,而余数存放在 B 中。在其他指令中,B 寄存器也可作为一个通用寄存器来使用。

④ 程序状态字 PSW。

程序状态字是一个 8 位寄存器,它反映了程序状态信息,其各位的功能说明如下:

| 寄存器名:PSW | 位名称 | CY | AC | F0 | RS1 | RS0 | OV | | P |
|---|---|---|---|---|---|---|---|---|---|
| 地址:0D0H | 位地址 | D7 | D6 | D5 | D4 | D3 | D2 | D1 | D0 |

● CY(PSW.7)进位标志。在执行某些算术运算和逻辑操作指令时,可以被硬件置位或清除。在布尔处理机中它被认为是位累加器,用助记符"C"表示,它的重要性相当于普通中央处理机中的累加器 A。

● AC(PSW.6)辅助进位标志。当进行加法和减法操作而产生由低四位向高四位进位或借位时,AC 将被硬件置位,否则就被清除。AC 被用于 BCD 码运算时进行十进制调整。详见"DA A"指令。

● F0(PSW.5)标志 0。可以由用户定义的一个状态标志。用软件来置位或清除,也可以用软件来测试 F0 以控制程序的流向。

● RS1、RS0(PSW.4 、PSW.3)寄存器区选择控制位。可以用软件来置位或清除以确定工作寄存器区。RS1、RS0 与寄存器区的对应关系如下:

| RS1 | RS0 | 工作寄存器区 |
|---|---|---|
| 0 | 0 | 0 区(00H ~07H) |
| 0 | 1 | 1 区(08H ~0FH) |
| 1 | 0 | 2 区(10H ~17H) |
| 1 | 1 | 3 区(18H ~1FH) |

● OV(PSW.2)溢出标志。当执行算术运算指令时,由硬件置位或清除,指示运算结果溢出与否。

当执行加法指令时,若用 $C_6{}'$ 表示 D6 位向 D7 位有进位,用 $C_7{}'$ 表示 D7 位向进位标志位 CY 有进位,则有

$$OV = C_6{}' \oplus C_7{}'$$

即当位 6 向位 7 有进位,而位 7 不向 CY 进位时,或位 6 不向位 7 进位而位 7 向 CY 进位时,溢出标志 OV 置位,否则清除。

同样在执行减法指令时,$C_6{}'$ 和 $C_7{}'$ 表示有借位,同样存在如下关系:

$$OV = C_6{}' \oplus C_7{}'$$

因此,溢出标志在硬件上可以用一个异或门获得。

溢出标志 OV 常用于加法和减法指令,对有符号数运算时,判别其结果有无超出目的寄存器 A 所能表示的带符号数(2 的补码)的范围( -128 ~ +127)。当 OV =1 时,表示已发生溢出,即表示已超出了 A 所能表示的带符号数的范围,有关情况详见加法和减法指令的说明。

在 MCS-51 系统中,无符号数乘法指令 MUL 的执行结果也会影响溢出标志,若置于累加器 A 和寄存器 B 的两个数的乘积超过 255 时,OV = 1,否则 OV = 0。此积的高 8 位存放在寄存器 B 中,低 8 位存放在寄存器 A 中,因此 OV = 0 意味着只需从寄存器 A 中取得乘积,否则要从 AB 寄存器对中获得乘积。

除法指令也会影响溢出标志。当除数为 0 时,OV = 1,否则 OV = 0。

PSW.1 是保留位,未用。

● P(PSW.0)奇偶标志。每个指令周期都由硬件置位或清除,以表示累加器 A 中为 1 的位数究竟是奇数还是偶数。若为 1 的位数是奇数,则 P = 1,否则 P = 0。

奇偶标志位在串行通信中的数据传输有重要意义。在串行通信中常用奇偶校验的方法来校验数据传输的可靠性,在发送端可根据 P 的值对奇偶位置位或清除,接收端通过奇偶标志位 P 来进行校验。

⑤ 堆栈指针 SP。

堆栈指针 SP 是一个 8 位专用寄存器。它指示出堆栈顶部在内部 RAM 中的位置。系统复位后,SP 初始化为 07H,使得堆栈事实上从 08H 单元开始,考虑到 08H ~ 1FH 单元分属于工作寄存器区 1 ~ 3,若程序设计中要使用到这些区,则最好把 SP 中的数据改置为 1FH 或更大的值。SP 的初始值越小,堆栈的深度就可以越深,堆栈指针的数值可以由软件进行修改,因此,堆栈在内部 RAM 中的位置比较灵活。

除了用软件来改变 SP 中的数值外,在执行 PUSH、POP 指令,各种子程序调用,中断响应,子程序返回和中断返回等操作时,SP 中的值都将会自动增量或减量。

⑥ 数据指针 DPTR。

数据指针 DPTR 是一个 16 位专用寄存器,其高位字节寄存器用 DPH 表示,低位字节寄存器用 DPL 表示。它既可以作为一个 16 位寄存器 DPTR 来处理,也可以作为 2 个独立的 8 位寄存器 DPH、DPL 来处理。

DPTR 主要用来保存 16 位地址,当对 64KB 外部数据存储器空间寻址时,可作为间址寄存器用。这时可用两条数据传送指令对外部数据存储器进行访问:"MOVX A,@ DPTR"、"MOVX @ DPTR,A"。在访问程序存储器时,DPTR 可用作基址寄存器,这时可用一条采用基址 + 变址寻址方式的指令"MOVC A,@ A + DPTR"对程序存储器进行访问,常用于读取存放在程序存储器内的表格、常数。

⑦ 端口 P0 ~ P3。

专用寄存器 P0、P1、P2、P3 分别是 I/O 端口 P0 ~ P3 的锁存器。

⑧ 串行数据缓冲器 SBUF。

串行数据缓冲器 SBUF 用于存放待发送或已接收的数据,它实际上由两个独立的寄存器组成,一个是发送缓冲器,一个是接收缓冲器。当把发送的数据送 SBUF 时,数据进入的是发送缓冲器,当要从 SBUF 取数据时,则取自接收缓冲器。

⑨ 定时器/计数器。

51 子系列单片机中有 2 个 16 位定时器/计数器 T0 和 T1,52 子系列则增加了一个 16 位定时器/计数器 T2。它们各由 2 个独立的 8 位寄存器组成,共 6 个独立的寄存器,即 TH0、TL0、TH1、TL1、TH2、TL2。可以用指令对这 6 个寄存器进行访问,但不能把 T0、T1 和 T2 当作一个 16 位寄存器来处理。

⑩ 其他控制寄存器。

IP、IE、TMOD、TCON、T2CON、SCON 和 PCON 等寄存器分别包含有中断系统、定时器/计数器、串行口和供电方式的控制和状态位,这些寄存器将在以后的章节中加以介绍。

**3. 外部数据存储器**

MCS-51 的外部数据存储器寻址空间为 64KB,这对很多应用场合已足够使用。对外部数据存储器均采用间接寻址方式,运用 MOVX 指令。R0、R1 和 DPTR 都可以作为间址寄存器使用。有关外部数据存储器的扩展和信息传送将在本章的后续节中叙述。

### 2.2.3　程序存储器的扩展

MCS-51 系统中,除了 8051/8751 内部驻留 4KB 的 ROM/EPROM,8052/8752 内部驻留 8KB 的 ROM/EPROM 外,其余型号的芯片内部均无程序存储器。即使内部具有程序存储器的芯片,其容量也很小,因此实际应用中就可以利用其能对外部 64KB 的程序存储器寻址的能力进行外部扩展程序存储器。

**1. 外扩 8KB 的 EPROM**

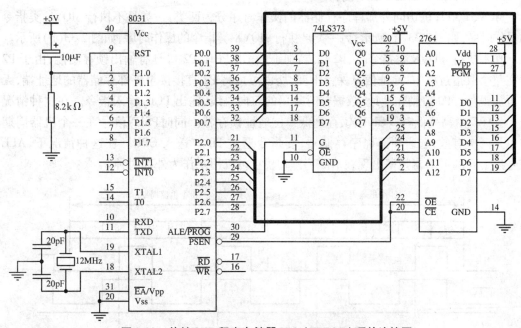

**图 2-32　外扩 8KB 程序存储器 2764(EPROM)硬件连接图**

图 2-32 所示的是外扩 8KB 程序存储器的硬件图。图中采用无内部程序存储器的 8031,将 P0 口作为地址/数据分时复用总线使用,外部程序存储器选用 EPROM 型 2764。CPU 的取指过程如下:首先从 P0 口(低 8 位)、P2 口(高 8 位)送出 16 位地址信息,与此同时从 ALE 引脚送出地址锁存允许信号,该信号送至 74LS373 的使能端,在 ALE 信号消失时,将 P0 口送出的低 8 位地址信息锁存到 74LS373 的输出端。由于 74LS373 的输出允许OE接地,因此低 8 位地址一直被允许输出,这样,由 74LS373 输出的低 8 位地址和 P2 口送出的高 8 位地址,确定了对外部程序存储器的寻址单元。当 ALE 信号消失后,P0 口就由输出方式变为输入方式即浮空状态,等待从程序存储器读出指令。紧接着 CPU 送出外部程序存储器

读选通信号$\overline{PSEN}$,该信号送到了 2764 的$\overline{OE}$和$\overline{CE}$端,即输出允许和片选端。这样 CPU 就从 2764 被选中的单元中读取了相应的指令,从而完成了取指。

根据程序设计的需要,采用不同容量的 EPROM 型号,选用 P2 口的若干根或全部地址线,就可以实现不同容量的外部程序存储器的扩展。表 2-10 列出了常用的 EPROM 型号及容量。

**表 2-10　EPROM 型号及容量**

| 型　　号 | 容　　量 |
| --- | --- |
| 2716 | 2KB |
| 2732 | 4KB |
| 2764 | 8KB |
| 27128 | 16KB |
| 27256 | 32KB |
| 27512 | 64KB |

### 2. 外部程序存储器的操作时序

MCS-51 单片机访问外部程序存储器的操作时序分为两类:一类是不执行 MOVX 类指令的操作时序,如图 2-33(a)所示;另一类是执行 MOVX 类指令的操作时序,如图 2-33(b)所示。

在不执行 MOVX 类指令时,P2 口专门用于输出 PCH,P2 口具有输出锁存功能,由于 P2 口在整个取指过程中,地址信息保持不变,所以可以将 P2 直接接至外部存储器的地址端,无需再加锁存。P0 口则作地址/数据分时复用的双向总线,输出 PCL,输入指令。在这种情况下,当 ALE 由高变低时,PCL 被锁存到低 8 位地址锁存器。同时$\overline{PSEN}$信号在一个机器周期中也是两次有效,选通外部程序存储器,使指令通过 P0 口送入 CPU。在这种情况下,ALE 信号以 1/6 的振荡器频率出现在 ALE 引脚上,它可以用来作为外部时钟。

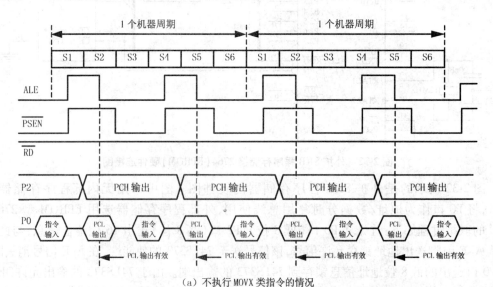

（a）不执行 MOVX 类指令的情况

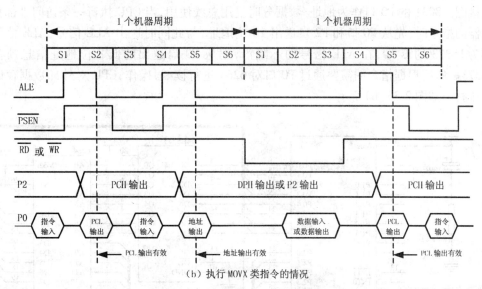

（b）执行 MOVX 类指令的情况

**图 2-33　外部程序存储器的操作时序**

当系统中接有外部数据存储器，执行 MOVX 类指令时，时序就发生了一些变化。如果从外部程序存储器取出的是一条对外部数据存储器操作的指令，即 MOVX 类指令。MOVX 类指令是一条单字节双周期指令，在第一个机器周期的 S5 状态 ALE 由高变低时，P0 口上出现的将不再是有效的 PCL，而是有效的外部数据存储器的低 8 位地址。若是通过数据指针 DPTR 访问外部数据存储器，则此地址就是 DPL 值（数据指针低 8 位）。同时，在 P2 口出现有效的 DPH 值（数据指针高 8 位）。若是利用工作寄存器 R0、R1 作地址指针去访问，则低 8 位地址就是 R0 或 R1 中的数据，此时由 P0 口送出外部数据存储器的低 8 位地址，同时在 P2 口引脚上出现的是 P2 输出锁存器的内容。另外，由于此时的 16 位地址是针对访问外部数据存储器而形成的，所以在第一个机器周期的 S6 状态将不再出现 $\overline{\text{PSEN}}$ 信号。紧接着 CPU 要对外部数据存储器进行读操作或写操作。因此在第二个机器周期的 S1 状态不再出现 ALE 信号，S3 状态不出现 $\overline{\text{PSEN}}$ 信号，此间 CPU 发出读或写信号，P0 口上将出现有效的数据输入或数据输出，完成对外部数据存储器的访问。在第二个机器周期的 S4 又将出现 ALE 信号，此时 P0 口又将送出 PCL，随之再出现 $\overline{\text{PSEN}}$ 信号，完成一次取指操作，但这是一次无效的取指，读入的操作码将被丢掉，因为执行一条访问外部数据存储器的指令需要两个机器周期。

### 2.2.4　数据存储器的扩展

MCS-51 系统内部具有 128/256 个字节 RAM，它们可以作为工作寄存器、堆栈、软件标志和数据缓冲器，CPU 对内部 RAM 有丰富的操作指令，因此内部 RAM 是十分有用的资源，在进行系统设计时，我们应合理地分配片内 RAM，充分发挥它们的作用。但在诸如数据采集处理的应用系统中，仅仅利用片内 RAM 往往是不够的，在这种情况下，可以运用 MCS-51 的扩展技术，外部扩展数据存储器。

### 1. 外扩 8KB 静态 RAM

6264 是 8K×8 位的静态 RAM，图 2-34 所示的是 8031 外扩 8KB 静态 RAM（6264）的硬

件连接图。8031 的 P0 口作为地址/数据分时复用总线使用,当 CPU 执行一条访问外部数据存储器的指令时,先从 P0 口和 P2 口送出 16 位地址,与此同时送出 ALE 信号,ALE 信号连接到 74LS373 的 G 端,在 ALE 信号的下降沿,把从 P0 口送出的低 8 位地址信息锁存到 74LS373。然后根据指令的需要通过 P0 口对 6264 进行读/写操作,CPU 对外部数据存储器的操作时序如图 2-33(b)所示。

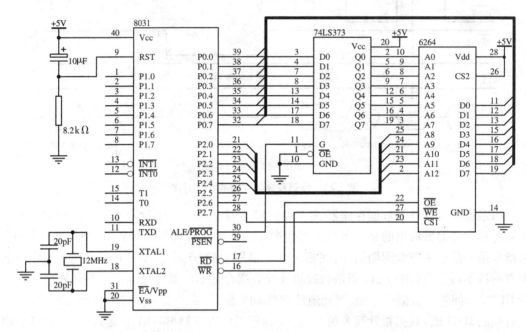

图 2-34　8031 与 6264 的硬件连接图

### 2. 外扩 8KB 的 EEPROM

在一些较小的 MCS-51 系统中,有时也采用程序存储器空间和数据存储器合并的方法。例如,可以将 8KB 存储器空间的前 4KB 作为 ROM 使用,后 4KB 作为 RAM 使用。图 2-35 所示的电路就是利用 8KB EEPROM 2864 实现了这样的功能。

从图中可以看出 $\overline{PSEN}$ 信号和 $\overline{RD}$ 信号的出现都能对 2864 进行读操作,而 8031 的 $\overline{WR}$ 信号接至 2864 的 $\overline{WE}$ 端,这样 8031 就能对 2864 进行读/写操作。利用编程器将编制好的程序送入 2864 的前 4KB 中,2864 的前 4KB 在系统中成为 ROM,利用 P2.7 和 $\overline{PSEN}$ 信号对其访问(取指)。2864 的后 4KB 作为 RAM 可以对其进行读/写操作,利用 P1.0 对 2864 进行"忙"否查询。

除了一些小系统外,将 MCS-51 的外部程序存储器空间和外部数据存储器空间合并为一个公共的外部存储器空间的应用场合也很多,如有些单片机开发系统就是采用这种方法处理的,有时还可以采用这样的方法来进行软件加密处理。

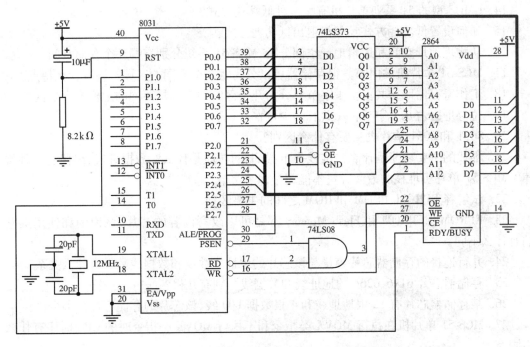

**图 2-35　8031 扩展 EEPROM 2864 硬件图**

# 习　题　二

1．ALU 是什么功能部件？它能完成什么运算功能？

2．单片微型计算机内部含有哪些功能部件？它和一般微型计算机相比有什么特点？为什么会在微型计算机中形成单片微型计算机这一重要分支？

3．简述标志 CY 和 OV 的意义。为什么会发生溢出？溢出的本质是什么？

4．MCS-51 系列单片机内部包含哪些主要功能部件？

5．MCS-51 单片机中决定程序执行顺序的寄存器是哪个？它是几位寄存器？

6．可以分成两个 8 位寄存器的 16 位寄存器是什么？

7．什么是 MCS-51 单片机的振荡周期、状态周期、机器周期、指令周期。当采用 6MHz 晶振时，每个机器周期是多少？在这样的工作频率下其执行一条 MCS-51 单片机最长的指令需多少时间？

8．假设 MCS-51 单片机有四个 8 位并行 I/O 口，在使用时各有哪些特点和分工？简述各并行 I/O 口的结构。

9．MCS-51 单片机的并行 I/O 端口信息有哪两种读取方法？读-修改-写操作是针对并行 I/O 端口的哪一部分进行的？为什么要作这样的安排？

10．什么是准双向口？它有何特点？

11．P0 口在作为 I/O 口使用时要注意什么问题？

12．如何对 8051 单片机进行复位？

13．8051 复位之后，其内部各个寄存器的状态如何？

14. CMOS 型的 51 系列单片机有哪两种低功耗方式？

15. 如何设置低功耗方式？如何退出低功耗方式？

16. 从物理地址空间和逻辑地址空间分析，MCS-51 系统分别有哪几个存储空间？

17. MCS-51 单片机的内部数据存储器可以分为哪几个不同的区域？各有什么特点？

18. 工作寄存器区一共占多少字节？分为几个区？如何选择不同的工作寄存器区？

19. 位寻址区占几个字节？一共有多少位？

20. 8031 和 8051 单片机主要有什么区别？

21. 堆栈的主要功能是什么？堆栈指示器 SP 的功能是什么？数据进栈、出栈有何种规律？MCS-51 单片机堆栈的最大容量不能超过多少字节？

22. 试解释 EPROM、PROM 和 ROM 之间的主要区别。

23. EPROM、EEPROM 和 Flash Memory 都是可以改写内容的芯片，试说明在使用上它们有什么不同。

24. 并行连接的存储器芯片容量与该芯片的地址线数量和数据线数量有什么关系？

25. 存储器芯片 6116、6264 的地址线和数据线分别有几根？

26. 某存储器芯片有 12 根地址线和 4 根数据 I/O 线，该芯片的存储容量是多少位？

27. MCS-51 单片机在执行 MOVX 类指令和不执行 MOVX 类指令时的 CPU 时序有什么不同？

28. ALE、$\overline{\text{PSEN}}$、$\overline{\text{EA}}$、$\overline{\text{RD}}$、$\overline{\text{WR}}$这些信号分别有什么功能？

29. MCS-51 单片机外扩存储器时，为什么 P0 口要外接地址锁存器，而 P2 口却不需要？

30. 74LS373 能作为 MCS-51 外扩存储器时的地址锁存器，能否用 74LS273 直接替代？

31. 画出 8051 单片机外扩一片 2764(8KB EPROM)和两片 6264(8KB + 8KB SRAM)的硬件连接图。

32. 8751 单片机系统需要外扩 8KB(用 2764)程序存储器，要求地址范围为 1000H ~ 2FFFH，以便和内部程序存储器地址相衔接，画出系统扩展的硬件连接图。

# 第 3 章
# MCS-51 单片机的指令系统

　　MCS-51 指令系统专用于 MCS-51 系列的单片机,是一个具有 255 种操作代码的集合。42 种指令功能助记符与各种可能的寻址方式相结合,一共构造出 111 种指令。111 种指令中单字节指令 49 种,双字节指令 46 种,三字节指令 16 种。指令系统的功能强弱在很大程度上决定了计算机性能的高低。MCS-51 指令系统功能很强,例如,它有四则运算指令,丰富的条件转移指令,位操作指令等,使用灵活方便。

## 3.1　指令系统概述

### 3.1.1　基本概念

　　指令是 CPU 执行某种操作的命令。一台计算机所能执行的全部指令的集合称为这个 CPU 的指令系统。

　　MCS-51 汇编语言指令由操作码字段和操作数字段两部分组成。

　　操作码字段指示了计算机所要执行的操作,由 2~5 个英文字母表示,如,JZ、MOV、ADDC、LCALL 等。

　　操作数字段指出了参与操作的数据来源和操作结果存放的目的单元。操作数字段又分为目的操作数和源操作数两部分。操作数可以是一个常数(立即数),或者是一个数据所在的空间地址,即在执行指令时可以从指定的地址空间取出操作数。

　　操作码和操作数都有对应的二进制代码,指令代码由若干字节组成。对于不同的指令,指令的字节数不同。

### 3.1.2　常用符号的意义

　　● Rn:当前选中的通用工作寄存器区的 8 个工作寄存器 R0~R7(n=0~7)。当前选中的通用工作寄存器区由程序状态字 PSW 中的 D3、D4 位(即 RS0、RS1)确定,通用工作寄存器区在片内数据存储器中的地址为 00H~1FH。

　　● Ri:当前选中的通用工作寄存器区中可作地址寄存器的 2 个工作寄存器 R0、R1(i = 0、1)。

　　● direct:8 位内部数据存储器单元地址。可以是一个内部 RAM 单元的地址(0~127)或一个专用寄存器的地址,如 I/O 端口、控制寄存器、状态寄存器等(128~255)。

　　● #data:8 位立即数,即包含在指令中的 8 位常数。

　　● #data16:16 位立即数,即包含在指令中的 16 位常数。

　　● addr11:11 位的目的地址。用于 ACALL 和 AJMP 指令中,目的地址必须存放在与下一条指令第一字节同一个 2KB 程序存储器地址空间之内。

● addr16：16 位的目的地址。用于 LCALL 和 LJMP 指令中,目的地址的范围是 64KB 的程序存储器地址空间。

● rel：补码形式的 8 位地址偏移量。用于 SJMP 和所有的条件转移指令中。偏移量相对于下一条指令的第一个字节计算,在 − 128B ~ + 127B 范围内取值。

● DPTR：数据指针,可用作 16 位的地址寄存器。

● bit：内部 RAM 或专用寄存器中的直接寻址位。

● A：累加器 ACC。

● B：专用寄存器,用于 MUL 和 DIV 指令中。

● C：进位标志或进位位,或布尔处理机中的累加器。

● @：间址寄存器或基址寄存器的前缀,如@ Ri、@ DPTR。

● /：位操作数的前缀,表示对该位操作数先取反再参与操作,但不影响该操作数。

● (X)：X 中的内容。

● ((X))：由 X 寻址的单元中的内容。

● ←：箭头左边的内容被箭头右边的内容所代替。

### 3.1.3　指令分类

按指令的功能,可以把 MCS-51 的 111 种指令分成下面 5 类：
●数据传送类(28 条)。
●算术操作类(24 条)。
●逻辑操作类(25 条)。
●控制转移类(17 条)。
●布尔变量操作类(17 条)。

## 3.2　寻址方式

所谓寻址方式就是如何找到存放操作数的地址,把操作数提取出来的方法。MCS-51 系列单片机共有七种寻址方式：寄存器寻址、立即寻址、直接寻址、寄存器间址、相对寻址、变址寻址及位寻址。

　1.　寄存器寻址

寄存器寻址就是由指令指出寄存器 R0 ~ R7 中某一个或其他寄存器(A、B、DPTR 等)的内容作为操作数。例如：

　　　MOV　A,R0　　　;将寄存器 R0 的内容送累加器 A

注：分号";"后为注释,起到说明指令功能的作用。

　2.　立即寻址

立即寻址方式是指操作数包含在指令字节中,其数值由程序员在编制程序时指定,以指令字节的形式存放在程序存储器中。例如：

　　　MOV　A,# 00H

指令功能是将立即数 00H 送入累加器 A 中,操作数 00H 跟在操作码后面,以指令形式存放在程序存储器中。

### 3. 直接寻址

在指令中直接给出操作数所在存储单元的地址,称为直接寻址方式。此时指令中操作数部分就是操作数所在地址。在 MCS-51 系统中,使用直接寻址方式可访问片内 RAM 的低 128 个单元以及所有的特殊功能寄存器(SFR)。对于特殊功能寄存器,既可以使用它们的地址,也可以使用它们的符号。特殊功能寄存器空间只能使用直接寻址方式进行访问。例如:

　　　MOV　31H,30H　　　;将 30H 单元的内容送 31H 单元

一条直接寻址方式的指令至少占用两个字节存储单元。

### 4. 寄存器间接寻址

由指令指出某一个寄存器中的内容作为操作数的地址,这种寻址方式称为寄存器间接寻址。

寄存器间接寻址使用寄存器 R0 或 R1 作为地址指针来寻址内部 RAM(00H ~ 0FFH)中的数据;寄存器间接寻址也适用于访问外部 RAM,可使用 R0、R1 或 DPTR 作为地址指针。对堆栈的访问也采用寄存器间接寻址,用堆栈指针 SP 作间址寄存器。例如:

　　　MOV　A,@ R0

指令功能是将 R0 所指向的内部 RAM 单元中的内容送累加器 A。若 R0 的内容为 20H,20H 单元的内容为 00H,则执行指令后累加器 A 的内容被赋值为 00H。

### 5. 相对寻址

相对寻址只出现在相对转移指令中。相对转移指令执行时,是以当前的 PC 值加上指令中规定的偏移量 rel 而形成实际的转移地址。这里所说的 PC 的当前值是执行完相对转移指令后的 PC 值。一般将相对转移指令操作码所在地址称为源地址,转移后的地址称为目的地址。于是有

　　　　　　目的地址 = 源地址 + 2 或 3(相对转移指令字节数) + rel

例如,执行指令"JC　rel"。

这是一条以 CY 为条件的转移指令。若源地址为 3021H,rel = 20H,CY = 1,则该指令执行结束后目的地址为 3043H。

在实际中,经常需要根据已知的源地址和目的地址计算偏移量 rel。

### 6. 变址寻址(基址寄存器 + 变址寄存器间接寻址)

变址寻址是以某个寄存器的内容为基地址,然后在这个基地址的基础上加上地址偏移量形成真正的操作数地址。这种寻址方式只能访问程序存储器,访问的范围为 64KB。当然这种访问只能从 ROM 中读取数据而不能写入。在 MCS-51 系统中使用 DPTR 或 PC 作为基址寄存器,累加器 A 为变址寄存器。例如:

　　　MOVC　A,@ A + DPTR

若 DPTR 的内容为 3000H,A 的内容为 05H,则该指令是将程序存储器 3005H 单元中的内容读入累加器 A 中。即若(DPTR) = 3000H,(A) = 05H,(3005H) = 35H,则执行完这条指令后累加器 A 中的内容为 35H。

这种寻址方式多用于查表操作。

### 7. 位寻址

位寻址方式的指令中的操作数是 8 位二进制数中的某一位。指令中给出的是位地址,

位地址在指令中用 bit 表示。例如：

    CLR    bit

MCS-51 系统单片机片内 RAM 有两个区域可以位寻址：一个是 20H ~ 2FH 共 16 个单元中的 128 位，另一个是字节地址能被 8 整除的特殊功能寄存器。

在 51 系统中，位地址常用下列两种方式表示：

●直接使用位地址。对于 20H ~ 2FH 的 16 个单元共 128 位的位地址分布是 00H ~ 7FH。如 20H 单元的 0 ~ 7 位位地址是 00H ~ 07H，而 21H 的 0 ~ 7 位位地址是 08H ~ 0FH，依次类推。

●对于特殊功能寄存器可以用位名称寻址，如 P1.0、TR0、PSW.0 等。

# 3.3 指 令

### 3.3.1 数据传送指令

CPU 在进行算术和逻辑运算时，总需要有操作数。所以，数据的传送是一种最基本、最主要的操作。所谓"传送"，是把源地址单元中的内容传送到目的地址单元中去，而源地址单元中的内容不变；或源、目的地址单元中的内容互换。

数据传送类指令用到的助记符有 MOV、MOVX、MOVC、XCH、XCHD、PUSH、POP 7 种。此外，MCS-51 指令系统还有一条 16 位的数据传送指令，专用于设定数据指针 DPTR。

**1. 内部存储器间的传送指令**

（1）以累加器为目的操作数的指令

| 汇编指令格式 | 机器码格式 | 操 作 |
|---|---|---|
| MOV A, Rn | 1110　1rrr | (A)←(Rn) |
| MOV A, direct | 1110　0101 <br> direct | (A)←(direct) |
| MOV A, @Ri | 1110　011i | (A)←((Ri)) |
| MOV A, #data | 0111　0100 <br> data | (A)←data |

上述指令是将第二操作数（源操作数）所指定的工作寄存器 Rn 中的内容、直接寻址单元中的内容、间接寻址单元中的内容及立即数传送到第一操作数所指定的累加器 A 中。

其中，rrr 为工作寄存器地址，rrr = 000 ~ 111 对应当前工作寄存器区中的寄存器 R0 ~ R7。Ri 为间接寻址寄存器，i = 0 或 1，即 R0 或 R1。

上述操作不影响源操作数，只影响 PSW 的 P 标志位。

（2）以寄存器 Rn 为目的操作数的指令

| 汇编指令格式 | 机器码格式 | 操 作 |
|---|---|---|
| MOV Rn，A | 1111 1rrr | （Rn）←（A） |
| MOV Rn，direct | 1010 1rrr <br> direct | （Rn）←（direct） |
| MOV Rn，# data | 0111 1rrr <br> data | （Rn）←data |

这组指令的功能是把源操作数所指定的内容送到当前工作寄存器组 R0 ~ R7 中的某个寄存器中。源操作数有寄存器寻址、直接寻址和立即数寻址三种方式。

例如，（A）=23H,（50H）=45H,（R2）=67H,则执行下列指令：

① MOV R2,A ;（R2）←（A）

指令执行后,（R2）=23H。

② MOV R2,50H ;（R2）←（50H）

指令执行后,（R2）=45H。

③ MOV R2,#00H ;（R2）←00H

指令执行后,（R2）=00H。

注意：MCS-51 指令系统中没有"MOV Rn,Rn"这条传送指令。

（3）以直接地址为目的操作数的指令

| 汇编指令格式 | 机器码格式 | 操 作 |
|---|---|---|
| MOV direct，A | 1111 0101 <br> direct | （direct）←（A） |
| MOV direct，Rn | 1000 1rrr <br> direct | （direct）←（Rn） |
| MOV direct1，direct2 | 1000 0101 <br> direct2 <br> direct1 | （direct1）←（direct2） |
| MOV direct，@ Ri | 1000 011i <br> direct | （direct）←（（Ri）） |
| MOV direct，# data | 0111 0101 <br> direct <br> data | （direct）←data |

这组指令的功能是把源操作数所指定的内容送入由直接地址 direct 所指定的片内存储

单元中。源操作数有寄存器寻址、直接寻址、寄存器间接寻址和立即数寻址等方式。

注意:"MOV direct1,direct2"指令在译成机器码时,源地址在前,目的地址在后。

(4) 以间接地址为目的操作数的指令

| 汇编指令格式 | 机器码格式 | 操作 |
| --- | --- | --- |
| MOV @Ri,A | 1111 011i | ((Ri))←(A) |
| MOV @Ri,direct | 1010 011i <br> direct | ((Ri))←(direct) |
| MOV @Ri,#data | 0111 011i <br> data | ((Ri))←data |

注意: Ri 中的内容为指定的内部 RAM 单元的地址。

这组指令的功能是把源操作数所指定的内容送入由 Ri 间接寻址所指定的片内数据存储器中。源操作数有寄存器寻址、直接寻址和立即数寻址等方式。

**2. 16 位数据传送指令**

| 汇编指令格式 | 机器码格式 | 操作 |
| --- | --- | --- |
| MOV DPTR,#data16 | 1001 0000 <br> 高位字节 <br> 低位字节 | (DPH)←dataH <br> (DPL)←dataL |

这是唯一的 16 位数据传送指令。其功能是把 16 位常数送入 DPTR。DPTR 由 DPH 和 DPL 组成。这条指令的执行结果是将高 8 位立即数 dataH 送入 DPH,低 8 位立即数 dataL 送入 DPL。在译成机器码时,亦是高位字节在前,低位字节在后。

例如,"MOV DPTR,#3000H"的机器码是"90H 30H 00H"。

**3. 栈操作指令**

(1) 入栈指令

| 汇编指令格式 | 机器码格式 | 操作 |
| --- | --- | --- |
| PUSH direct | 1100 0000 <br> direct | (SP)←(SP)+1 <br> ((SP))←(direct) |

进行入栈操作时,先将栈指针 SP 调整加 1 移向上一个空单元,然后将直接地址 direct 寻址的单元的内容压入当前 SP 所指向的堆栈单元中。本操作不影响标志位。

(2) 出栈指令

| 汇编指令格式 | 机器码格式 | 操作 |
| --- | --- | --- |
| POP direct | 1101 0000 <br> direct | (direct)←((SP)) <br> (SP)←(SP)-1 |

进行出栈操作时,先将栈指针 SP 所指向的内部 RAM(堆栈)单元中的内容送入由直接

地址 direct 寻址的单元中,然后将栈指针 SP 的内容调整减 1 移向下一单元。本操作不影响标志位。

### 4. 交换指令

（1）字节交换指令

| 汇编指令格式 | 机器码格式 | 操 作 |
|---|---|---|
| XCH A,Rn | 1100　1rrr | $(A) \leftrightarrow (Rn)$ |
| XCH A,direct | 1100　0101<br>direct | $(A) \leftrightarrow (direct)$ |
| XCH A,@Ri | 1100　011i | $(A) \leftrightarrow ((Ri))$ |

字节交换指令将累加器 A 中的内容与第二操作数所指定的工作寄存器 Rn 的内容、直接寻址或间接寻址单元中的内容互换。

（2）半字节交换指令

| 汇编指令格式 | 机器码格式 | 操 作 |
|---|---|---|
| XCHD A,@Ri | 1101　011i | $(A)_{0\sim3} \leftrightarrow ((Ri))_{0\sim3}$ |

该指令将累加器 A 中的内容的低 4 位与 Ri 间接寻址单元的内容的低 4 位互换,高 4 位内容保持不变。该操作只影响标志位 P。

### 5. 查表指令与查表程序举例

在 MCS-51 指令系统中,有两条极为有用的查表指令,其数据表格存放在程序存储器中。

（1）远程查表指令

| 汇编指令格式 | 机器码格式 | 操 作 |
|---|---|---|
| MOVC A,@A+DPTR | 1001　0011 | $(PC) \leftarrow (PC) + 1$<br>$(A) \leftarrow ((A) + (DPTR))$ |

这条指令以 DPTR 为基址寄存器,A 的内容作为无符号数和 DPTR 的内容相加得到一个 16 位的地址,把该地址指出的程序存储器单元中的内容送到累加器 A 中。CPU 在执行指令时,以 DPTR 为基址寄存器进行查表。通常将表格首址赋值给 DPTR,而累加器 A 的内容则存放所要读取的数据单元相对表格首址的偏移量。

这条指令的执行结果只与数据指针 DPTR 和累加器 A 的内容有关,与该指令的存放地址无关。因此表格的位置可在 64KB 程序存储器中任意安排,所以称之为远程查表指令。

（2）近程查表指令

| 汇编指令格式 | 机器码格式 | 操 作 |
|---|---|---|
| MOVC A,@A+PC | 1000　0011 | $(PC) \leftarrow (PC) + 1$<br>$(A) \leftarrow ((A) + (PC))$ |

CPU 读取该条指令后,PC 的内容先自动加 1,将新的 PC 内容与累加器 A 中的偏移量(8 位无符号数)相加形成地址,取出该地址指出的程序存储器单元的内容送到累加器 A 中。这种查表操作的数据表格只能存放在该指令以后的 256B 范围内,故称为近程查表指令。

**例 3-1**　试编写程序段分别用远程查表指令和近程查表指令将累加器 A 中的 BCD 码转换成 7 段 LED 显示代码(LED 显示代码相关知识请参阅本书 7.4 节有关内容)。

方法一:使用近程查表指令。

```
DTOSEC1:    INC     A
            MOVC    A,@ A + PC
            RET
TAB1:       DB      3FH              ;0 的显示代码
            DB      06H              ;1 的显示代码
            DB      5BH              ;2 的显示代码
            DB      4FH              ;3 的显示代码
            DB      66H              ;4 的显示代码
            DB      6DH              ;5 的显示代码
            DB      7DH              ;6 的显示代码
            DB      07H              ;7 的显示代码
            DB      7FH              ;8 的显示代码
            DB      6FH              ;9 的显示代码
```

方法二:使用远程查表指令。

```
DTOSEC2:    MOV     DPTR,#TAB1
            MOVC    A,@ A + DPTR
            RET
            …
```

注:表格同 TAB1,可以存放在 64KB 的任意空间。

**6. 累加器 A 与外部数据存储器传送数据指令**

在 51 指令系统中,CPU 对外部 RAM 的访问只能使用寄存器间接寻址方式,并且只有以 MOVX 为助记符的 4 条指令。

(1) 外部数据存储器内容送累加器(即读外部数据存储器)

| 汇编指令格式 | 机器码格式 | 操　作 |
| --- | --- | --- |
| MOVX A,@ Ri | 1110　001i | $(A) \leftarrow ((P2)、(Ri))$ |
| MOVX A,@ DPTR | 1110　0000 | $(A) \leftarrow ((DPTR))$ |

在执行这两条指令时,P3.7 引脚上输出有效的 $\overline{RD}$ 信号,用作外部数据存储器的读选通信号。

第一条指令中,Ri 所包含的低 8 位地址信息由 P0 口输出,而高 8 位地址信息(SFR P2 中的内容)由 P2 口输出,该 16 位地址所寻址的外部 RAM 单元中的数据经 P0 口输入到累加器,P0 口作分时复用的总线。

　　第二条指令中,DPTR 所包含的 16 位地址信息由 P0 口(低 8 位地址信息)和 P2 口(高 8 位地址信息)输出,该 16 位地址所寻址的外部 RAM 单元的数据经 P0 口输入到累加器,P0 口作分时复用的总线。

　　例如,设外部数据存储器 2345H 单元的内容为 55H,则执行下列两条指令后,累加器 A 中的内容为 55H。

```
        MOV     DPTR,# 2345H
        MOVX    A,@ DPTR
```

等价于

```
        MOV     P2,# 23H
        MOV     R0,# 45H
        MOVX    A,@ R0
```

　　(2) 累加器内容送外部数据存储器(即写外部数据存储器)

| 汇编指令格式 | 机器码格式 | 操作 |
|---|---|---|
| MOVX @Ri,A | 1111　001i | $((P2)、(Ri)) \leftarrow (A)$ |
| MOVX @DPTR,A | 1111　0000 | $((DPTR)) \leftarrow (A)$ |

　　在执行这两条指令时,P3.6 引脚上输出有效的 $\overline{\text{WR}}$ 信号,用作外部数据存储器的写选通信号。

　　第一条指令中,Ri 所包含的低 8 位地址信息由 P0 口输出,而高 8 位地址信息(SFR P2 中的内容)由 P2 口输出,累加器 A 的内容经 P0 口输出到该 16 位地址所寻址的外部 RAM 单元,P0 口作分时复用的总线。

　　第二条指令中,DPTR 所包含的 16 位地址信息由 P0 口(低 8 位地址信息)和 P2 口(高 8 位地址信息)输出,累加器 A 的内容经 P0 口输出到该 16 位地址所寻址的外部 RAM 单元,P0 口作分时复用的总线。

　　例如,设累加器 A 中的内容为 00H,则执行下列两条指令后,外部数据存储器 2345H 单元的内容为 00H。

```
        MOV     DPTR,#2345H
        MOVX    @ DPTR,A
```

等价于

```
        MOV     P2,#23H
        MOV     R0,#45H
        MOVX    @R0,A
```

### 3.3.2　算术运算指令

　　在 MCS-51 指令系统中, 有加法、减法、乘法及除法等算术运算类指令,其运算功能比较强。

　　算术运算指令执行的结果将影响进位标志(CY)、辅助进位标志(AC)及溢出标志(OV)。但是加 1 和减 1 指令不影响这些标志。

**1. 加法指令(ADD、ADDC、DA)与加法运算举例(含 BCD 码)**

(1) 加法指令

| 汇编指令格式 | 机器码格式 | 操　作 |
|---|---|---|
| ADD A,Rn | 0010　1rrr | (A)←(A) + (Rn) |
| ADD A,direct | 0010　0101 <br> direct | (A)←(A) + (direct) |
| ADD A,@ Ri | 0010　011i | (A)←(A) + ((Ri)) |
| ADD A, # data | 0010　0100 <br> data | (A)←(A) + data |

　　这组加法指令的功能是,将工作寄存器的内容、内部 RAM 单元的内容或立即数和累加器 A 中的内容相加,其结果放在累加器 A 中。相加过程中,如果位 7(D7)有进位,则进位标志 CY 置"1",否则清"0";如果位 3(D3)有进位,则辅助进位标志 AC 置"1",否则清"0";如果位 6 有进位而位 7 没有进位或者位 7 有进位而位 6 没有进位,则溢出标志 OV 置"1",否则清"0"。源操作数有寄存器寻址、直接寻址、寄存器间接寻址和立即寻址等寻址方式。

　　对于加法指令,溢出只能发生在两个加数符号相同的情况。在进行带符号数的加法运算时,溢出标志 OV 是一个重要的编程标志,利用它可以判断两个带符号数相加,和数是否溢出(即大于 127 或小于 − 128)。

　　例如,(A) = 65H,(20H) = 0AFH,执行指令"ADD　A,20H"后,结果为(A) = 14H,CY = 1,(AC) = 1,(OV) = 0。

　　如果这是一次无符号数相加则表示:

$$(A) = 101D,(20H) = 175D$$
$$101 + 175 = 276$$

和为 276D,所以用十六进制数表示和为 114H。

　　如果这是一次有符号数相加则表示:

$$(A) = 101D,(20H) = − 81D$$
$$101 + ( − 81) = 101 − 81 = 20$$

和为 20D,所以用十六进制数表示和为 14H。这次加法中位 6、位 7 均有进位,所以 OV = 0,表示和并无溢出。

(2) 带进位加法指令

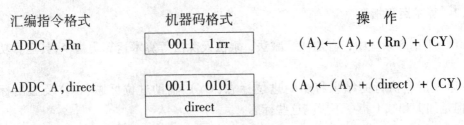

| 汇编指令格式 | 机器码格式 | 操　作 |
|---|---|---|
| ADDC A,Rn | 0011　1rrr | (A)←(A) + (Rn) + (CY) |
| ADDC A,direct | 0011　0101 <br> direct | (A)←(A) + (direct) + (CY) |

| ADDC A,@ Ri | 0011　011i | $(A) \leftarrow (A) + ((Ri)) + (CY)$ |
|---|---|---|

| ADDC A, # data | 0011　0100 | $(A) \leftarrow (A) + data + (CY)$ |
|---|---|---|
| | data | |

这组带进位加法指令的功能是,把所指出的字节变量、进位标志与累加器 A 中的内容相加,结果放在累加器 A 中。如果位 7 有进位,则进位标志 CY 置"1",否则清"0"。如果位 3 有进位,则辅助进位标志 AC 置"1",否则清"0"。如果位 6 有进位而位 7 没有进位或位 7 有进位而位 6 没有进位,则溢出标志 OV 置位,否则清"0"。源操作数的寻址方式和 ADD 指令相同。

例如,(A) = 85H,(20H) = 0A9H,(CY) = 1,执行指令"ADDC A,20H"后,结果为(A) = 2FH,(CY) = 1,AC = 0,OV = 1。

如果这是一次无符号数相加则表示:
$$(A) = 133D, (20H) = 169D, (CY) = 1$$
$$133 + 169 + 1 = 303$$

和为 303D,所以用十六进制数表示和为 12FH。

如果这是一次有符号数相加则表示:
$$(A) = -123D, (20H) = -87D, (CY) = 1$$
$$-123 + (-87) + 1 = -209$$

和为 -209D。这次加法中,位 6 无进位,位 7 有进位。所以 OV 置位,表示和已发生溢出(小于 -128),符号位已进入进位标志 CY,A 中表示的是该和的绝对值。

（3）十进制调整指令

| 汇编指令格式 | 机器码格式 | 操 作 |
|---|---|---|
| DA　A | 1101　0100 | 调整累加器 A 中的内容为 BCD 码 |

这条指令跟在 ADD 或 ADDC 指令后,将存放在累加器 A 中参与 BCD 码加法运算所获得的 8 位结果进行十进制调整,将累加器中的内容调整为二位 BCD 码数,完成十进制加法运算功能。

若$(A)_{3 \sim 0} > 9$ 或$(AC) = 1$,则$(A) \leftarrow (A) + 06H$。

同时,若$(A)_{7 \sim 4} > 9$ 或$(CY) = 1$,则$(A) \leftarrow (A) + 60H$。

本指令是对累加器 A 中的 BCD 码加法结果进行调整。两个压缩型 BCD 码按二进制加法相加后,必须经本指令调整后才能得到压缩型 BCD 码的和。

例如,(A) = 56H,(30H) = 67H,执行下列指令:

　　　　ADD　　　　A,30H
　　　　DA　　　　A

结果为(A) = 23H,(CY) = 1。

**例 3-2**　三字节 BCD 码加法运算举例。

加数 1 和加数 2 分别放在内部 RAM 30H(高位)和 31H(低位)、32H(高位)和 33H(低位)单元,和存放于 34H(高位)、35H(低位)和 36H(36H 用来存放最高位的进位)单元。

```
DADD：    MOV     A,31H
          ADD     A,33H
          DA      A
          MOV     35H,A
          MOV     A,30H
          ADDC    A,32H
          DA      A
          MOV     34H,A
          CLR     A
          ADDC    A,# 00H
          DA      A
          MOV     36H,A
          RET
```

**2. 减法指令(SUBB)与减法运算举例**

| 汇编指令格式 | 机器码格式 | 操　作 |
|---|---|---|
| SUBB A,Rn | `1001  1rrr` | $(A) \leftarrow (A) - (Rn) - (CY)$ |
| SUBB A,direct | `1001  0101` <br> `direct` | $(A) \leftarrow (A) - (direct) - (CY)$ |
| SUBB A,@ Ri | `1001  011i` | $(A) \leftarrow (A) - ((Ri)) - (CY)$ |
| SUBB A,# data | `1001  0100` <br> `data` | $(A) \leftarrow (A) - data - (CY)$ |

　　这组带进位减法指令的功能是,从累加器 A 中减去指定的变量和进位标志,结果存放在累加器中。在进行减法操作过程中如果位 7 需借位,则 CY 置位,否则 CY 清"0";如果位3 需借位,则 AC 置位,否则 AC 清"0";如果位 6 需借位而位 7 不需借位或者位 7 需借位而位 6 不需借位,则溢出标志 OV 置位,否则 OV 清"0"。在带符号数运算时,只有当符号不相同的两数相减时才会发生溢出。

　　注意：由于 MCS-51 指令系统中没有不带借位的减法指令,如需要,可以在执行"SUBB"指令之前用"CLR C"指令将 CY 清"0"。

　　例如,(A) = 56H,(23H) = 67H,(CY) = 1,执行下列指令：

```
          SUBB    A,23H
```

结果为(A) = 0EEH,(CY) = 1,AC = 1,(OV) = 0。

　　如果在进行减法运算前不知道进位标志 CY 的值,则应在减法指令前先将 CY 清"0"。

**例 3-3**　双字节减法程序。

被减数和减数分别放在内部 RAM 30H(高位)和 31H(低位)、32H(高位)和 33H(低位)单元,差存放于 34H(高位)、35H(低位)和 36H(36H 用来存放最高位的借位)单元。

| DSUBB： | CLR | C |
|---|---|---|
| | MOV | A,31H |
| | SUBB | A,33H |
| | MOV | 35H,A |
| | MOV | A,30H |
| | SUBB | A,32H |
| | MOV | 34H,A |
| | MOV | A,#00H |
| | SUBB | A,#00H |
| | MOV | 36H,A |
| | RET | |

**3. 递增/递减指令(INC、DEC)**

**(1) 递增指令**

| 汇编指令格式 | 机器码格式 | 操　作 |
|---|---|---|
| INC A | 0000　0100 | (A)←(A)+1 |
| INC Rn | 0000　1rrr | (Rn)←(Rn)+1 |
| INC direct | 0000　0101<br>direct | (direct)←(direct)+1 |
| INC @Ri | 0000　011i | ((Ri))←((Ri))+1 |
| INC DPTR | 1010　0011 | (DPTR)←(DPTR)+1 |

这组增量指令的功能是,把所指出的变量加 1,若原来为 0FFH 将溢出为 00H,不影响任何标志。操作数有寄存器寻址、直接寻址和寄存器间接寻址方式。注意:当用指令 INC direct修改端口 Pi(即指令中的 direct 为端口 P0 ~ P3,地址分别为 80H、90H、0A0H、0B0H)时,该指令是一条具有"读—修改—写"功能的指令,其功能是修改输出口的内容。指令执行过程中,读入端口的内容来自端口的锁存器而不是端口的引脚。

例如,(A) =0FFH,(R3) =0FH,(30H) =0F0H,(R0) =40H,(40H) =00H,执行下列指令:

| INC | A | ;(A)←(A)+1 |
|---|---|---|
| INC | R3 | ;(R3)←(R3)+1 |
| INC | 30H | ;(30H)←(30H)+1 |
| INC | @R0 | ;((R0))←((R0))+1 |

结果为(A) =00H,(R3) =10H,(30H) =0F1H,(40H) =01H,R0 的内容为 40II 保持不变。不改变 PSW 状态。

（2）递减指令

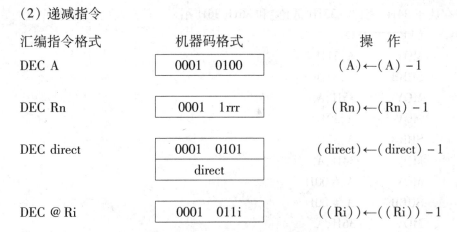

| 汇编指令格式 | 机器码格式 | 操　作 |
|---|---|---|
| DEC A | 0001　0100 | (A)←(A) − 1 |
| DEC Rn | 0001　1rrr | (Rn)←(Rn) − 1 |
| DEC direct | 0001　0101<br>direct | (direct)←(direct) − 1 |
| DEC @ Ri | 0001　011i | ((Ri))←((Ri)) − 1 |

这组指令的功能是,将指令的变量减 1。若原来为 00H,减 1 后溢出为 0FFH,不影响标志位。需注意的是,这组指令中没有"DEC DPTR"指令。

当指令 DEC direct 中的直接地址 direct 为 P0 ~ P3 端口(即 80H、90H、0A0H、0B0H)时,指令可用来修改一个输出口的内容,也是一条具有"读—修改—写"功能的指令。指令执行时,首先读入端口的原始数据,在 CPU 中执行减 1 操作,然后再送到端口。注意:此时读入的数据是来自端口的锁存器而不是从引脚读入。

例如,(A) = 0FH,(R7) = 19H,(30H) = 00H,(R1) = 40H,(40H) = 0FFH,执行下列指令:

```
DEC   A      ;(A)←(A) − 1
DEC   R7     ;(R7)←(R7) − 1
DEC   30H    ;(30H)←(30H) − 1
DEC   @ R1   ;((R1))←((R1)) − 1
```

结果为(A) = 0EH,(R7) = 18H,(30H) = 0FFH,(40H) = 0FEH;不影响标志位。

另外,虽然"INC A"和"ADD A,# 01H"这两条指令都是将累加器 A 的内容加 1,但后者将影响进位标志。

例如,执行以下两条指令:

```
MOV   A,# 0FFH
ADD   A,# 01H
```

则(A) = 00H,(CY) = 1,(AC) = 1,(OV) = 0。

若将以上两条指令改为

```
MOV   A,# 0FFH
INC   A
```

则(A) = 00H,不影响标志位 CY、AC、OV。

### 4. 乘法指令(MUL)

| 汇编指令格式 | 机器码格式 | 操　作 |
|---|---|---|
| MUL AB | 1010　0100 | (B)(A)←(A)×(B) |

这条指令的功能是,把累加器 A 和寄存器 B 中的无符号 8 位整数相乘,其 16 位积的低

位字节在累加器 A 中,高位字节在寄存器 B 中。如果积大于 255(0FFH),则溢出标志 OV 置位,否则 OV 清"0"。进位标志总是清"0"。

例如,(A) = 50H,(B) = 0A0H,执行指令"MUL　AB",结果为(B) = 32H,(A) = 00H (即积为 3200H),(CY) = 0,(OV) = 1 。

**5. 除法指令(DIV)**

| 汇编指令格式 | 机器码格式 | 操　作 |
| --- | --- | --- |
| DIV　AB | 1000　0100 | (A)←(A)/(B)的商 |
| | | (B)←(A)/(B)的余数 |

这条指令的功能是,把累加器 A 中的 8 位无符号整数除以寄存器 B 中的 8 位无符号整数,商存放在累加器 A 中,余数在寄存器 B 中。进位标志 CY 和溢出标志 OV 清"0"。如果原来寄存器 B 中的内容为 0(即除数为 0),则结果 A 和 B 中内容不定,且溢出标志 OV 置位。在任何情况下,CY 都清"0"。

例如,(A) = 0FBH,(B) = 12H,执行下列指令:

　　　DIV　AB

结果为(A) = 0DH,(B) = 11H,(CY) = 0,(OV) = 0。

### 3.3.3　逻辑运算指令

逻辑操作类指令包括与、或、异或、清除、求反、移位等操作。这类指令的操作数都是 8 位。

**1. 累加器专用指令(CLR、CPL、RL、RR、RLC、RRC、SWAP)**

(1) 累加器清零指令

| 汇编指令格式 | 机器码格式 | 操　作 |
| --- | --- | --- |
| CLR A | 1110　0100 | (A)←0 |

累加器 A 清"0"不影响 CY、AC、OV 等标志。

(2) 累加器内容按位取反指令

| 汇编指令格式 | 机器码格式 | 操　作 |
| --- | --- | --- |
| CPL A | 1111　0100 | (A)←$\overline{(A)}$ |

对累加器 A 内容按位取反,原来为"1"的位变"0",原来为"0"的位变"1"。不影响 CY、AC、OV 等标志。

例如,(A) = 10101010B,执行下列指令:

　　　CPL　A

结果为(A) = 01010101B。

(3) 累加器内容循环左移指令

汇编指令格式　　　　　机器码格式　　　　　　　操　作

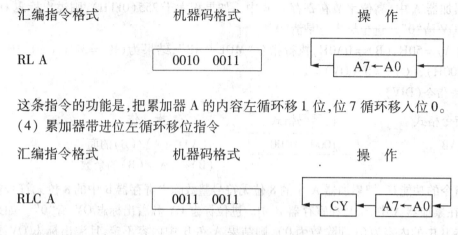

RL A　　　　　　　　0010　0011

这条指令的功能是,把累加器 A 的内容左循环移 1 位,位 7 循环移入位 0。

（4）累加器带进位左循环移位指令

汇编指令格式　　　　　机器码格式　　　　　　　操　作

RLC A　　　　　　　0011　0011

这条指令的功能是,将累加器 A 的内容和进位标志一起向左循环移 1 位,ACC 的位 7 移入进位标志 CY,CY 移入 ACC 的 0 位,不影响其他标志。

（5）累加器内容循环右移指令

汇编指令格式　　　　　机器码格式　　　　　　　操　作

RR A　　　　　　　　0000　0011

这条指令的功能是,将累加器 A 的内容向右循环移 1 位,ACC 的位 0 循环移入 ACC 的位 7,不影响标志位。

（6）累加器带进位右循环移位指令

汇编指令格式　　　　　机器码格式　　　　　　　操　作

RRC A　　　　　　　0001　0011

这条指令的功能是,将累加器 A 的内容和进位标志 CY 一起向右循环移一位,ACC 的位 0 移入 CY,CY 移入 ACC 的位 7。

（7）累加器半字节交换指令

汇编指令格式　　　　　机器码格式　　　　　　　操　作

SWAP A　　　　　　1100　0100　　　　　　$(A)_{0\sim3}\leftrightarrow(A)_{4\sim7}$

这条指令的功能是,将累加器 A 的高半字节( ACC. 7 ～ ACC. 4)和低半字节( ACC. 3 ～ ACC. 0)互换。

例如,( A) = 0C5H,执行下列指令:

　　　SWAP　A

结果为(A) = 5CH。

**2. 与(ANL)、或(ORL)、异或(XRL)指令**

（1）逻辑"与"指令

| 汇编指令格式 | 机器码格式 | 操 作 |
|---|---|---|
| ANL A, Rn | 0101 1rrr | $(A) \leftarrow (A) \wedge (Rn)$ |
| ANL A, direct | 0101 0101 <br> direct | $(A) \leftarrow (A) \wedge (direct)$ |
| ANL A, @ Ri | 0101 011i | $(A) \leftarrow (A) \wedge ((Ri))$ |
| ANL A, # data | 0101 0100 <br> data | $(A) \leftarrow (A) \wedge data$ |
| ANL direct, A | 0101 0010 <br> direct | $(direct) \leftarrow (direct) \wedge (A)$ |
| ANL direct, # data | 0101 0011 <br> direct <br> data | $(direct) \leftarrow (direct) \wedge data$ |

这组指令的功能是,在指出的变量之间进行以位为基础的逻辑"与"操作,将结果存放在目的变量中。操作数有寄存器寻址、直接寻址、寄存器间接寻址和立即寻址等寻址方式。当指令"ANL direct, A"和"ANL direct, #data"用于修改一个输出口时,即直接地址 direct 为端口 P0 ~ P3 时,作为原始端口的数据将从输出口数据锁存器(P0 ~ P3)读入,而不是读引脚状态。

例如,设(A) = 07H,(R0) = 0FDH,执行下列指令:

  ANL A, R0

结果为(A) = 05H。

(2) 逻辑"或"指令

| 汇编指令格式 | 机器码格式 | 操 作 |
|---|---|---|
| ORL A, Rn | 0100 1rrr | $(A) \leftarrow (A) \vee (Rn)$ |
| ORL A, direct | 0100 0101 <br> direct | $(A) \leftarrow (A) \vee (direct)$ |
| ORL A, @ Ri | 0100 011i | $(A) \leftarrow (A) \vee ((Ri))$ |
| ORL A, # data | 0100 0100 <br> data | $(A) \leftarrow (A) \vee data$ |

ORL direct, A

| 0100　0010 |
|:---:|
| direct |

$(direct) \leftarrow (direct) \lor (A)$

ORL direct,# data

| 0100　0011 |
|:---:|
| direct |
| data |

$(direct) \leftarrow (direct) \lor data$

这组指令的功能是,在所指出的变量之间执行以位为基础的逻辑"或"操作,结果存放到目的变量中去。操作数有寄存器寻址、直接寻址、寄存器间接寻址和立即寻址方式。当指令"ORL direct,A"和"ORL direct,#data"用于修改一个输出口时,即直接地址 direct 为端口 P0 ~ P3 时,作为原始端口的数据将从输出口数据锁存器(P0 ~ P3)读入,而不是读引脚状态。

例如,设(P1) = 05H,(A) = 33H,执行下列指令:

　　　　ORL　P1,A

结果为(P1) = 37H。

(3) 逻辑"异或"指令

| 汇编指令格式 | 机器码格式 | 操　作 |
|---|---|---|

XRL A,Rn

| 0110　1rrr |
|:---:|

$(A) \leftarrow (A) \oplus (Rn)$

XRL A,direct

| 0110　0101 |
|:---:|
| direct |

$(A) \leftarrow (A) \oplus (direct)$

XRL A,@ Ri

| 0110　011i |
|:---:|

$(A) \leftarrow (A) \oplus ((Ri))$

XRL A,# data

| 0110　0100 |
|:---:|
| data |

$(A) \leftarrow (A) \oplus data$

XRL direct, A

| 0110　0010 |
|:---:|
| direct |

$(direct) \leftarrow (direct) \oplus (A)$

XRL direct,# data

| 0110　0011 |
|:---:|
| direct |
| data |

$(direct) \leftarrow (direct) \oplus data$

这组指令的功能是,在所指出的变量之间执行以位为基础的逻辑"异或"操作,结果存放到目的变量中去。操作数有寄存器寻址、直接寻址、寄存器间接寻址和立即寻址等寻址方式。当指令"XRL direct,A"和"XRL direct,#data"用于修改一个输出口时,即直接地址 direct 为端口 P0 ~ P3 时,作为原始端口的数据将从输出口数据锁存器(P0 ~ P3)读入,而不是读引脚状态。

例如,设(P1) = 05H,(A) = 33H,执行下列指令:

　　XRL P1，A

结果为(P1) = 36H。

### 3.3.4　控制转移指令

MCS-51 系列单片机有丰富的转移类指令，包括无条件转移指令、条件转移指令、调用指令及返回指令等。所有这些指令的目的地址都是在 64KB 程序存储器地址空间。

**1. 无条件转移指令(LJMP、AJMP、SJMP、JMP)**

(1) 绝对转移指令

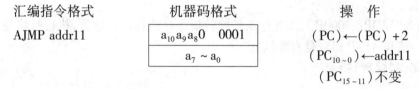

| 汇编指令格式 | 机器码格式 | 操 作 |
|---|---|---|
| AJMP addr11 | $a_{10}a_9a_80$　0001 <br> $a_7 \sim a_0$ | $(PC) \leftarrow (PC) + 2$ <br> $(PC_{10 \sim 0}) \leftarrow addr11$ <br> $(PC_{15 \sim 11})$不变 |

这是 2KB 范围内的无条件跳转指令，把程序的执行转移到 $a_{10} \sim a_0$ 指定的地址。该指令在运行时先将 PC 加 2，然后将指令中的 $a_{10} \sim a_0 \rightarrow (PC_{10 \sim 0})$，得到跳转目的地址(即把 $PC_{15}$ $PC_{14}PC_{13}PC_{12}PC_{11}a_{10}a_9a_8a_7a_6a_5a_4a_3a_2a_1a_0$ 送入 PC)。因为指令只提供低 11 位地址，因此目标地址必须与 AJMP 后面一条指令的第一个字节在同一个 2KB 区域的存储器区内。指令的操作码与转移目标地址所在的页号有关，见表 3-1。如果 AJMP 指令正好落在区底的两个单元内，程序就转移到下一个区中去了。因为在执行转移操作之前 PC 先加了 2。

例如，执行指令"KWR：AJMP addr11"，如果设 addr11 = 00100000000B，标号 KWR 的地址为 1030，则执行该条指令后，程序将转移到 1100H。此时该指令的机器码为"21H，00H"($a_{10}a_9a_8 = 001$，故指令第一个字节为 21H)。

**表 3-1　AJMP、ACALL 指令操作码与页面的关系**

| 子 程 序 入 口 转 移 地 址 页 面 号 | | | | | | | | | | | | | | | | 操作码 | |
|---|---|---|---|---|---|---|---|---|---|---|---|---|---|---|---|---|---|
| | | | | | | | | | | | | | | | | AJMP | ACALL |
| 00 | 08 | 10 | 18 | 20 | 28 | 30 | 38 | 40 | 48 | 50 | 58 | 60 | 68 | 70 | 78 | 01 | 11 |
| 80 | 88 | 90 | 98 | A0 | A8 | B0 | B8 | C0 | C8 | D0 | D8 | E0 | E8 | F0 | F8 | | |
| 01 | 09 | 11 | 19 | 21 | 29 | 31 | 39 | 41 | 49 | 51 | 59 | 61 | 69 | 71 | 79 | 21 | 31 |
| 81 | 89 | 91 | 99 | A1 | A9 | B1 | B9 | C1 | C9 | D1 | D9 | E1 | E9 | F1 | F9 | | |
| 02 | 0A | 12 | 1A | 22 | 2A | 32 | 3A | 42 | 4A | 52 | 5A | 62 | 6A | 72 | 7A | 41 | 51 |
| 82 | 8A | 92 | 9A | A2 | AA | B2 | BA | C2 | CA | D2 | DA | E2 | EA | F2 | FA | | |
| 03 | 0B | 13 | 1B | 23 | 2B | 33 | 3B | 43 | 4B | 53 | 5B | 63 | 6B | 73 | 7B | 61 | 71 |
| 83 | 8B | 93 | 9B | A3 | AB | B3 | BB | C3 | CB | D3 | DB | E3 | EB | F3 | FB | | |
| 04 | 0C | 14 | 1C | 24 | 2C | 34 | 3C | 44 | 4C | 54 | 5C | 64 | 6C | 74 | 7C | 81 | 91 |
| 84 | 8C | 94 | 9C | A4 | AC | B4 | BC | C4 | CC | D4 | DC | E4 | EC | F4 | FC | | |
| 05 | 0D | 15 | 1D | 25 | 2D | 35 | 3D | 45 | 4D | 55 | 5D | 65 | 6D | 75 | 7D | A1 | B1 |
| 85 | 8D | 95 | 9D | A5 | AD | B5 | BD | C5 | CD | D5 | DD | E5 | ED | F5 | FD | | |
| 06 | 0E | 16 | 1E | 26 | 2E | 36 | 3E | 46 | 4E | 56 | 5E | 66 | 6E | 76 | 7E | C1 | D1 |
| 86 | 8E | 96 | 9E | A6 | AE | B6 | BE | C6 | CE | D6 | DE | E6 | EE | F6 | FE | | |
| 07 | 0F | 17 | 1F | 27 | 2F | 37 | 3F | 47 | 4F | 57 | 5F | 67 | 6F | 77 | 7F | E1 | F1 |
| 87 | 8F | 97 | 9F | A7 | AF | B7 | BF | C7 | CF | D7 | DF | E7 | EF | F7 | FF | | |

（2）长跳转指令

| 汇编指令格式 | 机器码格式 | 操　作 |
|---|---|---|

LJMP addr16

| 0000　0010 |
|---|
| $a_{15} \sim a_8$ |
| $a_7 \sim a_0$ |

（PC）←addr16

该指令提供了 16 位目标地址,执行这条指令时把指令的第二和第三字节分别装入 PC 的高位和低位字节中,无条件地转向指定地址。转移的目标地址可以在 64KB 程序存储器地址空间的任何地方,不影响任何标志位。

例如,执行指令"LJMP　3000H",不管这条长跳转指令存放在什么地方,执行时将使程序转移到 3000H。这和 AJMP 指令是有差别的。

（3）相对转移(短跳转)指令

| 汇编指令格式 | 机器码格式 | 操　作 |
|---|---|---|

SJMP rel

| 1000　0000 |
|---|
| 相对地址（rel） |

（PC）←（PC）+2
（PC）←（PC）+ rel

指令的操作数是相对地址,rel 是一个带符号的偏移字节数(2 的补码),因此转向的目标地址可以在这条指令的 −128 ~ +127 字节范围内。在用汇编语言编写程序时,rel 是目的地址的标号,由汇编程序在汇编过程中自动计算偏移地址,并填入指令代码中。

例如,执行指令"KRD: SJMP　PKRD",如果 KRD 标号值为 0100H(即 SJMP 这条指令的机器码存放于 0100H 和 0101H 这两处单元中);标号 PKRD 值为 0123H,即跳转的目标地址为 0123H,则指令的第二个字节(相对偏移量)应为 rel =0123H −0102H =21H。

（4）间接长转移指令

| 汇编指令格式 | 机器码格式 | 操　作 |
|---|---|---|

JMP @ A + DPTR

| 0111　0011 |
|---|

（PC）←（A）+（DPTR）

这条指令的转移地址由数据指针 DPTR 中的 16 位数据和累加器 A 中的 8 位无符号数相加形成,并将结果直接送入 PC,不改变累加器和数据指针内容,也不影响标志位。利用这条指令可以实现程序的散转。

**例 3-4**　如果累加器 A 中存放待处理命令编号(0 ~ 7),程序存储器中存放着首地址标号为 TAB 的转移指令表,则执行下面的程序,将根据 A 中命令编号转向相应的命令处理程序。

```
EX1:    MOV    R1,A
        RL     A
        ADD    A,R1        ;(A)×3
        MOV    DPTR,# TAB  ;转移表首址→DPTR
        JMP    @ A + DPTR  ;跳转到((A)+(DPTR))间址单元
TAB:    LJMP   PROG0       ;转向命令 0 处理入口
        LJMP   PROG1       ;转向命令 1 处理入口
```

| LJMP | PROG2 | ;转向命令 2 处理入口 |
| LJMP | PROG3 | ;转向命令 3 处理入口 |
| LJMP | PROG4 | ;转向命令 4 处理入口 |
| LJMP | PROG5 | ;转向命令 5 处理入口 |
| LJMP | PROG6 | ;转向命令 6 处理入口 |
| LJMP | PROG7 | ;转向命令 7 处理入口 |

**2. 调用子程序及返回指令(LCALL、ACALL、RET、RETI)**

在程序设计中,常常把具有一定功能的公用程序段编制成子程序。当主程序转至子程序时使用调用指令,而在子程序的最后安排一条返回指令,使执行完子程序后再返回主程序。为保证正确返回,每次调用子程序时自动将下一条指令地址保存到堆栈,返回时按先进后出的原则再把地址弹出至 PC 中。

(1) 绝对调用指令

汇编指令格式　　　　　　机器码格式　　　　　　　　操作

ACALL addr11

$$(PC) \leftarrow (PC) + 2$$
$$(SP) \leftarrow (SP) + 1$$
$$((SP)) \leftarrow (PC_{7 \sim 0})$$
$$(SP) \leftarrow (SP) + 1$$
$$((SP)) \leftarrow (PC_{15 \sim 8})$$
$$(PC_{10 \sim 0}) \leftarrow addr11$$
$$(PC_{15 \sim 11})不变$$

这条指令无条件地调用位于指令所指出地址的程序。指令执行时 PC 加 2,获得下一条指令的地址,并把这 16 位地址压入堆栈,堆栈指针加 2。然后把指令中的 $a_{10} \sim a_0$ 值送入 PC 中的 $PC_{10 \sim 0}$ 位,PC 的 $P_{15 \sim 11}$ 不变,获得子程序的起始地址(即 $PC_{15} PC_{14} PC_{13} PC_{12} PC_{11} a_{10} a_9 a_8 a_7 a_6 a_5 a_4 a_3 a_2 a_1 a_0$),从而转向执行子程序。子程序的起始地址必须与 ACALL 后面一条指令的第一个字节在同一个 2KB 区域的程序存储器内。指令的操作码与被调用的子程序的起始地址的页号有关,见表 3-1。如果 ACALL 指令正好落在区底的两个单元,如 07FE 和 07FF 单元,程序就转移到下一个区中去了。因为在执行操作之前 PC 先加了 2。

例如,设(SP) = 60H,标号地址 HERE 为 1234H,子程序 SUB 的入口地址为 1345H,执行下列指令:

HERE:　 ACALL SUB

结果为(SP) = 62H,堆栈区内(61H) = 36H,(62H) = 12H,(PC) = 1345H。指令的机器码为"71H,45H"。

（2）长调用指令

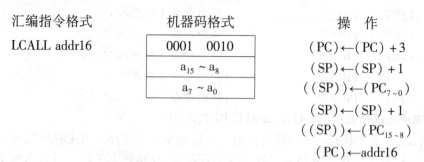

| 汇编指令格式 | 机器码格式 | 操　作 |
|---|---|---|

LCALL addr16 是一条三字节指令，它提供 16 位目标地址，以调用 64KB 范围内所指定的子程序。执行这条指令时先把 PC 内容加 3 以获得下一条指令的首地址，并将该地址作为返回地址压入堆栈（先压入低位地址 $PC_{7\sim0}$，后压入高位地址 $PC_{15\sim8}$），然后将指令中的 16 位目的地址 addr16 送入程序计数器 PC，从而使程序去执行被调用的子程序。指令执行后不影响任何标志位。

例如，设 $(SP)=2FH$，标号 BEGIN 的地址为 1000H，标号 FUNC 的地址为 2300H，执行下列指令：

BEGIN：　LCALL　FUNC

结果为 $(SP)=31H$，$(30H)=03H$，$(31H)=10H$，$(PC)=2300H$。

（3）返回指令

① 子程序返回指令。

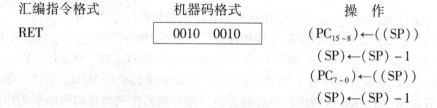

| 汇编指令格式 | 机器码格式 | 操　作 |
|---|---|---|
| RET | 0010　0010 | $(PC_{15\sim8})\leftarrow((SP))$ |
| | | $(SP)\leftarrow(SP)-1$ |
| | | $(PC_{7\sim0})\leftarrow((SP))$ |
| | | $(SP)\leftarrow(SP)-1$ |

RET 是子程序返回指令，RET 指令通常安排在子程序的末尾。当程序执行到本指令时表示子程序执行结束，使程序能从子程序返回到主程序，继续下面指令的执行。因此，它的主要功能是把栈顶相邻两个单元的内容（断点地址）弹出送到 PC，SP 的内容减去 2，程序返回到 PC 值所指向的指令处执行。

例如，设 $(SP)=62H$，$(62H)=07H$，$(61H)=30H$，执行指令"RET"后，结果为 $(SP)=60H$，$(PC)=0730H$，CPU 从 0730H 处开始执行程序。

② 中断返回指令。

| 汇编指令格式 | 机器码格式 | 操　作 |
|---|---|---|
| RETI | 0011　0010 | $(PC_{15\sim8})\leftarrow((SP))$ |
| | | $(SP)\leftarrow(SP)-1$ |
| | | $(PC_{7\sim0})\leftarrow((SP))$ |
| | | $(SP)\leftarrow(SP)-1$ |

这条指令的功能与 RET 指令相类似,但不能用 RET 指令来替代。应安排在中断服务程序的最后。它的应用在中断一章中讨论。

**3. 条件转移指令**

条件转移指令是根据某种特定条件发生转移的指令。条件满足时转移(相当于一条相对转移指令),条件不满足时则顺序执行下面的指令。目的地址在下一条指令的起始地址为中心的 256 个字节范围中( −128 ～ +127)。当条件满足时,先把 PC 加到指向下一条指令的第一个字节地址,再把相对目的地址的偏移量加到 PC 中,计算出转向地址。

(1) 判零转移指令

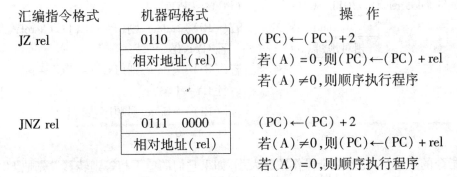

| 汇编指令格式 | 机器码格式 | 操 作 |
|---|---|---|
| JZ rel | 0110 0000<br>相对地址(rel) | (PC)←(PC) +2<br>若(A) =0,则(PC)←(PC) + rel<br>若(A)≠0,则顺序执行程序 |
| JNZ rel | 0111 0000<br>相对地址(rel) | (PC)←(PC) +2<br>若(A)≠0,则(PC)←(PC) + rel<br>若(A) =0,则顺序执行程序 |

上述两条指令的功能是:

  JZ rel  ;如果累加器 ACC 的内容为零,则执行转移
  JNZ rel  ;如果累加器 ACC 的内容不为零,则执行转移

(2) 比较不相等转移指令

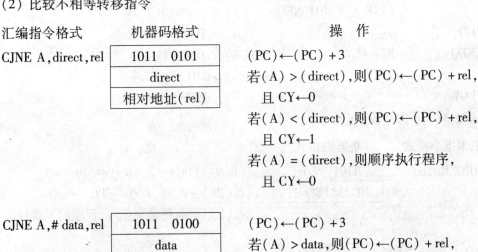

| 汇编指令格式 | 机器码格式 | 操 作 |
|---|---|---|
| CJNE A,direct,rel | 1011 0101<br>direct<br>相对地址(rel) | (PC)←(PC) +3<br>若(A) >(direct),则(PC)←(PC) + rel,<br> 且 CY←0<br>若(A) <(direct),则(PC)←(PC) + rel,<br> 且 CY←1<br>若(A) =(direct),则顺序执行程序,<br> 且 CY←0 |
| CJNE A,# data,rel | 1011 0100<br>data<br>相对地址(rel) | (PC)←(PC) +3<br>若(A) > data,则(PC)←(PC) + rel,<br> 且 CY←0<br>若(A) < data,则(PC)←(PC) + rel,<br> 且 CY←1<br>若(A) = data,则顺序执行程序,<br> 且 CY←0 |

CJNE Rn,# data,rel

| 1011　1rrr |
| --- |
| data |
| 相对地址(rel) |

$(PC)\leftarrow(PC)+3$

若$(Rn)>data$,则$(PC)\leftarrow(PC)+rel$,
　且 $CY\leftarrow0$

若$(Rn)<data$,则$(PC)\leftarrow(PC)+rel$,
　且 $CY\leftarrow1$

若$(Rn)=data$,则顺序执行程序,
　且 $CY\leftarrow0$

CJNE @ Ri,# data,rel

| 1011　011i |
| --- |
| data |
| 相对地址(rel) |

$(PC)\leftarrow(PC)+3$

若$((Ri))>data$,则$(PC)\leftarrow(PC)+rel$,
　且 $CY\leftarrow0$

若$((Ri))<data$,则$(PC)\leftarrow(PC)+rel$,
　且 $CY\leftarrow1$

若$((Ri))=data$,则顺序执行程序,
　且 $CY\leftarrow0$

这组指令的功能是,比较两个操作数的大小,如果它们的值不相等则转移。先把 PC 值修正到下一条指令的起始地址后,然后把指令最后一个字节有符号的相对偏移量加到 PC 中,并计算出转向地址。如果第一个操作数(无符号整数)小于第二个操作数(无符号整数),则进位标志 CY 置位,否则 CY 清"0",不影响任何一个操作数的内容。

**例 3-5**　根据 A 的内容大于 80H、等于 80H、小于 80H 三种情况作不同的处理程序。

```
          CJNE A,# 80H,NEQ      ;(A)不等于80H 转移
EQ:       …                     ;(A)等于80H 处理程序
NEQ:      JC  LOW               ;(A)<80H 转移
          …                     ;(A)>80H 处理程序
LOW:      …                     ;(A)<80H 处理程序
```

(3) 减 1 不为 0 转移指令

汇编指令格式　　　　机器码格式　　　　　　　　操　作

DJNZ Rn,rel

| 1101　1rrr |
| --- |
| 相对地址(rel) |

$(PC)\leftarrow(PC)+2,(Rn)\leftarrow(Rn)-1$
若$(Rn)\neq0$,则$(PC)\leftarrow(PC)+rel$
若$(Rn)=0$,则结束循环,程序向下执行

DJNZ direct,rel

| 1101　0101 |
| --- |
| direct |
| 相对地址(rel) |

$(PC)\leftarrow(PC)+3,(direct)\leftarrow(direct)-1$
若$(direct)\neq0$,则$(PC)\leftarrow(PC)+rel$
若$(direct)=0$,则结束循环,程序向下执行

这组指令把源操作数减 1,结果回送到源操作数中去,如果结果不为 0 则转移。源操作数有寄存器寻址、直接寻址方式。通常程序员把内部 RAM 单元用作程序循环计数器。

**例 3-6**　延时程序。

```
START:      SETB  P1.1              ;P1.1←1
DL:         MOV   30H,#03H          ;(30H)←03H(置初值)
DL0:        MOV   31H,#0F0H         ;(31H)←0F0H(置初值)
DL1:        DJNZ  31H,DL1           ;(31H)←(31H)-1,(31H)不为0
                                    ;重复执行
            DJNZ  30H,DL0           ;(30H)←(30H)-1,(30H)不为0
                                    ;转 DL0
            CPL   P1.1              ;P1.1 求反
            SJMP  DL                ;转 DL
```

这段程序的功能是,通过延时,在 P1.1 输出一个方波。可以用改变 30H 和 31H 的初值,来改变延时时间,实现改变方波的频率。

### 4. 空操作指令

| 汇编指令格式 | 机器码格式 | 操作 |
|---|---|---|
| NOP | 0000　0000 | (PC)←(PC)+1 |

空操作也是一条单字节指令,它没有使程序转移的功能。通常,NOP 指令用来产生一个机器周期的延时。

### 3.3.5　位处理指令

MCS-51 单片机内部有一个布尔处理机,它具有一套处理位变量的指令集,包括位变量传送、逻辑运算、控制程序转移等指令。在进行位操作时,进位标志 CY 作为位累加器。位地址是片内 RAM 字节地址 20H～2FH 单元中连续的 128 个位(位地址 00H～7FH)和部分特殊功能寄存器。

### 1. 数据位传送指令

| 汇编指令格式 | 机器码格式 | 操作 |
|---|---|---|
| MOV C,bit | 1010　0010<br>位地址(bit) | (C)←(bit) |
| MOV bit,C | 1001　0010<br>位地址(bit) | (bit)←(C) |

这组指令的功能是,把由源操作数指出的布尔变量送到目的操作数指定的位中去。其中一个操作数必须为进位标志,另一个操作数可以是任何直接寻址位,不影响其他寄存器和标志。例如:

```
        MOV   C,06H              ;(C)←(20H.6)
        MOV   P1.0,C             ;(P1.0)←(C)
```

## 2. 位变量修改指令

| 汇编指令格式 | 机器码格式 | 操作 |
|---|---|---|
| CLR C | 1100　0011 | (C)←0 |
| CLR bit | 1100　0010 <br> 位地址(bit) | (bit)←0 |
| SETB C | 1101　0011 | (C)←1 |
| SETB bit | 1101　0010 <br> 位地址(bit) | (bit)←1 |
| CPL C | 1011　0011 | (C)←$\overline{(C)}$ |
| CPL bit | 1011　0010 <br> 位地址(bit) | (bit)←$\overline{(bit)}$ |

这组指令将操作数指出的位清"0"、取反、置"1",不影响其他标志。例如:

| CLR | C | ;(CY)←0 |
|---|---|---|
| CLR | 27H | ;(24H.7)←0 |
| CPL | 08H | ;(21H.0)←$\overline{(21H.0)}$ |
| SETB | P1.7 | ;(P1.7)←1 |

## 3. 位变量逻辑运算指令

(1) 位变量逻辑"与"运算指令

| 汇编指令格式 | 机器码格式 | 操作 |
|---|---|---|
| ANL C,bit | 1000　0010 <br> 位地址(bit) | (C)←(C)∧(bit) |
| ANL C,/bit | 1011　0000 <br> 位地址(bit) | (C)←(C)∧$\overline{(bit)}$ |

这组指令功能是,把位累加器C的内容与直接位地址的内容进行逻辑"与"操作,结果再送回C中。直接寻址位前的斜线"/"表示对该位取反后再参与运算,但不改变直接寻址位原来的内容,不影响别的标志。

例如,设P1作为输入口,P3.0作为输出线,执行下列指令:

| MOV | C,P1.0 | ;(C)←(P1.0) |
|---|---|---|
| ANL | C,P1.1 | ;(C)←(C)∧(P1.1) |
| ANL | C,/P1.2 | ;(C)←(C)∧$\overline{(P1.2)}$ |
| MOV | P3.0,C | ;(P3.0)←(C) |

结果为 $(P3.0) = (P1.0) \wedge (P1.1) \wedge \overline{(P1.2)}$。

（2）位变量逻辑"或"指令

| 汇编指令格式 | 机器码格式 | 操 作 |
|---|---|---|
| ORL C,bit | 0111　0010 | $(C) \leftarrow (C) \vee (bit)$ |
|  | 位地址（bit） |  |
| ORL C,/bit | 1010　0000 | $(C) \leftarrow (C) \vee \overline{(bit)}$ |
|  | 位地址（bit） |  |

这组指令功能是,把位累加器 C 的内容与直接位地址的内容进行逻辑"或"操作,结果再送回 C 中。直接寻址位前的斜线"/"表示对该位取反后再参与运算,但不改变直接寻址位原来的内容,不影响别的标志。

例如,P1 口作为输出口,执行下列指令:

```
MOV      C,00H        ;(C)←(20H.0)
ORL      C,01H        ;(C)←(C)∨(20H.1)
ORL      C,02H        ;(C)←(C)∨(20H.2)
ORL      C,03H        ;(C)←(C)∨(20H.3)
MOV      P1.0,C       ;(P1.0)←(C)
```

结果为内部 RAM 的 20H 单元低 4 位中只要有一位为 1,则 P1.0 输出就为 1。

**4. 位变量条件转移指令**

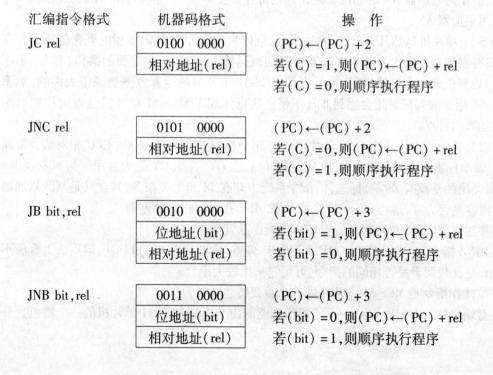

| 汇编指令格式 | 机器码格式 | 操 作 |
|---|---|---|
| JC rel | 0100　0000 | $(PC) \leftarrow (PC) + 2$ |
|  | 相对地址（rel） | 若 $(C) = 1$,则 $(PC) \leftarrow (PC) + rel$ |
|  |  | 若 $(C) = 0$,则顺序执行程序 |
| JNC rel | 0101　0000 | $(PC) \leftarrow (PC) + 2$ |
|  | 相对地址（rel） | 若 $(C) = 0$,则 $(PC) \leftarrow (PC) + rel$ |
|  |  | 若 $(C) = 1$,则顺序执行程序 |
| JB bit,rel | 0010　0000 | $(PC) \leftarrow (PC) + 3$ |
|  | 位地址（bit） | 若 $(bit) = 1$,则 $(PC) \leftarrow (PC) + rel$ |
|  | 相对地址（rel） | 若 $(bit) = 0$,则顺序执行程序 |
| JNB bit,rel | 0011　0000 | $(PC) \leftarrow (PC) + 3$ |
|  | 位地址（bit） | 若 $(bit) = 0$,则 $(PC) \leftarrow (PC) + rel$ |
|  | 相对地址（rel） | 若 $(bit) = 1$,则顺序执行程序 |

| JBC bit,rel | 0001　0000 | $(PC) \leftarrow (PC) + 3$ |
| | 位地址(bit) | 若(bit) = 1,则(PC) ← (PC) + rel,(bit) ← 0 |
| | 相对地址(rel) | 若(bit) = 0,则顺序执行程序 |

这一组指令的功能如下。

JC：如果进位标志 CY 为 1,则执行转移。

JNC：如果进位标志 CY 为 0,则执行转移。

JB：如果直接寻址位的值为 1,则执行转移。

JNB：如果直接寻址位的值为 0,则执行转移。

JBC：如果直接寻址位的值为 1,则执行转移,然后将直接寻址位清"0"。

## 3.4　指令系统小结

学习 MCS-51 单片机的指令系统后,需要掌握它的一些特点,特别是对已经学过 8086/8088 指令系统的人员尤其重要。

首先是关于累加器,累加器是 CPU 中功能最强使用最频繁的寄存器。早期开发的 CPU,如 Z80 和 MCS-48 系列单片机,其指令功能比较简单,以至于根本就没有乘法和除法指令,而且只有累加器才能作为目的寄存器进行加减运算,因此才称其为累加器。之后随着 CPU 功能的增强,累加器功能也随之增强。目前 16 位以上的 CPU 中通用寄存器都具有累加功能。例如,8086/8088 CPU 中的 AX、BX、CX、DX、SI、DI 等都能作为目的寄存器进行加减运算,但作为累加器 AX 的功能仍然比其他寄存器要多一些。例如,作乘法、除法运算时,必须使用累加器 AX。

MCS-51 单片机虽然具有乘法、除法指令,但作为 8 位 CPU 其累加器的概念仍然十分突出,即只有累加器才能作为目的寄存器进行加减运算。而且,一些重要的操作(移位、半字节交换)也只能通过累加器进行,这一点使 MCS-51 单片机的运算效率受到很大影响,熟悉 8086/8088 指令的人员对此会感到非常不便。这也体现了 MCS-51 单片机是面向控制而不是面向运算的特点。

其次是关于标志位。MCS-51 单片机中有四个标志位与 8086/8088 CPU 相对应：奇偶标志 P、溢出标志 OV、辅助进位标志 AC 和进位标志 CY,其中 CY 最为常用。与 8086/8088 相比,最突出的是没有 Z(零)标志,但指令系统中却有 JZ 和 JNZ 指令,其含义是判断累加器 A 中的内容是否为零,这与 8086/8088 中的 JZ、JNZ 指令有很大的差别。

还要注意 MCS-51 单片机所特有的一些指令及其特点：

● DJNZ 指令和 CJNE 指令。DJNZ 类似于 8086/8088 CPU 中的 LOOP,但用法上有所不同,CJNE 是比较两者是否相同的指令,可用它来比较大小。

● 位操作指令是 MCS-51 单片机的一个重要特色。

● 对端口的具有"读—修改—写"操作功能的指令也是 MCS-51 单片机的一个特色。

# 习 题 三

1. 什么是指令？什么是指令系统？

2. 什么是寻址方式？

3. 简述 8051 的寻址方式和每种寻址方式所涉及的寻址空间。

4. 写出下列指令中源操作数的寻址方式。

（1）MOV　A,R3

（2）MOV　DPTR,#1100H

（3）MOV　C,30H

（4）MOV　A,40H

（5）MOV　A,R0

（6）MOVC　A,@ A + DPTR

（7）MOVX　A,@ DPTR

5. 操作数分为哪三类？各有什么特点？

6. 可以用作寄存器间接寻址的工作寄存器有哪些？

7. 访问外部数据存储器和程序存储器可以用哪些指令来实现？

8. 访问特殊功能寄存器和外部数据存储器,分别可以采用什么寻址方式？

9. 位寻址与字节寻址有什么区别？当位地址与字节地址相同时如何区分？

10. 下列指令中不合法的指令是哪一条？

（1）MOV A,@ R0　　　　　　　　（2）MOV R1,40H

（3）MOV R2,R1　　　　　　　　　（4）MOV A,# 80H

11. 下列指令中合法的是哪一条？

（1）CLR A　　　　　　　　　　　（2）MOV　R3,R1

（3）ADD　B,A　　　　　　　　　（4）MOV　ACC,A

12. 设内部 RAM 中 50H 单元的内容为 34H,试分析下列程序段,说明各指令源操作数、目的操作数的寻址方式以及按顺序执行指令后,A、R0 以及内部 RAM 30H、31H、50H 单元的内容各为何值？

　　　　　MOV　R0,# 50H

　　　　　MOV　A,@ R0

　　　　　SWAP　A

　　　　　MOV　30H,A

　　　　　MOV　31H,# 30H

　　　　　MOV　50H,30H

13. 试根据以下要求写出相应的汇编语言指令。

（1）将 R6 的高四位和 R7 的高四位交换,R6、R7 的低四位内容保持不变。

（2）两个无符号数分别存放在 30H、31H,试求出它们的和并将结果存放在 32H。

（3）两个无符号数分别存放在 40H、41H,试求出它们的差并将结果存放在 42H。

（4）将 30H 单元的内容左环移两位,并送外部 RAM 3000H 单元。

（5）将程序存储器中 5000H 单元的内容取出送外部 RAM 3000H 单元。

（6）用指令完成将 R5 中的低三位与 R6 中的高五位拼装后送内部 RAM 0D0H 单元。

14. 设堆栈指针 SP 的内容为 22H,累加器 A 的内容为 65H,内部 RAM 中 20H、21H 单元的内容分别为 24H 和 35H,执行下列程序段后,20H、21H、22H、23H、24H、25H、DPTR、SP 及累加器 A 的内容将有何变化?

```
PUSH   ACC
PUSH   20H
PUSH   21H
SWAP   A
MOV    20H,A
RL     A
MOV    21H,A
POP    DPL
POP    DPH
CLR    20H
```

15. 写出达到下列要求的指令(不能改变其他数据位的内容)。

（1）使 A 的低 4 位都置 1。

（2）将 ACC.2 和 ACC.3 清零。

（3）将 A 的中间 4 位都取反。

16. 已知 A = 5DH, R0 = 40H,(40H) = 86H,请写出下列程序段执行后累加器 A 的内容。

```
ANL   A,#37H
ORL   40H, A
XRL   A, @R0
CPL   A
```

17. 列举三条能使累加器 A 清零的指令。

18. 分别用直接寻址法和间接寻址法完成 30H 和 31H 两单元的内容互换。

19. 试指出下列程序段的错误并改正。

```
ERROR:    MOV    2FH,#3FH
          MOV    R7,#20H
          MOV    R0,#20H
          MOV    A,#00H
LOOP0:    MOV    @R0,A
          INC    R0
          DJNZ   R7,LOOP0
          MOV    DPTR,#307FH
          MOV    R7,#80H
LOOP1:    MOVX   @DPTR,A
          DEC    DPTR
```

```
                DJNZ    R7,LOOP
                ...
DELAY:          MOV     R6,#10H
LOOP2           MOV     R5,R6
LOOP3:          NOP
                NOP
                DJNZ    R5,LOOP3
                DJNZ    R6,LOOP2
                RET
                ...
```

20. 编写程序段,将外部 RAM 中 1000H 单元的内容高 4 位取反,低 4 位不变。

21. 编写程序段,将 30H 单元中的高 4 位和低 4 位拆开(例如,将 78H 拆成 07H 和 08H),拆分后的两个数据分别放入 31H 和 32H 单元中。

22. 利用查表法编写程序段,将一位 16 进制数转换成 ASCII 码。

23. 试编写一采用查表法求 0 ~ F 的 7 段 LED 数码管(共阴结构)显示代码的程序段, LED 数码管显示代码知识请参阅本书 7.4 节有关内容。

24. 内部 RAM 30H 单元中的内容为 ASCII 码字符,试编写程序段,给该单元的最高位加上奇校验位(使该单元数据 1 的个数为奇数)。

# 第 4 章

# 汇编语言程序设计

## 4.1 汇编语言与机器语言

要使计算机按照人的思维完成一项工作,就必须让 CPU 按顺序执行各种操作,即一步一步地执行一条条的指令。这种按人的要求编排的指令操作序列称为程序。编写程序的过程称为程序设计。

程序设计语言是实现人机交换信息(对话)最基本的工具,可分为机器语言、汇编语言和高级语言。

机器语言是用二进制代码表示的,是计算机唯一可以直接识别和执行的语言。用机器语言编写的程序称为机器语言程序。显然,用二进制代码表示的机器语言程序阅读困难,不易记忆、查错和调试。

汇编语言是用助记符、符号和数字等表示指令的程序语言,它是一种符号语言。汇编语言指令与机器语言指令是一一对应的,但更便于记忆和理解。汇编语言不像高级语言(如 C 语言)那样通用性强,而是属于某种计算机所特有,与计算机的内部硬件结构密切相关。用汇编语言编写的程序称为汇编语言程序。

用汇编语言编写的程序计算机不能直接识别,必须通过汇编程序把它翻译成机器码(目标程序),这个过程称为汇编。如果用人工查指令表的方法把汇编语言指令逐条翻译成对应的机器码,称为手工汇编。

机器语言和汇编语言都是低级语言。汇编语言与硬件关系密切,是面向机器的语言,所以用汇编语言编写的源程序可移植性很差。

## 4.2 程序设计步骤与方法

在设计应用系统时,通常先根据系统所要实现的功能,如人机对话,实时显示、控制,通讯功能等,在兼顾软件设计的基础上进行硬件电路的设计(亦即在进行系统设计的时候要软硬件同时考虑),然后再根据具体的硬件环境进行程序设计。

### 4.2.1 程序的设计步骤

#### 1. 分析问题,确定算法

这一步是能否编制出高质量程序的关键,因此不应该一拿到题目就急于写程序,而是应该仔细分析和理解问题,找出合理的算法及适当的数据结构。

**2. 根据算法画出程序流程图**

一个程序按其功能可分为若干部分,通过流程图可把具有一定功能的各部分有机地联系起来,从而便于人们能够抓住程序的基本线索,对全局有完整的了解。这样,设计人员容易发现设计思想上的错误,也便于找出解决问题的途径。一个系统的软件要有总的流程图,即主程序框图,它反映出各模块之间的相互联系;另外,还要有局部的流程图,它反映某个模块的具体实现方案。

编写程序之前先画流程图对初学者特别重要,这样做可以减少出错的可能性。画框图时可以从粗到细把算法逐步具体化。

**3. 根据流程图编写源程序**

在编写源程序的过程中需要使用编辑程序(如 EDIT 等)。汇编语言的源程序是用汇编语言语句编写的程序(属性为 ASM 的原文件)。一条汇编语言语句最多包含四个部分,其格式如下:

〔标号:〕　操作码　〔目的操作数〕〔,源操作数〕〔;注释〕

例如:

MAIN:　　　MOV　A,#00H　　　　　　　　　;将立即数00H送累加器A

每个字段之间要用分隔符分隔。其中,标号部分以冒号“:”与其他部分分隔;操作数之间以逗号“,”分隔;分号“;”之后均为注释部分。汇编程序对注释部分不加处理。

标号部分是由用户定义的符号组成,标号可由字母、数字和下划线组成,但必须以英文字母开始。标号部分可有可无。若一条指令中有标号部分,则标号代表该指令第一个字节所存放的存储器单元的地址,故标号又称为符号地址,在汇编时,把该地址赋值给标号。但标号不能与汇编程序中已保留为特定含义的词组(即所谓的“保留字”)相同,如标号不能取已定义的指令助记符和伪指令等。

操作码字段指示指令功能,对于一条汇编语言指令来说必不可少。

操作数字段不是必需的。根据汇编语言指令的不同,操作数字段可有可无。

注释部分可有可无。加入注释的目的是为了便于阅读。在编写程序时,程序设计者加上必要的注释对指令或程序段作简要的功能说明,在阅读程序,尤其是在调试程序时将会带来很多方便。注释是程序设计的重要组成部分。

**4. 上机调试程序,直至实现预定的功能**

通过上机调试程序以尽可能多地发现和纠正错误,来提高程序的可靠性,并实现预定的功能。在调试程序的过程中应该善于利用仿真设备,并设计好测试程序。

### 4.2.2　编程的方法和技巧

**1. 模块化的程序设计方法**

● 在进行模块划分时,每个模块应具有独立的功能,能产生一个明确的结果。

● 模块长度适中。模块太长,分析、调试比较困难,失去了模块化程序结构的优越性;模块过短,则模块的连接太复杂,信息交换太频繁,因而也不合适。

**2. 编程技巧**

在进行程序设计时,应注意以下事项及技巧:

● 尽量采用循环结构和子程序。

● 对于通用子程序,考虑到其通用性,除了用于存放子程序入口参数的寄存器外,子程序中用到的其他寄存器的内容应压入堆栈(返回前弹出)。

● 对于中断处理程序,由于它的执行是随机的,所以要保护好中断现场。例如,中断处理程序中用到的寄存器及标志寄存器等应根据需要压入堆栈(返回前弹出)。

### 4.2.3　汇编语言程序的基本结构

**1. 顺序程序**

顺序程序又称为简单程序或直线程序。这种程序既无分支、循环,也不调用子程序,计算机是按指令在存储器中存放的先后次序顺序执行程序。

**例 4-1**　将内部 RAM 30H 和 31H 单元的内容相加后送内部 RAM 32H。

```
ADDEX：    MOV  A, 30H
           ADD  A, 31H
           MOV  32H, A
           RET
```

**2. 分支程序**

分支程序结构可以有两种形式,分别相当于高级语言中的 IF _ THEN _ ELSE 语句和 CASE 语句。IF _ THEN _ ELSE 语句可以引出两个分支,CASE 语句则可以引出多个分支。程序的分支一般用条件转移指令来实现。利用 MCS-51 系统中的条件转移指令,如 JZ、JNZ、JB、JC 等,可以很方便地实现两个分支的程序设计。利用转移指令可以方便地实现多分支的程序设计。

**例 4-2**　两个无符号数比较大小。

两个无符号数分别存放在内部 RAM 30H、31H 单元,试找出其中的大数,并将结果存放在 32H 单元中。

流程图如图 4-1 所示:

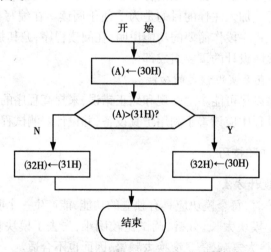

图 4-1　两个无符号数比较的程序流程图

程序清单如下:

```
MAX1：    MOV  A, 30H
```

```
              CLR    C
              SUBB   A，31H
              JC  NEXT1
              MOV  32H，30H
              SJMP END1
NEXT1：       MOV  32H，31H
END1：        RET
```

**3. 循环程序**

循环程序是最常见的程序组织形式。在程序运行时,有时需要连续重复执行某段程序,这时可以使用循环程序。

循环程序的结构一般包括下面几个部分:

① 设置循环的初始状态。如设置循环次数的计数值,以及为循环体正常工作而建立的初始状态。

② 循环体。为完成程序功能而设计的需反复执行的程序段,是循环程序的实体。

③ 修改控制变量。为保证每一次重复(循环)时,参加执行的信息能发生有规律的变化而建立的程序段。

④ 循环控制部分。根据循环结束条件,判断是否结束循环。每个循环程序必须选择一个循环控制条件来控制循环的运行和结束,而合理地选择控制条件就成为循环程序设计的关键问题。

循环程序的结构一般有两种形式:

① 先进入处理部分,再控制循环。即至少执行一次循环体。

② 先控制循环,后进入处理部分。即根据判断结果,控制循环的执行与否,有时可以不进入循环体就退出循环程序。

当循环次数已知时,此时可以用循环次数作为循环的控制条件;或虽然循环次数已知,但有可能使用其他特征或条件来使循环提前结束;当循环次数未知时,可根据具体情况找出控制循环结束的条件。

循环控制条件的选择灵活多样,有时可能有多种选择方案,此时就应分析比较,选择一种效果较好的方案来实现。

循环程序又分单循环和多重循环。

注意:循环嵌套必须层次分明,严禁内、外层循环交叉。

**例 4-3**　将内部 RAM 30H ~7FH 单元的内容全部清零。

方法一:由于循环次数已知,可以控制循环体的执行次数。

```
BEGIN1：      MOV R0,#30H
              MOV R7,#50H
LOOP：        MOV @R0,#00H
              INC R0
              DJNZ R7,LOOP
              RET
```

方法二:判断循环体的结束条件。

```
BEGIN2：        MOV R0,# 2FH
LOOP：          INC R0
                MOV @ R0,# 00H
                CJNE R0,# 7FH,LOOP
                RET
```

**例 4-4** 延时程序。设系统晶振频率为 12MHz,则 1 个机器周期 T = 1μs。

```
DELAY：         MOV    30H,# 50              ;2T
DEL1：          MOV    31H,# 49              ;2T
DEL2：          NOP                          ;1T
                NOP                          ;1T
                DJNZ   31H,   DEL2           ;2T
                DJNZ   30H,   DEL1           ;2T
                RET                          ;2T
```

程序说明：延迟时间 $\Delta = 2T + \underline{[2T + (\mathit{1T + 1T + 2T}) \times \mathit{49} + 2T] \times 50} + 2T = 10004T \approx 10\text{ms}$。其中,斜体部分为内循环执行时间;加下划线部分为双重循环执行时间;2 个 2T 分别为指令"MOV 30H,# 50"和"RET"的执行时间,这两条指令只执行一次。

**4. 子程序**

在一段程序中,往往有许多地方需要执行同样的一种操作(一个程序段),这时可以把该操作单独编制成一个子程序,在主程序需要执行这种操作的地方执行一条调用指令,转到子程序去执行,完成规定的操作后再返回到原来的程序(主程序)继续执行,并可以反复调用。这样处理可以简化程序的结构,缩短程序长度,使程序模块化,便于调试。

在汇编语言源程序中,主程序调用子程序时要注意两个问题,即主程序和子程序间参数传递和子程序现场保护的问题。

子程序必须以 RET 结尾。

### 4.2.4 汇编语言源程序的汇编

汇编语言源程序必须转换为机器码表示的目标程序,计算机才能执行,这种转换过程称为汇编。对单片机来说,有手工汇编和机器汇编两种汇编方法。

**1. 手工汇编**

手工汇编是把用助记符编写的程序,通过手工方式查指令编码表,逐条把助记符指令翻译成机器码,然后把得到的机器码程序键入单片机,进行调试和运行。手工汇编按绝对地址进行定位。

手工汇编有两个缺点：

(1) 偏移量的计算

手工汇编时,要根据源地址和目的地址计算转移指令的偏移量,比较麻烦且容易出错。

(2) 程序的修改

手工汇编后的目标程序,如需要修改指令(或增加、删除指令)就会引起后面各条指令地址的变化,转移指令的偏移量往往也要随之重新计算。

所以,手工汇编是一种很麻烦的汇编方法,可以用于初学者加深理解或条件受限制时使用。

**2. 机器汇编**

机器汇编是在计算机上使用汇编程序对源程序进行汇编。汇编工作由机器自动完成，汇编结束后得到以机器码表示的目标程序。汇编工作通常是在 PC 机上进行的，汇编完成后再由 PC 机把生成的目标程序加载到用户样机上。

将二进制机器语言程序翻译成汇编语言程序的过程称为反汇编，能完成反汇编功能的程序称为反汇编程序。

汇编和反汇编的过程如图 4-2 所示。

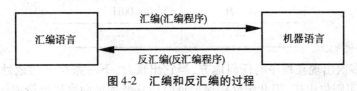

图 4-2　汇编和反汇编的过程

# 4.3　伪　指　令

汇编语言源程序的语句除指令外还包含伪指令。伪指令不像机器指令那样是在程序运行期间由计算机来执行的，无对应的机器码，在汇编时不产生目标程序（机器码）。伪指令是在汇编程序对源程序汇编期间由汇编程序处理的操作，只是用来对汇编过程进行某种控制。这些由英文字母表示的汇编命令称为伪指令。它们可以完成如指示程序起点、定义数据、指示程序结束等功能。不同的仿真系统有不同的汇编程序，也就定义了不同的汇编命令。标准的 MCS-51 汇编程序（如 Intel 的 ASM51）定义的伪指令常用的有以下几条。

**1. ORG　汇编起始命令**

ORG 伪指令总是出现在每段源程序或数据块的开始。它指明此语句后面的程序或数据块的起始地址。

一般格式如下：

　　　　ORG　addr16

功能：规定该伪指令后面程序的汇编地址，即汇编后生成目标程序存放的起始地址。

例如：

　　　　ORG　0030H

MAIN：　MOV　SP,#2FH

　　　　MOV　20H,#00H

　　　　…

它既规定了标号 MAIN 的地址是 0030H，又说明了其后面源程序的目标代码在存储器中的起始地址是 0030H，见表 4-1。

表 4-1 汇编后机器码与存储器地址的对照表

| 存储器地址 | 目标程序 |
|---|---|
| 0030H | 75H |
| 0031H | 81H |
| 0032H | 2FH |
| 0033H | 75H |
| 0034H | 20H |
| 0035H | 00H |
| … | … |

ORG 可以多次出现在程序的任何地方,当它出现时,下一条指令的地址就由此重新定位,但不能重叠否则将出错,因此定义程序地址时应从低地址向高地址设置。

**2. END 汇编结束命令**

END 命令通知汇编程序结束汇编,借助伪指令 END 可以实现分段调试程序。

**3. EQU 赋值命令**

一般格式如下:

符号名[:] EQU 操作数

注:符号名后面的冒号因汇编程序不同可能有也可能没有。

用 EQU 赋值过的符号名可以用作数据地址、代码地址、位地址或是一个立即数。因此,它可以是 8 位的,也可以是 16 位的。例如:

CS EQU P1.7

DATA1 EQU 80H

这里 CS 就代表了 P1.7,DATA1 就代表了 80H。这样在源程序中凡是对 P1.7 操作的地方均可用 CS 代替。例如,"SETB CS"等价于"SETB P1.7"。

如果想将立即数 80H 赋值给累加器 A,则以下两条指令是等价的:

MOV A,#80H

MOV A,#DATA1

使用 EQU 伪指令给一个符号名赋值后,这个符号名在整个源程序中的值是固定的。也就是说在一个源程序中,任何一个符号名只能赋值一次。

**4. DB 定义字节命令**

一般格式如下:

标号:DB 字节常数或字符或表达式

其中,标号区段可有可无,字节常数或字符是指一个字节数据,或用逗号分开的字节串,或用单引号括起来的 ASCII 码字符串(一个 ASCII 码字符相当于一个字节)。此伪指令的功能是通知汇编程序从当前 ROM 地址开始,保留一个字节或字节串的存储单元,并存入 DB 后面的数据,例如:

ORG 0100H

DATA2: DB 0C0H,0F9H

DATA3:　　　DB　41H

经汇编后:

$$(0100H) = 0C0H$$
$$(0101H) = 0F9H$$
$$(0102H) = 41H$$

**5. DW　定义字命令**

一般格式如下:

标号:　　DW　16 位数据项或项表

该命令把 DW 后的 16 位数据项或项表从当前地址开始连续存放。DW 伪指令的功能与 DB 相似,其区别在于 DB 是定义一个字节,而 DW 是定义一个字(两个字节,即 16 位二进制数),故 DW 常用于定义地址。

**6. BIT　位地址符号命令**

一般格式如下:

字符名　BIT　位地址

其功能是把 BIT 之后的位地址的值赋给字符名。例如:

DI　　　　BIT　P1.7

DO　　　　BIT　P1.6

这样,P1 口的第 7 位的位地址 97H 就赋给了 DI,而把 P1 口的第 6 位的位地址 96H 就赋给了 DO。

# 4.4　MCS-51 系统典型程序设计

### 4.4.1　无符号数的排序

**例 4-5**　设有 N 个单字节无符号数,它们依次存放于标号 DATA1 地址开始的内部 RAM 中,比较这 N 个数的大小,使它们按由小到大的次序排列,结果仍存放在原存储空间中。

我们采用冒泡排序算法,从第一个数开始依次将相邻两个单元的内容作比较,即第一个数和第二个数比较,第二个数和第三个数比较……如果符合从小到大的顺序则不改变它们在存储器中的位置,否则交换它们的位置。如此反复比较,直至数列排序完成。根据算法可以得知,第一轮排序需要进行(N-1)次比较,第一轮排序结束后,最大数已经放到了最后,所以第二轮排序只需比较(N-1)个数,即只需比较(N-2)次,第三轮排序则只需比较(N-3)次……总共最多(N-1)轮比较就可以完成排序。

为了加快数列的排序速度,在程序中设置了一个标志位。在进行每轮数据比较前先清除该标志位,如果在本轮数据比较过程中数据发生过交换则对该标志位置位,否则不对该标志位操作。这样,我们可以在每轮比较结束后对标志位进行判断,如果标志位没有被置位则说明该轮比较没有发生数据交换,即数据已经按从小到大的顺序排列了,否则继续进行排序操作。

程序流程图如图 4-3 所示:

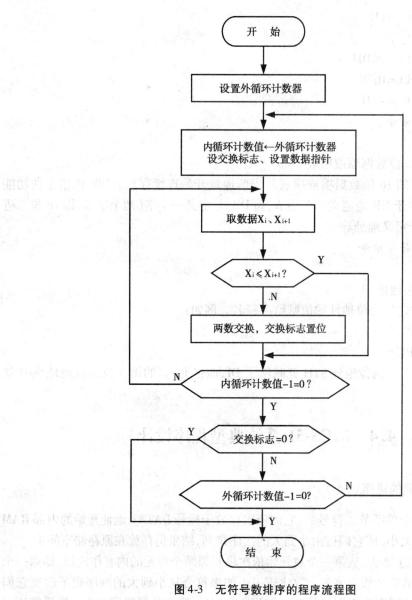

**图 4-3　无符号数排序的程序流程图**

程序清单如下：

```
            MOV   R2,# N − 1          ;设置外循环计数器
LOOP1：     MOV   A,R2                 ;外循环计数器值送内循环计数器
            MOV   R3,A
            MOV   R0,# DATA1           ;设置数据指针指向数据首地址
            CLR   00H                  ;清除交换标志
LOOP2：     MOV   A,@ R0               ;取数 Xi
            MOV   B,A
            INC   R0
            CLR   C
```

```
         MOV   A,@ R0              ;比较数据 Xᵢ、Xᵢ₊₁
         SUBB  A,B
         JNC   LESS
         MOV   A,B
         XCH   A,@ R0              ;两数交换
         DEC   R0
         MOV   @ R0,A
         INC   R0
         SETB  00H                 ;置位交换标志
LESS:    DJNZ  R3,LOOP2
         JNB   00H,STOP
         DJNZ  R2,LOOP1
STOP:    RET
```

### 4.4.2　查表程序

单片机应用系统中,查表程序是一种常用程序,它广泛用于 LED 显示器控制、打印机打印以及数据补偿、计算、转换等功能程序,具有程序简单、执行速度快等优点。

查表,就是根据变量 X 在表格中的位置查找相应的 Y,使 Y = f(X)。

X 有各种结构,如有时 X 可取小于 n(n 为定值)的自然数子集,有时 X 取值范围较大,并且不会取到该范围中的所有值,即对某些 X,f(X)无定义。例如,X 为某些 ASCII 字符。

Y 也有各种结构,如有时 Y 可取定字长的数,但不是所有该字长的数都有对应的 X;有时 Y 可取小于 m(m 为定值)的自然数子集。

对于表格本身,也有许多不同的结构。按存放顺序可分为有序表和无序表;以存放地址分,有的表格存放在程序存储器中(用 MOVC 指令访问),有的表格存放在数据存储器中(用 MOVX 指令访问);表格的存放内容也各有不同,有的只存放 Y 值,有的只存放 X 值;有的表格还包含有几张子表;表格中的每一项的长度也各有不同,有的是定长,有的是不定长。其他还有多维表格等情况。下面介绍两种常见类型查表程序以及这些表格的构成方法。

**1. X 可取小于等于 n 的自然数的全体,Y 为定字长**

由于 Xi 取值为自然数 0,1,2,…,n 有序等差排列,而 Yi 又为定字长,故可以简化表格,在表格中只存放 Yi 的值,见下表。

表格首址:

| Y0 |
| --- |
| Y1 |
| Y2 |
| Y3 |
| … |
| Yn |

**例 4-6**　设有一个巡回检测报警系统,需对 8 路输入值进行比较,当某一路输入值超过该路的报警值时,实现该路报警。试编写一程序,根据输入的路数取出该路的报警值。

Xi 为路数,查表时按 0,1,2,…,7(n = 8)取数;Yi 为报警值,二字节数,依 Xi 的顺序列成表格放在 TAB1 中。表格中只存放 Yi。

入口参数:(30H)——路数(0 ~ 7)。

出口参数:(31H)(32H)——报警值。

程序清单如下:

```
SEARCH1:    MOV     A,  30H
            ADD     A,  30H
            MOV     R2,   A          ;(30H)×2 的结果暂存于 R2
            MOV     DPTR,# TAB1      ;取表格首地址
            MOVC    A,@ A + DPTR     ;查表取数
            MOV     31H,A            ;报警值高位送 31H 单元
            MOV     A,R2
            INC     A
            MOVC    A,@ A + DPTR     ;查表取数
            MOV     32H,A            ;报警值低位送 32H 单元
            RET
TAB1:       DW      53F2H,   57BBH,   46ADH,   49EDH
            DW      76CBH,   67FDH,   65FAH,   7395H
```

**2. X 范围较大且取值不定,Y 为定字长**

对于这种情况,在表格中必须存放相对应的 Xi、Yi 值。这类表格的结构有两种方式给出表格容量:一种用表格结束标志;另一种则给出表格中的项数 n。

**例 4-7** 输入一个 ASCII 码命令字符,要求按照输入的命令字符转去执行相应的处理程序。设命令字符为'A'、'D'、'E'、'L'、'R'、'X'、'Z'等七种。相应的处理程序入口分别为 PROGA、PROGD、PROGE、PROGL、PROGR、PROGX、PROGZ。表格的内容为处理程序入口地址,0 为表格结束标志。

入口参数:(A) = 命令字符。

查表程序如下:

```
SEARCH2:    MOV     DPTR,# TAB2
            MOV     B,A              ;将命令字暂存于 B
LOOP1:      CLR     A
            MOVC    A,@ A + DPTR
            JZ      S1END
            INC     DPTR
            CJNE    A,B,NEX1         ;比较表格中的内容是否与命令字相同
            CLR     A                ;相同则执行相应的处理程序
            MOVC    A,@ A + DPTR
            MOV     B,A
            INC     DPTR
            CLR     A
```

```
              MOVC    A,@ A + DPTR
              MOV     DPL,A
              MOV     DPH,B
              CLR     A
              JMP     @ A + DPTR
NEX1：        INC     DPTR
              INC     DPTR
              SJMP    LOOP1
S1END：       SETB    FLAG1
              …
          (查不到时的处理程序)
TAB2：        DB      'A'              ;X：ASCII 码 A
              DW      PROGA            ;Y：处理程序 A 入口
              DB      'D'              ;X：ASCII 码 D
              DW      PROGD            ;Y：处理程序 D 入口,余下类推
              DB      'E'              ;ASCII 码 E
              DW      PROGE
              DB      'L'              ;ASCII 码 L
              DW      PROGL
              DB      'R'              ;ASCII 码 R
              DW      PROGR
              DB      'X'              ;ASCII 码 X
              DW      PROGX
              DB      'Z'              ;ASCII 码 Z
              DW      PROGZ
              DB      0                ;表格结束标志
```

上述表格中,Xi 和 Yi 有严格的对应关系,但 Xi 可以顺序存放,也可以任意存放。前者为有序表,后者为无序表。

对于无序表只能用顺序查找方法,其程序简单,但速度慢。平均查找次数为 n/2( n 为表长)。

对于有序表,可以采用顺序查找方法,也可以采用二分法查表。即先查中间,如果 Xi > $X_{中值}$,则查后半部;Xi < $X_{中值}$,则查前半部,然后重复以上步骤,直到查到或部分表的表长为 1 时为止。它的平均查找次数为 $\log_2 n$。当 n 较大时,采用二分法查表可以节约时间。

### 4.4.3　数制转换

日常生活中,人们习惯用十进制数进行各种运算。而在计算机内部却只能用二进制数进行运算和数据处理。因此,数制转换、代码转换在使用计算机时是必不可少的。下面将介绍几个常用的转换程序。

**1. 十进制数转换成二进制数**

算法：一个十进制整数可以表示为

$$D_n \times 10^n + D_{n-1} \times 10^{n-1} + \cdots + D_0 \times 10^0 = \sum_i D_i \times 10^i$$

经变换后，上式可表示为

$$\sum_i D_i \times 10^i = (\cdots((D_n \times 10 + D_{n-1}) \times 10 + D_{n-2}) \times 10 + \cdots) + D_0$$

对于一个 4 位十进制数，n = 3 有

$$\sum_i D_i \times 10^i = ((D_3 \times 10 + D_2) \times 10 + D_1) \times 10 + D_0$$

例如，$1234 = (((1 \times 10) + 2) \times 10 + 3) \times 10 + 4$

**例 4-8**　设 4 位非压缩 BCD 码数依次存放在内部 RAM 40H ~ 43H 中，试将该 BCD 码数转换成二进制数据，结果存放于 R2、R3 中。

程序流程图如图 4-4 所示。

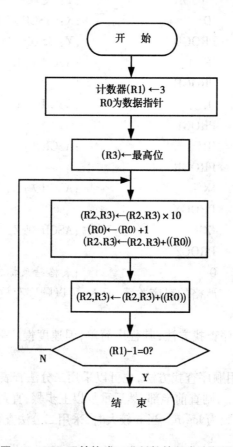

图 4-4　BCD 码转换成二进制数的程序流程图

程序清单如下：

| DTOB: | MOV | R0,#40H | ;R0 指向千位地址 |
| | MOV | R1,#03H | ;R1：计数器 |
| | MOV | R2,#00H | ;存放结果的高位 R2 清零 |

```
            MOV    A,@ R0
            MOV    R3,A              ;千位 BCD 码送存放结果的低位 R3
LOOP:       MOV    A,R3
            MOV    B,# 10
            MUL    AB
            MOV    R3,A              ;R3 ×10 低 8 位送 R3
            MOV    A,B
            XCH    A,R2              ;R3 ×10 高 8 位暂放 R2
            MOV    B,# 10
            MUL    AB
            ADD    A,R2              ;R2 ×10 + R3 ×10 的高 8 位
            MOV    R2,A
            INC    R0                ;取下一个 BCD 码
            MOV    A,R3
            ADD    A,@ R0
            MOV    R3,A
            MOV    A,R2
            ADDC   A,# 0             ;加低字节来的进位
            MOV    R2,A
            DJNZ   R1,LOOP
            RET
```

**2. 二进制数转换成十进制数**

算法 1：一个二进制整数可以表示为

$$b_m b_{m-1} \cdots b_0$$

与其对应的十进制整数为

$$A = b_m \times 2^m + b_{m-1} \times 2^{m-1} + b_{m-2} \times 2^{m-2} + \cdots + b_1 \times 2^1 + b_0 \times 2^0$$

由此可见,只要反复进行乘 2 加 b 的运算,就可以把二进制数转换成十进制数。

算法 2：一个 8 位二进制整数可以表示的十进制整数的最大值为 255,将其除以 100 则可以得到商为百位 BCD 码;将余数作为被除数继续除以 10,则可以得到商为十位 BCD 码,余数为个位 BCD 码。

也可以将该二进制整数除以 10 得余数为个位 BCD 码;将商作为被除数继续除以 10 得到余数为十位 BCD 码,商为百位 BCD 码。

**例 4-9**　编写程序,将 16 位二进制数转换成十进制数(BCD 码数)。

入口参数：(R6、R7)。

出口参数：(R2、R3、R4)。

程序清单如下：

```
BTOD1:      MOV    R5,# 16          ;设置循环次数
            CLR    A
            MOV    R2,A             ;存放结果单元清零
```

```
        MOV   R3,A
        MOV   R4,A
LOOP:   CLR   C              ;第一次循环将最高位 b₁₅送入进位标志 CY
        MOV   A,R7           ;以后每次分别将 b₁₄、b₁₃、b₁₂、b₁₁…送入 CY
        RLC   A
        MOV   R7,A
        MOV   A,R6
        RLC   A
        MOV   R6,A
        MOV   A,R4           ;第一次循环:(R2、R3、R4)×2+b₁₅——此时
                             ;(R2、R3、R4)=0
        ADDC  A,R4           ;第二次循环:(b₁₅)×2+b₁₄,依次类推
        DA    A
        MOV   R4,A
        MOV   A,R3
        ADDC  A,R3
        DA    A
        MOV   R3,A
        MOV   A,R2
        ADDC  A,R2
        DA    A
        MOV   R2,A
        DJNZ  R5,LOOP
        RET
```

**例 4-10** 将放在内部 RAM 30H 单元的二进制整数转换为十进制 BCD 码,并将结果放入 31H(百位)、32H(十位)、33H(个位)单元。

方法一:先得到百位。

程序清单如下:

```
BTOD20:  MOV   A,30H
         MOV   B,#100
         DIV   AB
         MOV   31H,A
         MOV   A,B
         MOV   B,#10
         DIV   AB
         MOV   32H,A
         MOV   33H,B
         RET
```

方法二：先得到个位。

程序清单如下：

```
BTOD21:     MOV    A,30H
            MOV    B,# 10
            DIV    AB
            MOV    33H,B
            MOV    B,# 10
            DIV    AB
            MOV    32H,B
            MOV    31H,A
            RET
```

对于 n 位二进制整数可以根据其表示的十进制数大小作——循环,控制循环次数,将每次的商依次除以 10 分别得到个位 BCD 码、十位 BCD 码……

### 4.4.4　N 分支散转程序设计

散转程序是分支程序的一种。它根据某个输入或运算结果,分别转向各个处理程序。它相当于高级语言中的 CASE 语句。

**1. 利用间接长转移指令"JMP　@A + DPTR"实现散转程序设计**

在 MCS-51 单片机中,间接长转移指令为"JMP　@A + DPTR"。它按照程序运行时决定的地址执行间接转移。该指令把累加器的 8 位无符号数内容与 16 位数据指针的内容相加后装入程序计数器,实现程序的转移。A 的内容不同,散转的入口地址不同。

（1）使用转移指令表的散转程序

**例 4-11**　根据 R2 的内容转向不同的处理程序。

设转向入口为 PROG0 ~ PROGn,则散转程序和转移表如下：

```
CASE1:      MOV    DPTR,# TAB1
            MOV    A,R2
            MOV    B,# 03H
            MUL    AB
            XCH    A,B
            ADD    A,DPH
            MOV    DPH,A
            MOV    A,B
            JMP    @A + DPTR
TAB1:       LJMP   PROG0
            LJMP   PROG1
            …
            LJMP   PROGn
```

程序说明：

① 执行指令"JMP　@A + DPTR"后,累加器 A 和 16 位数据指针的内容均不受影响。

② 该散转程序散转分支数小于等于256。

（2）使用转向地址表的散转程序

**例4-12** 根据 R2 的内容转向各个分支处理程序。

设转向入口为 PROG0 ~ PROGn,则散转程序和转移表如下:

```
CASE2:      MOV     DPTR,# TAB2
            MOV     A,R2
            ADD     A,R2
            JNC     NADD
            INC     DPH
NADD:       MOV     R3,A
            MOVC    A,@ A + DPTR
            XCH     A,R3
            INC     DPTR
            MOVC    A,@ A + DPTR
            MOV     DPL,A
            MOV     DPH,R3
            CLR     A
            JMP     @ A + DPTR
TAB2:       DW      PROG0
            DW      PROG1
            DW      PROG2
            …
            DW      PROGn
```

程序说明:

本例可实现64KB 范围内的转移,但散转数 n 应小于256。

**2. 利用 RET 指令实现散转程序。**

**例4-13** 根据 R3(高位)、R2(低位)的内容转向各个分支处理程序。

设转向入口为 PROG0 ~ PROGn,则散转程序和转移表如下:

```
CASE3:      MOV     DPTR,# TAB3
            MOV     A,R2
            CLR     C
            RLC     A
            XCH     A,R3
            RLC     A
            ADD     A,DPH
            MOV     DPH,A
            MOV     A,R3
            MOVC    A,@ A + DPTR
            XCH     A,R3
```

```
            INC     DPTR
            MOVC    A,@ A + DPTR
            PUSH    ACC
            MOV     A,R3
            PUSH    ACC
            RET
TAB3：       DW      PROG0
            DW      PROG1
            DW      PROG2
            …
            DW      PROGn
```

程序说明：

这种散转方法不是把转向地址装入 DPTR,而是将它装入堆栈,然后通过 RET 指令把转向地址出栈到 PC 中,使堆栈指针恢复原值。

### 4.4.5　数字滤波程序

一般微机应用系统前置通道中,输入信号均含有各种噪音和干扰,它们来自被测信号源、传感器、外界干扰等。为了能进行准确的测量和控制,必须消除被测信号中的噪音和干扰。噪音有两大类：一类为周期性的,另一类为不规则随机性的。前者的典型代表为 50Hz 的工频干扰,对于这类信号,采用硬件滤波电路能有效地消除其影响。后者为随机信号,对于随机干扰,可以用数字滤波方法予以削弱或滤除。所谓数字滤波,就是通过程序计算或判断来减少干扰在有用信号中的比重,故实际上它是一种程序滤波。经常采用中值法、去极值法等,对采样信号进行数字滤波,以消除常态干扰。

**1. 中值滤波**

中值滤波是对某一参数连续采样 n 次(n 一般为奇数),然后把 n 次的采样值按从小到大或从大到小的顺序排列,再取中间值作为本次采样值。该算法的采样次数为 3 次或 5 次。对于变化很慢的参数,有时也可增加次数,例如 15 次。对于变化较为剧烈的参数,此法不宜采用。

**例 4-14**　中值滤波程序设计举例。

现以 3 次采样为例。3 次采样值分别存放在 R2、R3、R4 中,程序运行之后,将三个数据按从小到大顺序排列,仍然存放在 R2、R3、R4 中,中值在 R3 中。

程序清单如下：

```
FILT1：      MOV     A,R2        ;R2 < R3 否?
            CLR     C
            SUBB    A,R3
            JC      FILT11      ;R2 < R3,则转移到 FILT11
            MOV     A,R2        ;R2 > R3,交换 R2、R3
            XCH     A,R3
            MOV     R2,A
```

```
FILT11:     MOV     A,R3        ;R3 < R4 否?
            CLR     C
            SUBB    A,R4
            JC      FILT12      ;R3 < R4,排序结束
            MOV     A,R4        ;R3 > R4,交换 R3、R4
            XCH     A,R3
            XCH     A,R4
            CLR     C
            SUBB    A,R2        ;R3 > R2 否?
            JNC     FILT12      ;R3 > R2,排序结束
            MOV     A,R3        ;R3 < R2,以 R2 为中值
            XCH     A,R2
            MOV     R3,A
FILT12:     RET
```

采样次数为 5 次以上时,排序就没有这样简单了,可采用几种常规的排序算法,如冒泡算法。

中值滤波对于去掉由于偶然因素引起的波动或采样器不稳定而造成的脉动干扰比较有效。若变量变化比较缓慢,采用中值滤波法效果比较好,但对快速变化过程的参数(如流量)则不宜采用此法。

**2. 去极值平均滤波**

算术平均滤波不能将明显的脉冲干扰消除,只能将其影响削弱。因为明显干扰使采样值远离真实值,因此,可以比较容易地将其剔除,不参加平均值计算,从而使平均滤波的输出值更接近真实值。

去极值平均滤波法的思想是:连续采样 n 次后累加求和,同时找出其中的最大值与最小值,再从累加值中减去最大值和最小值,按 n-2 个采样值求平均,即可得到有效采样值。为使平均滤波算法简单,n-2 应为 2,4,6,8 或 16,故 n 常取 4,6,8,10 或 18。

具体做法有两种:对于快变参数,先连续采样 n 次,然后再处理,但要在 RAM 中开辟出 n 个数据的暂存区;对于慢变参数,可一边采样,一边处理,而不必在 RAM 中开辟数据暂存区。

**例 4-15** 去极值平均滤波程序设计举例。

下面以 n=4 为例,即连续进行 4 次数据采样,去掉其中最大值和最小值,然后求剩下两个数据的平均值。R2、R3 存放最大值,R4、R5 存放最小值,R6、R7 存放累加和及最后结果。连续采样不只限 4 次,可以进行任意次,这时,只需改变 R0 中的数值。

程序流程图如图 4-5 所示。

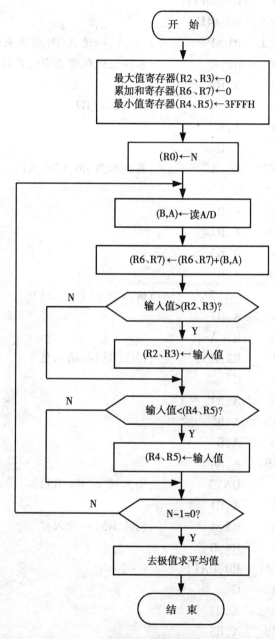

**图 4-5　去极值平均滤波的程序流程图**

程序清单如下：

```
FILT2:      CLR      A
            MOV      R2,A            ;最大值寄存器(R2、R3)←0
            MOV      R3,A
            MOV      R6,A            ;累加和寄存器(R6、R7)←0
            MOV      R7,A
            MOV      R4,#3FH         ;最小值寄存器(R4、R5)←3FFFH
```

```
              MOV      R5,#0FFH
              MOV      R0,#4H
DAV1:         LCALL    RDXP        ;(B,A)←读 A/D(调用采样子程序)
              MOV      R1,A        ;采样值低位暂存 R1,高位在 B
              ADD      A,R7
              MOV      R7,A        ;低位加到 R7
              MOV      A,B
              ADDC     A,R6
              MOV      R6,A        ;高位加到 R6,(R6、R7)←(R6、R7)+(B,A)
              CLR      C
              MOV      A,R3
              SUBB     A,R1
              MOV      A,R2
              SUBB     A,B
              JNC      DAV2        ;输入值＞(R2、R3)?
              MOV      A,R1
              MOV      R3,A
              MOV      R2,B        ;(R2、R3)←输入值
DAV2:         CLR      C
              MOV      A,R1
              SUBB     A,R5
              MOV      A,B
              SUBB     A,R4
              JNC      DAV3        ;输入值＜(R4、R5)?
              MOV      A,R1
              MOV      R5,A        ;(R4、R5)←输入值
              MOV      R4,B
DAV3:         DJNZ     R0,DAV1     ;n-1=0?
              CLR      C
              MOV      A,R7
              SUBB     A,R3
              MOV      R7,A
              MOV      A,R6
              SUBB     A,R2        ;n 个采样值的累加和减去最大值和最小值,n=4
              MOV      R6,A
              MOV      A,R7
              SUBB     A,R5
              MOV      R7,A
              MOV      A,R6
```

```
SUBB    A,R4
CLR     C
RRC     A
MOV     R6,A              ;剩下数据求平均值(除2)
MOV     A,R7
RRC     A
MOV     R7,A
RET
```

# 习　题　四

1. 指令和伪指令有什么区别? 伪指令 ORG 的作用是什么?

2. 伪指令 END 的作用是什么? 它能使程序正常结束吗?

3. 设常量和数据标号的定义为:

```
            ORG     1000H
DAT：   DB      1,2,3,4
STRING：DB      'ABCDE'
COUNT   EQU     −STRING
BUF：   DW      100,−200,−2
ADDR：  DW      DAT  BUF
```

(1) 画出上述数据的存储形式。

(2) 写出各标号的地址。

4. 从内部 RAM DATA1 单元开始,存放有20H 个数据,试编写程序,将这20H 个数据逐一移至外部 RAM DATA2 单元开始的存储空间。

5. 编写程序,把外部 RAM 起始地址为 2000H 的 200 个连续单元中的内容送到以 4000H 开始的单元中。

6. 设系统晶振频率为6MHz,编写能延时 100ms 的程序段。

7. 编写程序,将片外数据存储区中 3000H ~ 30FFH 单元全部清零。

8. 编写程序,找出片内 RAM 的 30H ~ 5FH 单元中内容的最大值,存到 60H 单元。

9. 编写程序,求存放在外部 RAM 的 2000H 单元开始的 10 个字节数据的和,将结果存放在 2010H 单元中。

10. 试编写程序,将 30H ~ 34H 单元中压缩的 BCD 码数(每个字节存放两个 BCD 码数)转换为 ASCII 码数,并将结果存放在内部 RAM 80H ~ 89H 单元。

11. 编写程序,将内部 RAM 30H 中的压缩 BCD 码转换成二进制数,存放到 31H 单元中。

12. 从内部 RAM 30H 单元开始,连续存放了 20 个字节的补码数,编写程序,将它们改变成绝对值。

13. 内部 RAM 30H ~ 3FH 单元中存放着非压缩 BCD 码,编写程序实现:将相邻两个单元的内容转换成两位十进制数(例如,将 07H 和 08H 转换成 78),依次存入 40H 开始的单元中。

14. 从内部 RAM 80H 单元开始,存放有 50 个数据。试编写程序,将其中的正数、负数分别送外部 RAM 5000H 和 5500H 开始的单元,并分别记下正数和负数的个数送内部 RAM 60H 和 61H 单元。

15. 编写程序,将内部 RAM 90H 单元为起始地址的 10H 个字节数据依次与 0D0H 单元为起始地址的 10H 个字节数据进行交换。

16. 试编写程序,将内部 RAM 30H～7FH 单元内的单字节二进制数转换为 BCD 码,并将结果依次存入外部 RAM 2000H 单元开始的地址。

17. 试编写程序,统计在内部 RAM 的 20H～60H 单元中出现 55H 的次数,并将统计结果送 61H 单元。

18. 编写排序程序,将内部 RAM 30H 单元开始的 10 个无符号数,按从大到小的顺序排列。

19. 试编写程序,根据 P1.0、P1.1 的状态,向 P2 口送不同的数据,具体为:当 P1.0、P1.1 为 0、0 时,向 P2 口送 11H;当 P1.0、P1.1 为 0、1 时,向 P2 口送 55H;当 P1.0、P1.1 为 1、0 时,向 P2 口送 88H;当 P1.0、P1.1 为 1、1 时,向 P2 口送 0AAH。

20. 试编写程序,将内部 RAM 50H～6FH 单元中的无符号数按照从小到大的次序排列,结果仍存放在原存储空间。

21. 编写程序,统计某班学生的数学考试成绩。已知该班有 32 名学生,数学考试成绩存入内部 RAM30H～4FH 单元,一个学生成绩占一个字节,求出该班的平均成绩,并存入 60H 单元。

22. 编写程序,找出内部 RAM 60H～6FH 单元中无符号数的最小数,并将结果送 40H 单元。60H～6FH 单元中的内容保持不变。

23. 试编写程序,将程序存储器 8000H～807FH 单元中的数据依次读出,进行高低四位交换后送外部 RAM 5000H～507FH 单元中。

# 第 5 章

# 中　断

## 5.1　中断的概念

### 5.1.1　中断的定义

"存储程序和程序控制"是计算机的基本工作原理。CPU 平时总是按照规定顺序执行程序存储器中的指令,但在实际应用中,有许多外部或内部事件需要 CPU 及时处理,这就要改变 CPU 原来执行指令的顺序。计算机中的"中断(Interrupt)"就是指由于外部或内部事件而改变原来 CPU 正在执行指令顺序的一种工作机制。

计算机的中断机制涉及到三个内容:中断源、中断控制和中断响应。中断源是指引起中断的事件;中断控制是指中断的允许/禁止、优先和嵌套等处理方式;中断响应是指确定中断入口、保护现场、进行中断服务、恢复现场和中断返回等过程。在计算机中,能实现中断功能的部件称为中断系统。

中断是单片机应具备的重要功能,正确理解中断概念和学会使用中断机制是掌握单片机应用技术的重要内容。

### 5.1.2　中断的作用

中断机制常用于计算机与外部数据的传送。利用中断机制可较好地实现 CPU 与外部设备的同步工作,进行实时处理。与程序查询方式相比,利用中断机制可大大提高 CPU 的工作效率。

#### 1.　同步工作

利用中断机制可实现 CPU 与外设同步工作。外部设备需要进行传送数据时,可发出中断信号,请求与 CPU 进行数据传送,CPU 响应中断,暂停执行原来程序,转而进行中断服务,完成数据传输。中断返回后,继续执行原来程序,这样既可以避免高速的 CPU 为查询慢速的外设状态而浪费大量的等待时间,又可实现一个 CPU 与多个外设同步工作,提高了 CPU 的工作效率。

利用中断机制容易实现高效率的定时处理功能。CPU 可通过执行循环操作指令来延时等待特定的时间间隔,但这是一种效率极低的工作方式。如果通过硬件对基准时钟信号计数,并由此产生中断请求信号,使 CPU 在规定的时间间隔执行相应的中断服务程序,可实现高效率的定时处理功能。

#### 2.　实时处理

利用中断机制可实现实时信号的采集。一些重要的实时信号,如报警信号、停电信号和其他故障信号等,通常要求 CPU 作出快速响应。若 CPU 通过程序查询来监视这些信号不仅会浪费大量的时间,而且很难做到快速响应。采用了中断机制后,实时信号作为中断请求信号,使 CPU 快速进入中断响应状态,执行特定的中断服务程序,而平时 CPU 则执行实时性要求不高的程序。

另外,利用中断机制也容易实现计数处理功能。通过硬件对外部脉冲信号计数,在规定的计数脉冲到达时,中断请求信号使 CPU 执行特定的计数中断服务程序。

## 5.2　中 断 系 统

### 5.2.1　组成

MCS-51 单片机的中断系统由中断源、中断控制电路和中断入口地址电路等部分组成。结构框图如图 5-1 所示。

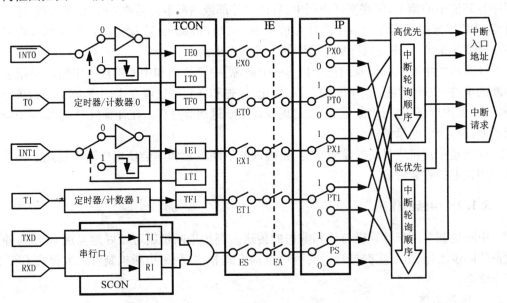

图 5-1　MCS-51 系列单片机中断系统结构框图

从 MCS-51 中断系统结构框图中可看出,中断系统涉及到的 4 个寄存器是:定时器/计数器控制寄存器 TCON(Timer/Counter Control)、串行口控制寄存器 SCON(Serial Port Control)、中断允许寄存器 IE(Interrupt Enable)和中断优先级寄存器 IP(Interrupt Priority)。外部中断事件与输入引脚$\overline{\text{INT0}}$、$\overline{\text{INT1}}$、T0、T1、TXD、RXD 有关。

### 5.2.2　中断源

MCS-51 单片机中有三类中断源:两个外部中断、两个定时器/计数器中断和一个串行口中断。这些中断源提出中断请求后会在专用寄存器 TCON 和 SCON 中设置相应的中断标志。

TCON 寄存器的格式如下:

| 寄存器名：TCON | 位名称 | TF1 | TR1 | TF0 | TR0 | IE1 | IT1 | IE0 | IT0 |
|---|---|---|---|---|---|---|---|---|---|
| 地址：88H | 位地址 | 8FH | 8EH | 8DH | 8CH | 8BH | 8AH | 89H | 88H |

其中与中断有关的位是 IE0、IE1 为外部中断请求标志，TF0、TF1 为计数器/定时器中断请求标志，IT0、IT1 为外部中断请求信号类型选择控制位。

SCON 寄存器的格式如下：

| 寄存器名：SCON | 位名称 | SM0 | SM1 | SM2 | REN | TB8 | RB8 | TI | RI |
|---|---|---|---|---|---|---|---|---|---|
| 地址：98H | 位地址 | 9FH | 9EH | 9DH | 9CH | 9BH | 9AH | 99H | 98H |

其中与中断有关的位是串行口发送和接收中断请求标志 TI、RI。

各中断源提出中断请求的过程说明如下。

**1. 外部中断**

外部中断源是通过两个外部引脚$\overline{INT0}$（P3.2）、$\overline{INT1}$（P3.3）引入的。

$\overline{INT0}$为外部中断 0 请求信号。有两种有效的中断请求信号：专用寄存器 TCON 中的 IT0 位（即 TCON.0）置为"0"，表示$\overline{INT0}$有效的中断请求信号为低电平；TCON 中的 IT0 位为"1"，表示$\overline{INT0}$有效的中断请求信号为由高电平变为低电平的下降沿。一旦出现有效的中断请求信号，会使 TCON 中的 IE0 位（即 TCON.1）置位，由此向 CPU 提出$\overline{INT0}$的中断请求。

$\overline{INT1}$为外部中断 1 请求信号，与$\overline{INT0}$类似，中断请求信号是低电平有效还是下降沿有效，由专用寄存器 TCON 中的 IT1 位（即 TCON.2）来控制。有效的中断请求信号，会使 TCON 中的 IE1 位（即 TCON.3）置为"1"，由此向 CPU 提出$\overline{INT1}$的中断请求。

CPU 响应中断后会自动清除 TCON 中的中断请求标志位 IE0 和 IE1。

需要注意的是，若外部中断请求信号以低电平有效时，CPU 响应中断后，在中断服务程序中，必须安排相应的指令，通知外设及时撤消中断请求信号，否则，CPU 一旦中断返回，低电平有效的中断请求信号又立即使 CPU 再次响应中断，重复执行中断服务程序。而外部中断请求信号以下降沿有效时，不存在这一问题。

**2. 定时器/计数器中断**

定时器/计数器的中断源是由其溢出位引入的。当定时器/计数器到达设定的时间或检测到设定的计数脉冲后，其溢出位置位。

TF0 和 TF1 分别为定时器/计数器 0 和定时器/计数器 1 的溢出位，它们位于专用寄存器 TCON 的 bit5 和 bit7。当定时器/计数器溢出时，相应的 TF0 或 TF1 就会置"1"，由此向 CPU 提出定时器/计数器的中断请求。CPU 响应中断后，会自动清除这些中断请求标志位。

定时器/计数器的计数脉冲由外部引脚 T0 和 T1 引入时，定时器/计数器就变为计数器。当计数脉冲使得定时器计数溢出时，相应的 TF0 或 TF1 就会置"1"，由此向 CPU 提出计数器的中断请求。

另外，对 52 子系列单片机，还有内部定时器 2，其溢出位 TF2 为中断请求信号标志。定时器/计数器的工作原理可参见第 6 章。

**3. 串行口中断**

串行口发送完一帧串行数据或接收到一帧串行数据后，都会发出中断请求。专用寄存器 SCON 中的 TI（SCON.1）和 RI（SCON.0）为串行中断请求标志位。

  TI 为串行发送中断标志。一帧串行数据发送结束后,由硬件置位。TI 置位既表示一帧信息发送结束,同时也是中断请求信号,可根据需要,用软件查询的方法获得数据已发送完毕的信息,或用中断的方法来发送下一个数据。

  RI 为接收中断标志位。接收到一帧串行数据后,由硬件置位,RI 置位既表示一帧数据接收完毕,同时也是中断请求信号,可用查询的方法或者用中断的方法及时处理接收到的数据,否则下一帧数据会将前一帧数据冲掉。

  TI、RI 与前面的中断请求标志位 IE0、IE1、TF0、TF1 不同,CPU 响应中断后不会自动清除 TI、RI,只能靠软件复位。

  串行口的工作原理可参见第 6 章。

### 5.2.3 中断控制

  当发生中断请求后,CPU 是否立即响应中断还取决于当时的中断控制方式。中断控制主要解决三类问题:

- 中断的屏蔽控制,即什么时候允许 CPU 响应中断;
- 中断的优先控制,即多个中断请求同时发生时,先响应哪个中断请求;
- 中断的嵌套,即 CPU 正在响应一个中断时,是否允许响应另一个中断请求。

#### 1. 中断的屏蔽

MCS-51 单片机的中断屏蔽控制通过中断允许寄存器 IE 来实现。IE 的格式如下:

| 寄存器名: IE | 位名称 | EA | — | ET2 | ES | ET1 | EX1 | ET0 | EX0 |
|---|---|---|---|---|---|---|---|---|---|
| 地址: 0A8H | 位地址 | 0AFH | 0AEH | 0ADH | 0ACH | 0ABH | 0AAH | 0A9H | 0A8H |

  其中 EA(Enable All Interrupts)是总允许位,如果它等于"0",则禁止响应所有中断。当 EA 为"1"时,CPU 才有可能响应中断请求。但 CPU 是否允许响应中断请求,还要看各中断源的屏蔽情况,IE 中其他各位说明如下:

  ES(Enables the Serial Port Interrupt)为串行口中断允许位,ET0(Enables the Timer 0 Overflow Interrupt)为定时器/计数器 0 中断允许位,EX0(Enables External Interrupt 0)为外部中断 0 中断允许位,ET1 为定时器/计数器 1 中断允许位,EX1 为外部中断 1 中断允许位,ET2 为 52 子系列所特有的定时器 2 中断允许位。

  允许位为 0,表示屏蔽相应的中断,即禁止 CPU 响应来自相应中断源提出的中断请求。允许位为"1",表示允许 CPU 响应来自相应中断源提出的中断请求。

  IE 中各位均可通过指令来改变其内容。CPU 复位后,IE 各位均被清"0",禁止响应所有中断。

  如果我们要设置允许 CPU 响应定时器/计数器 1 中断、外部中断 1,禁止其他中断源提出的中断请求,则可以执行如下指令:

```
        MOV IE,# 0              ;禁止所有中断
        SETB ET1               ;允许定时器/计数器 1 中断
        SETB EX1               ;允许外部中断 1
        SETB EA                ;打开总允许位
```

也可以执行如下指令:

MOV IE,#10001100B    ;使 EA(IE.7)、ET1(IE.3)、EX1(IE.2)
                 ;为 1,其余为 0

**2. 中断的优先级控制**

MCS-51 单片机的中断优先级分为两级:高优先级和低优先级。通过软件控制和硬件轮询来实现优先控制。

对每个中断源,可通过编程设置为高优先级或低优先级中断。具体由优先级寄存器 IP 来控制。IP 的格式如下:

| 寄存器名:IP | 位名称 | — | — | PT2 | PS | PT1 | PX1 | PT0 | PX0 |
|---|---|---|---|---|---|---|---|---|---|
| 地址:0B8H | 位地址 | 0BFH | 0BEH | 0BDH | 0BCH | 0BBH | 0BAH | 0B9H | 0B8H |

其中,PS 为串行口优先级控制位,PT0、PT1 为定时器/计数器 0、定时器/计数器 1 优先级控制位,PX0、PX1 为外部中断 0、外部中断 1 优先级控制位。另外,PT2 为 52 子系列所特有的定时器/计数器 2 优先级控制位。

优先级控制位设为"1",相应的中断就是高优先级,否则就是低优先级。CPU 开机复位后,IP 各位均被清"0",所有中断均设为低优先级。

如有多个中断源有中断请求信号,CPU 先响应高优先级的中断。当 CPU 同时收到几个同一优先级的中断请求时,CPU 则通过内部硬件轮询决定优先次序,这种中断轮询顺序(Interrupt Polling Sequence)也称同级内的辅助优先级,MCS-51 同级内的中断轮询顺序如表 5-1 所示。

表 5-1　同级内的中断轮询顺序

| 中 断 源 | 中断标志 | 中断轮询顺序 |
|---|---|---|
| 外部中断 0 | IE0 | 高 |
| 定时器/计数器 0 | TF0 | |
| 外部中断 1 | IE1 | |
| 定时器/计数器 1 | TF1 | |
| 串行口 | TI 和 RI | |
| 定时器/计数器 2 | TF2 和 EXF2 | 低 |

通过指令设置 IP 各优先控制位,并结合同级内中断轮询顺序,可确定 CPU 中断响应的优先次序。

例如,要求定时器/计数器 0 为高优先级,其余为低优先级,可用如下程序实现:

  MOV IP,#0     ;设置所有中断源为低优先级
  SETB PT0     ;设置定时器/计数器 0 为高优先级

上面程序也可用一条指令完成:

  MOV　IP,#00000010B   ;使 PT0 为 1,其余为 0

需要说明,当一个系统有多个高优先级中断源时,只要 CPU 响应了其中一个高优先级中断,其他中断就不会再响应。推荐的办法是:一个系统中只设置一个高优先级中断,或者这些高优先级中断的服务程序能在较短的时间内及时完成,以不影响其他高优先级的中断响应。

**3. 中断的嵌套**

CPU 工作时,在同一时刻接收到多个中断请求的机会不是很多。较常发生的情况是,CPU 先后接收到多个中断请求,CPU 在响应一个中断请求时,又接收到一个新的中断请求,这就要涉及到中断的嵌套问题。

MCS-51 单片机中有两级中断的优先级,所以可实现两级的中断嵌套。

如果 CPU 已响应一个低优先级的中断请求,并正在进行相应的中断处理,此时,又有一个高优先级的中断源提出中断请求,CPU 可以再次响应新的中断请求,但为了使原来的中断处理能恢复,在转而处理高级别中断之前还需断点保护,高优先级的中断处理结束,则继续进行原来低优先级的中断处理。

如果第二个中断请求的优先级没有第一个优先级高(包括相同的优先级),则 CPU 在完成第一个中断处理之前不会响应第二个中断请求,只有等到第一个中断处理结束,才会响应第二个中断请求。

因此中断的嵌套处理遵循以下两条规则:

(1) 低优先级中断可以被高优先级中断所中断,反之不能;

(2) 一种中断(不管是什么优先级)一旦得到响应,与它同级的中断不能再中断它。

MCS-51 单片机硬件上不支持多于二级的中断嵌套。另外,在中断嵌套时,为了使得第一中断处理能恢复,必须注意现场的保护和 CPU 资源的分配。

### 5.2.4　中断响应

**1. 中断请求信号的检测**

MCS-51 的中断请求信号是由中断标志、中断允许标志和中断优先标志经逻辑运算而得到。

中断标志就是外部中断 IE0 和 IE1、内部定时器/计数器中断 TF0 和 TF1、串行口中断 TI 和 RI,它们直接受中断源控制。

中断允许标志就是外部中断允许位 EX0 和 EX1、内部定时器/计数器中断允许位 ET0 和 ET1、串行口中断允许位 ES 以及总允许位 EA。它们可通过指令来设置。

中断优先标志就是 PX0、PX1、PT0、PT1 和 PS。它们也是通过指令来设置。

MCS-51 单片机的 CPU 对中断请求信号的检测顺序和逻辑表达式见表 5-2。

表 5-2　中断请求信号的检测顺序和逻辑表达式

| 检测顺序 | 优先级 | 中断源 | 中断请求信号的逻辑表达式 |
|---|---|---|---|
| 1 | 高 | 外部中断 0 | $IE0 \cdot EX0 \cdot EA \cdot PX0$ |
| 2 | 高 | 计数器/定时器 0 | $TF0 \cdot ET0 \cdot EA \cdot PT0$ |
| 3 | 高 | 外部中断 1 | $IE1 \cdot EX1 \cdot EA \cdot PX1$ |
| 4 | 高 | 计数器/定时器 1 | $TF1 \cdot ET1 \cdot EA \cdot PT1$ |
| 5 | 高 | 串行口 | $(TI+RI) \cdot ES \cdot EA \cdot PS$ |
| 6 | 低 | 外部中断 0 | $IE0 \cdot EX0 \cdot EA \cdot \overline{PX0}$ |
| 7 | 低 | 计数器/定时器 0 | $TF0 \cdot ET0 \cdot EA \cdot \overline{PT0}$ |
| 8 | 低 | 外部中断 1 | $IE1 \cdot EX1 \cdot EA \cdot \overline{PX1}$ |
| 9 | 低 | 计数器/定时器 1 | $TF1 \cdot ET1 \cdot EA \cdot \overline{PT1}$ |
| 10 | 低 | 串行口 | $(TI+RI) \cdot ES \cdot EA \cdot \overline{PS}$ |

CPU 工作时,在每个机器周期中都会去查询中断请求信号。所谓中断,其实也是查询,是由硬件在每个机器周期进行查询,而不是通过指令查询。

**2. 中断请求的响应条件**

MCS-51 单片机的 CPU 在检测到有效的中断请求信号同时,还必须同时满足下列三个条件才能在下一机器周期响应中断:

① 无同级或更高级的中断在服务。

② 现行的机器周期是指令的最后一个机器周期。

③ 当前正执行的指令不是中断返回指令(RETI)或访问 IP、IE 寄存器等与中断有关的指令。

条件①是为了保证正常的中断嵌套。

条件②是为了保证每条指令的完整性。MCS-51 单片机指令有单周期、双周期、四周期指令等,CPU 必须等整条指令执行完了才能响应中断。

条件③是为了保证中断响应的合理性。如果 CPU 当前正执行的指令是返回指令(RETI)或访问 IP、IE 寄存器的指令,则表示本次中断还没有处理完,中断的屏蔽状态和优先级将要改变,此时,应至少再执行一条指令才能响应中断,否则,有可能会使上一条与中断控制有关的指令没起到应有的作用。

**3. 中断响应的过程**

CPU 响应中断的过程可分为设置标志、保护断点、选择中断入口、进行中断服务和中断返回五个部分,参见图 5-2。

(1)设置标志

响应中断后,由硬件自动设置与中断有关的标志。例如,将置位一个与中断优先级有关的内部触发器,以禁止同级或低级的中断嵌套,还会复位有关中断标志,如 IE0、IE1、IT0、IT1,表示相应中断源提出的中断请求已经响应,可以撤消相应的中断请求。

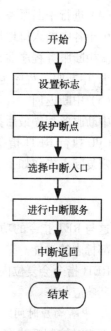

图 5-2　中断响应流程图

另外,响应中断后,单片机外部的 $\overline{\text{INT0}}$ 和 $\overline{\text{INT1}}$ 引脚状态不会自动改变。因此,需要在中断服务程序中,通过指令控制接口电路来改变 $\overline{\text{INT0}}$ 和 $\overline{\text{INT1}}$ 引脚状态,以撤消此次中断请求信号。否则,中断返回后,将会再次进入中断。

(2)保护断点

中断的断点保护是由硬件自动实现的,当 CPU 响应中断后,硬件把当前 PC 寄存器的内容压入堆栈,即执行如下操作:

$$(SP) \leftarrow (SP) + 1;\ ((SP)) \leftarrow (PC_{7\sim 0});$$
$$(SP) \leftarrow (SP) + 1;\ ((SP)) \leftarrow (PC_{15\sim 8});$$

(3)选择中断入口

根据不同的中断源,选择不同的中断入口地址送入 PC,从而转入相应的中断服务程序。MCS-51 单片机中各中断源所在的中断入口地址见表 5-3。

表 5-3　中断源所在的中断入口地址

| 中　断　源 | 中断入口地址 |
|---|---|
| 外部中断 0 | 0003H |
| 定时器/计数器 0 | 000BH |
| 外部中断 1 | 0013H |
| 定时器/计数器 1 | 001BH |
| 串行口 | 0023H |
| 定时器/计数器 2(仅对 52 子系列) | 002BH |

(4) 进行中断服务

由于各中断入口地址间隔较近,通常可安排一条绝对转移指令,跳转到相应的中断服务程序。中断服务程序通常还要考虑现场的保护和恢复。不同的中断请求会有不同的中断服务要求,中断服务程序也各不相同。中断服务程序的设计将在下一节讨论。

(5) 中断返回

中断服务程序最后执行中断返回指令 RETI,标志着中断响应的结束。

CPU 执行 RETI 指令,将完成恢复断点和复位内部标志工作。

恢复断点操作如下:

$$(PC_{15 \sim 8}) \leftarrow ((SP)); (SP) \leftarrow (SP) - 1;$$
$$(PC_{7 \sim 0}) \leftarrow ((SP)); (SP) \leftarrow (SP) - 1;$$

这与 RET 指令的功能类似,但决不能用 RET 指令来恢复断点,因为 RETI 指令还有修改内部标志的功能。

RETI 指令会复位内部与中断优先级有关的触发器,表示 CPU 已脱离一个相应优先级的中断响应状态。

4. 中断响应时间

在实时控制系统中,为满足实时性要求,需要了解 CPU 的中断响应时间。现以外部中断为例,讨论中断响应的最短时间。

在每个机器周期的 S5P2,$\overline{INT0}$ 和 $\overline{INT1}$ 的引脚状态被锁存到内部寄存器中,而实际上,CPU 要在下一个周期才会查询这些值。如中断请求条件满足,则 CPU 将要花费 2 个机器周期用于保护断点、设置内部中断标记和选择中断入口。这样从提出中断请求到开始执行中断服务程序的第一条指令,至少隔开 3 个机器周期,这也是最短的中断响应时间。

如果遇到同级或高优先级中断服务时,则后来的中断请求需要等待的时间将取决于正在进行的中断服务程序。

如果现行的机器周期不是指令的最后一个机器周期,则附加的等待时间要取决于这条指令所需的机器周期数。一条指令最长的执行时间需要 4 个机器周期(如 MUL 和 DIV 指令),附加的等待时间最多为 3 个机器周期。

如果当前正执行的指令是返回指令(RETI)或访问 IP、IE 寄存器等与中断有关的指令,则附加的等待时间有可能增加到 5 个机器周期:完成本条与中断有关的指令需要 1 个机器周期,加上完成下一条完整指令需要 1~4 个机器周期。

综上所说,中断响应时间最短为 3 个机器周期,没有遇到同级或高优先级中断服务时,最多需要 3 + 5 = 8 个机器周期,如遇到同级或高优先级中断服务时,则后来的中断请求需要等待的时间就难以估计了。

## 5.3 中断程序的设计

中断程序的设计主要包括两个部分:初始化程序和中断服务程序。

### 5.3.1 初始化程序

初始化程序主要完成为响应中断而进行的初始化工作,这些工作主要有:中断源的设置、中断服务程序中有关工作单元的初始化和中断控制的设置等。

中断源的设置与硬件设计有关,各中断请求标志由寄存器 TCON 和 SCON 中有关标志位来表示,所以中断源初始化工作主要有初始化各中断请求标志和选择外部中断请求信号的类型。

中断服务程序中,可能需要用到一些工作单元(如内部的 RAM 和外部的 RAM 中的存储单元),这些工作单元常需要有适当的初始值,这可在中断初始化程序中完成。

中断控制的设置包括中断优先级的设置和中断允许的设置,即涉及 IP 和 IE 寄存器各位的设置。

### 5.3.2 中断服务程序

中断服务程序通常由保护现场、中断处理和恢复现场三个部分组成。

MCS-51 单片机所能做的断点保护工作很有限,只保护了一个断点地址,所以如果在主程序中用到了如 ACC、PSW、DPTR 和 R0 ~ R7 等寄存器,而在中断程序中又要用它们,这就要保证回到主程序后,这些寄存器还要能恢复到没执行中断以前的内容。所以在运行中断处理程序前,先将中断处理程序中需要用到的寄存器中的内容保存起来,这就是所谓的“保护现场”。

保护 ACC、PSW、DPTR 等内容,通常可用压入堆栈(PUSH)的指令;而保护 R0 ~ R7 等寄存器,可用改变工作寄存器区的方法。

中断处理就是完成中断请求所要求的处理。由于中断请求各不相同,所以中断处理程序也各不相同,我们在后面的章节中,结合实例再介绍。

中断处理结束后,将中断处理程序中用到的寄存器中的内容恢复到中断前的内容,这就是“恢复现场”。

恢复现场要与保护现场操作配对使用。如用压入堆栈(PUSH)的指令保护现场,则要用弹出堆栈(POP)的指令来恢复;如用改变工作寄存器区的方法保护现场,则也要恢复工作寄存器区。

图 5-3 中断服务流程图

### 5.3.3 中断程序举例

若一单片机应用系统用到了两个中断源,中断需求如表5-4所示。

表5-4 中断需求

| 中 断 源 | 优先级 | 中断请求信号 | 中断处理所用资源 | 初始化要求 |
|---|---|---|---|---|
| 外部中断0 | 低 | 外部 $\overline{INT0}$ 引脚出现下跳边沿 | ACC、PSW、DPTR | 无 |
| 定时器/计数器中断0 | 高 | 定时器/计数器 0 溢出 | ACC、PSW BANK1 中 R0 ~ R7 | R4、R5 清"0", R6、R7 置 0FFH |

相应的中断服务程序在程序存储器中的位置如图5-4所示。
复位入口和中断入口的源程序如下:

图 5-4 中断服务程序在
程序存储器中的位置

```
ORG    0000H      ;定义 RESET 复位入口
LJMP   BOOT       ;转至启动程序
ORG    0003H      ;定义 IE0(外部中断 0)
                  ;中断入口
LJMP   IE0 _ 0    ;转至 IE0 中断服务程序
                  ;入口
ORG    000BH      ;定义 TF0(定时器/计数
                  ;器 0)中断入口
LJMP   TF0 _ 0    ;转至 TF0 中断服务程序
                  ;入口
ORG    0013H      ;定义 IE1(外部中断 1)
                  ;中断入口
RETI              ;没有相应的中断服务程序
ORG    001BH      ;定义 TF1(定时器/计数器
                  ;1)中断入口
RETI
ORG    0023H      ;定义 TI _ RI(串行)中断
                  ;入口
RETI
```

对没有相应中断服务程序的中断入口(如定时器/计数器 1 和串行中断入口)处,可放置一条 RETI 指令,以防止异常情况所引起中断响应而造成程序的失控现象。

复位入口通常安排一条转移指令,转至启动(BOOT)程序。启动程序完成一系列的初始化工作,其中包括中断初始化程序。一个参考的源程序如下:

```
BOOT:    MOV    SP,# 40H    ;设置堆栈
         LCALL  INI _ IE0   ;调用外部中断 0 初始化子程序
```

```
        LCALL    INI _ TF0           ;调用定时器/计数器 0 初始化子程序
        …
        SETB     EA                  ;允许所有中断请求,注意:此指令通常放
                                     ;在中断初始化最后
        LJMP     MAIN                ;转至主程序
```

外部中断 0 的初始化子程序如下:

```
INI _ IE0:  SETB     IT0             ;设置 INT0 为下降沿有效
            SETB     EX0             ;设置允许中断
            CLR      PX0             ;设置低优先级中断
            RET
```

定时器/计数器 0 的初始化子程序如下:

```
INI _ TF0:  MOV      PSW,# 00001000B ;将当前工作寄存器组设为 BANK1
            MOV      A,# 00          ;根据要求初始化 R4 ~ R7
            MOV      R4,A
            MOV      R5,A
            MOV      A,# 0FFH
            MOV      R6,A
            MOV      R7,A
            MOV      PSW,# 00000000B ;将当前工作寄存器组设为 BANK0
            SETB     ET0             ;设置允许中断
            SETB     PT0             ;设置高优先级中断
            RET
```

外部中断 0 服务程序如下:

```
IE0 _ 0:    PUSH     ACC             ;保护现场
            PUSH     PSW
            PUSH     DPL
            PUSH     DPH
            …                        ;具体的中断处理程序
            POP      DPH             ;恢复现场
            POP      DPL
            POP      PSW
            POP      ACC
            RETI
```

定时器/计数器 0 中断服务程序如下:

```
TF0 _ 0:    PUSH     ACC             ;保护现场
            PUSH     PSW
            MOV      PSW,# 00001000B ;设置当前工作寄存器为 BANK1
            …                        ;具体的中断处理程序
            POP  PSW                 ;恢复现场
```

     POP  ACC

     RETI

通常主程序以循环体出现,如下所示:

MAIN:

    …          ;主程序循环体

    LJMP  MAIN

# 5.4 外部中断源的扩展

  MCS-51 单片机中有三类中断源,其中只有外部中断可通过一定的电路来扩展。外部中断源的扩展要解决如下几个问题:

  ●合并外部中断信号,即将多个外部中断信号合并为一个信号后,才能接至$\overline{\text{INT0}}$或$\overline{\text{INT1}}$。

  ●鉴别外部中断信号,即通过输入接口检测外部中断信号,以确定$\overline{\text{INT0}}$或$\overline{\text{INT1}}$引入的中断信号是由当前哪个中断源发出的。

  ●撤消外部中断信号,即在中断服务程序结束前,要撤消原来的中断信号,以免进入不正常的中断嵌套。

  需要说明的是,MCS-51 外部中断源的扩展仍有许多限制,较难实现真正的中断优先控制,且不易实现多级的中断嵌套控制。

  下面介绍几种扩展外部中断的具体方法。

### 5.4.1 利用"与"逻辑合并外部中断信号

  由于$\overline{\text{INT0}}$和$\overline{\text{INT1}}$的有效信号为低电平或下降沿,所以可利用"与"逻辑合并多个外部中断源。

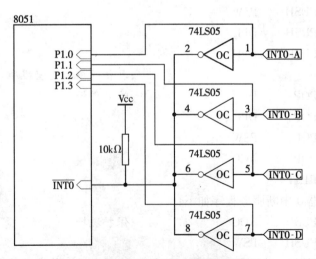

**图 5-5 利用"与"逻辑合并外部中断信号**

  4 个扩展外部中断源 INT0-A、INT0-B、INT0-C 和 INT0-D 为高电平有效信号,通过非门可转换为低电平有效信号,其中 74LS05 为 OC 门输出,所以它们的输出端相连可实现"线与"，如图 5-5 所示。当 4 个扩展外部中断源中任何 1 个出现高电平时，都会向单片机的 $\overline{INT0}$ 发出中断信号。

电路是通过单片机的 P1.0 ~ P1.3 来检测 INT0-A、INT0-B、INT0-C 和 INT0-D 中哪个发出的中断信号。存在的问题是要求扩展外部中断源在规定的时间间隔内自动撤消中断信号，如中断源可采用脉冲信号的形式。另外，电路也较难鉴别多个扩展外部中断源发出的边沿型(上升沿或下降沿)中断信号。

### 5.4.2 利用触发器检测外部中断信号

图 5-6 是利用 D 触发器检测外部边沿型中断信号来扩展外部中断源的电路，INT0-A、INT0-B 出现上升沿信号，则相应的 Q 端输出为低电平，通过二极管组成的与门将中断信号送至 $\overline{INT0}$。在中断服务程序中，可利用 P1.2 ~ P1.3 检测中断信号的来源，利用 P1.0 ~ P1.1 来撤消 INT0-A、INT0-B 发出的中断信号。

图 5-6 电路的不足之处是需要专门的控制线来撤消外部中断源发出的中断信号，抗干扰能力较弱。

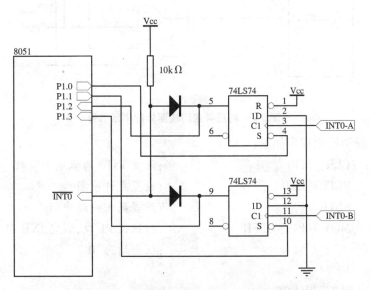

图 5-6 利用触发器检测外部边沿型中断信号

### 5.4.3 利用异或门检测外部中断信号

图 5-7 是利用异或门检测外部中断信号来扩展外部中断源的电路，外部中断信号 INT0-A、INT0-B、INT0-C、INT0-D 与 P1.0 ~ P1.3 异或后，经"线与"送至 $\overline{INT0}$。74LS136 是 OC 门输出的异或门，如采用非 OC 门输出的异或门 74LS86，则还需通过与门接至 $\overline{INT0}$。

图 5-7 电路巧妙地利用"异或"逻辑，在中断服务程序中，利用单片机的 P1.4 ~ P1.7 来检测中断信号的来源，利用 P1.0 ~ P1.3 来撤消 INT0-A、INT0-B、INT0-C 和 INT0-D 发出的中断信号。外部中断信号 INT0-A、INT0-B、INT0-C、INT0-D 既可以是电平型的，也可以是边沿型的，并且上升沿和下降沿可同时有效，这些都可以通过软件来确定。

下面通过实例介绍该电路的工作原理。

现假定4个外部扩展的中断源有效信号为边沿型(即上升沿和下降沿同时有效),用P1.0~P1.3跟踪当前4个中断源的状态,使得P1.0~P1.3与INT0-A~INT0-D相反,则异或输出为1。一旦4个中断源与P1.0~P1.3不同步,例如INT0-A与P1.0相同,则相应的异或输出为0,从而有一个中断信号送至INT0,单片机响应中断后,在中断服务程序中重新使P1.0与INT0-A同步(即使P1.0与INT0-A的异或输出为1),以撤消中断信号。通过P1.0~P1.3和P1.4~P1.7的比较可鉴别出中断源,转入相应的服务程序。

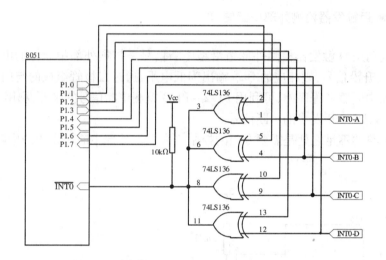

**图 5-7    利用异或门检测外部中断信号**

具体的中断初始化程序如下:

```
INI _ IEO:   CLR    IT0           ;设置 INT0 为低电平有效
             SETB   EX0           ;设置允许中断
             SETB   PX0           ;设置高优先级中断
             MOV    P1,# 0FFH     ;初始化 P1 口,假定 INT0-A ~ INT0-D 初始
                                  ;状态均为"0"
             RET
```

外部中断0服务程序如下:

```
IE0 _ 0:   PUSH   ACC            ;保护现场
           PUSH   PSW
           PUSH   B
           …                     ;其他要保护的内容
           MOV    A,P1           ;读取 P1 口状态,进行中断源判别
           MOV    B,A            ;将 P1 口状态暂存于 B
           SWAP   A              ;将 P1.4 ~ P1.7 移至 ACC 的低 4 位
           XRL    A,B            ;比较 P1.0 ~ P1.3 与 P1.4 ~ P1.7
           JNB    ACC.0,S _ INTO _ A   ;INT0-A 有变化,则转至相应的中断服务
                                       ;程序
```

```
        JNB     ACC.1,S_INTO_B      ;INTO-B 有变化,则转至相应的中断服务
                                    ;程序

        JNB     ACC.2,S_INTO_C      ;INTO-C 有变化,则转至相应的中断服务
                                    ;程序

        JNB     ACC.3,S_INTO_D      ;INTO-D 有变化,则转至相应的中断服务
                                    ;程序

        LJMP    IE0_END

S_INTO_A:…                          ;具体的中断服务程序
        MOV     C,P1.4              ;取 INTO-A 状态,准备撤消中断信号
        CPL     C                   ;取反
        MOV     P1.0,C              ;送至 P1.0,使 P1.0 与 INTO-A 的异或值
                                    ;为"1"

        LJMP    IE0_END

S_INTO_B:…                          ;具体的中断服务程序
        MOV     C,P1.5              ;取 INTO-B 状态,准备撤消中断信号
        CPL     C                   ;取反
        MOV     P1.1,C              ;送至 P1.1,使 P1.1 与 INTO-B 的异或值
                                    ;为"1"

        LJMP    IE0_END

S_INTO_C:…                          ;具体的中断服务程序
        MOV     C,P1.6              ;取 INTO-C 状态,准备撤消中断信号
        CPL     C                   ;取反
        MOV     P1.2,C              ;送至 P1.2,使 P1.2 与 INTO-C 的异或值
                                    ;为"1"

        LJMP    IE0_END

S_INTO_D:…                          ;具体的中断服务程序
        MOV     C,P1.7              ;取 INTO-D 状态,准备撤消中断信号
        CPL     C                   ;取反
        MOV     P1.3,C              ;送至 P1.3,使 P1.3 与 INTO-D 的异或值
                                    ;为"1"

        LJMP    IE0_END
        …

IE0_END:POP     B                   ;恢复现场
        POP     PSW
        POP     ACC
        RETI
```

上述中断服务程序能同时正确处理多个中断源发出的中断信号,并以 INTO-A 为高优先级,当然仍不能实现中断嵌套。

上述电路中的中断请求信号 INTO-A ~ INTO-D 要求有一定的宽度,如果太窄,则 CPU

会来不及判别究竟是哪一个中断源发出的。

# 5.5 用软件模拟实现多优先级

MCS-51 单片机的硬件只提供两级中断优先级,但有些应用场合需要多于两级的中断优先级,此时可用软件模拟实现第三优先级。

设低优先级为 0 级,高优先级为 1 级,新增的高优先级为 2 级。在 IP 中断优先寄存器中,对 0 级的中断,相应的优先位设为"0",对 1 级和 2 级的中断,相应的优先位设为"1"。其中所有 1 级的中断服务程序需要增加下列代码:

```
PUSH   IE           ;保存原来的中断允许寄存器内容 IE
MOV    IE,# MASK    ;重新定义 IE,禁止 0 级、1 级中断,但允许新增 2 级
                    ;的中断
LCALL  L _ RETI     ;调用 RETI 指令,撤消当前中断标志
```

以下为原来 1 级中断服务程序:

```
       …
POP    IE           ;恢复原来的中断允许寄存器内容 IE
RET                 ;用 RET 指令实现 1 级中断返回
```

L _ RETI:

```
RETI
```

当 1 级中断响应后,通过重新定义 IE 内容,禁止 0 级和 1 级中断,但允许 2 级中断,再调用 RETI 指令,以撤消当前 1 级中断标志,从而可允许 2 级中断嵌套。

按照这种设计方法,执行 0 级中断服务程序时,仍能响应 1 级中断;执行 1 级中断服务程序时,仍能响应 2 级中断。当然,此时 1 级中断服务程序需要多增加开始几条指令的执行时间,在 12MHz 晶振频率下,需要额外的 $10\mu s$,用于对 IE 及撤消中断标志的操作。

## 习 题 五

1. 什么是中断? 为什么要引入中断机制?
2. MCS-51 单片机的中断系统由哪些部分组成?
3. 8051 单片机有哪几类中断源? 五个中断源的中断入口地址分别是多少?
4. 中断控制主要解决哪些问题?
5. MCS-51 的中断请求信号由哪些标志位来确定?
6. MCS-51 的中断是否均可以被屏蔽?
7. MCS-51 的中断分几个优先级? 由哪个特殊功能寄存器管理?
8. MCS-51 的中断响应过程由哪几个部分组成?
9. 中断服务程序中如用 RET 指令来代替 RETI 指令后有什么现象?
10. MCS-51 的中断响应时间如何估算?
11. 中断的初始化程序主要完成哪些工作?
12. 中断服务程序通常由哪几部分组成?

13. 按表 5-5 试设计中断初始化程序和相应的中断服务程序框架。

表 5-5 中断需求

| 中断源 | 优先级 | 中断请求信号 | 中断处理所用资源 | 初始化要求 |
|---|---|---|---|---|
| 外部中断 0 | 高 | 外部$\overline{INT0}$引脚出现下跳边沿 | A、PSW | 无 |
| 外部中断 1 | 低 | 外部$\overline{INT1}$引脚出现低电平 | A、PSW、B | 无 |
| 定时器/计数器中断 0 | 高 | 定时器/计数器 0 溢出 | A、PSW、DPTR、BANK1 中 R0 ~ R7 | R0 ~ R7 清 0 |

14. 分析图 5-5、图 5-7 所示的电路,若不采用 OC 门会产生什么现象?

15. 图 5-7 电路中若假定 INT0-A、INT0-B、INT0-C 和 INT0-D 这四个扩展的外部中断源分别为上升沿、下降沿、低电平和高电平有效,请修改中断初始化程序和中断服务程序框架。

16. 图 5-7 电路中若不用 P1.4 ~ P1.7 来检测 INT0-A、INT0-B、INT0-C 和 INT0-D 状态,也能实现扩展外部中断源,此时可通过 P1.0 ~ P1.3 来找出中断源,请写出相应的中断初始化程序和中断服务程序。

# 第6章

## 定时器/计数器与串行接口

## 6.1 定时器与计数器

### 6.1.1 基本概念

定时器与计数器在组成上有着内在联系,定时器是一种特殊的计数器——记录时间间隔的计数器,而计数器是记录信号(通常为脉冲信号)个数的电路。在许多单片机系统中,定时器与计数器都由一套电路来组成,称为"定时器/计数器(Timer/Counter)"。

单片机中的计数器通常按二进制计数,计数的范围用二进制的位数来表示,如 8 位、16 位计数器等。计数器的初始值可由软件来设置,计数器超过计数范围的情况,称为溢出。溢出时,相应的溢出标志位置位。

如果计数信号由内部的基准时钟源提供,则此时的计数器就变为定时器了。

单片机中的定时器/计数器由程序来设置其工作模式,如设置为定时器工作模式,就不能作为计数器使用;如设置为计数器工作模式,就不能作为定时器使用。定时器/计数器溢出时,可通过中断方式通知 CPU。

### 6.1.2 MCS-51 单片机的定时器/计数器

**1. 结构**

MCS-51 单片机的 51 子系列有两个定时器/计数器,分别记为 Timer0 和 Timer1 或 T0 和 T1。

每个定时器/计数器有两个外部输入端(T0、$\overline{INT0}$ 和 T1、$\overline{INT1}$)、两个 8 位的二进制加法计数器(TH0、TL0 和 TH1、TL1)。由两个内部特殊功能寄存器(TMOD、TCON)控制定时器/计数器的工作,其中 TMOD(Timer/Counter Mode Control)是定时器/计数器模式控制寄存器,其格式如下(寄存器各位不可位寻址):

| 寄存器名:TMOD | 位名称 | GATE | C / $\overline{T}$ | M1 | M0 | GATE | C / $\overline{T}$ | M1 | M0 |
|---|---|---|---|---|---|---|---|---|---|
| 地址:89H | 位地址 | — | — | — | — | — | — | — | — |

用于定时器/计数器 1　　　　　用于定时器/计数器 0

TMOD 被分成两部分,每部分 4 位,分别用于定时器/计数器 0 和定时器/计数器 1。其中 GATE 和 C/$\overline{T}$ 用于控制计数信号的输入,M1、M0 用于定义计数器的工作方式。

TCON 是定时器/计数器控制寄存器,其格式如下(寄存器各位可位寻址):

| 寄存器名：TCON | 位名称 | TF1 | TR1 | TF0 | TR0 | IE1 | IT1 | IE0 | IT0 |
|---|---|---|---|---|---|---|---|---|---|
| 地址：88H | 位地址 | 8FH | 8EH | 8DH | 8CH | 8BH | 8AH | 89H | 88H |

用于定时器/计数器　　　　　　　用于外部中断

TCON 也被分成两部分,高 4 位用于定时器/计数器。其中 TR1、TR0 用于控制计数信号的输入,TF1、TF0 为计数器的溢出位。

**2. 原理**

定时器/计数器中心部件为 2 个内部的 8 位二进制加法计数器,即 TH0、TL0 和 TH1、TL1,它们同时也是程序可访问的寄存器,相应的地址为 8CH(TH0)、8AH(TL0)、8DH(TH1)、8BH(TL1)。

要掌握定时器/计数器的工作原理,可从以下几个方面考虑:

● 计数器的计数信号如何选择和控制。

● 两个 8 位计数器如何级联。

● 定时和计数的范围如何确定。

(1) 计数信号的选择和控制

以定时器/计数器 0 为例,计数信号的选择和控制如图 6-1 所示。

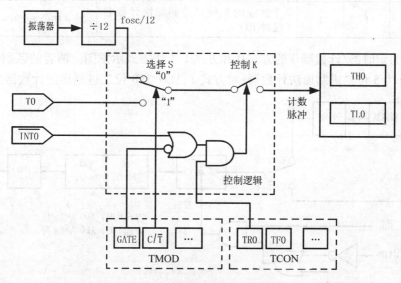

**图 6-1　计数信号的选择和控制**

由图 6-1 可看出,计数信号的选择和控制通过 TMOD 中的 GATE、C/$\overline{T}$ 和 TCON 中的 TR0 这 3 个控制位来实现。

TMOD 中的 C/$\overline{T}$ 用于选择计数信号的来源: C/$\overline{T}=0$,计数信号取自于内部,其计数频率为晶振频率的 1/12,此时工作于定时器模式; C/$\overline{T}=1$,计数信号来自于外部 T0(P3.4),此时工作于计数器模式。

在计数器模式下,CPU 检测外部 T0(P3.4)或 T1(P3.5)引脚,当出现"1"到"0"的跳变时,作为一个计数信号,使内部计数器加 1。因为检测需要两个机器周期,所以能检测到的最大计数频率为 CPU 晶振频率的 1/24。

TMOD 中的 GATE 和 TCON 中的 TR0 用于控制计数脉冲的接通,通常有两种使用方法:

● GATE = 0 时,仅仅由程序设置 TR0 = 1 来接通计数脉冲,由程序设置 TR0 = 0 来停止计数。此时与外部$\overline{INT0}$无关。

● GATE = 1 时,先由程序设置 TR0 = 1,然后由外部$\overline{INT0}$ = 1 来控制接通计数脉冲,$\overline{INT0}$ = 0 则停止计数。如 TR0 = 0,则禁止$\overline{INT0}$来控制接通计数脉冲。

所以,GATE 位是专门用来选择计数启动方式的控制位,GATE = 0 时可由程序来启动计数,GATE = 1 时可由外部硬件通过$\overline{INT0}$端来启动计数。

利用 GATE = 1 时的特性,通过定时器可测量$\overline{INT0}$端或 INT1 的正脉冲宽度。

(2) 两个 8 位计数器的级联

两个 8 位计数器均为加法计数器,它们的级联和计数范围是由 TMOD 中的 M1、M0 来控制的。M1、M0 可设置 4 种内部计数的工作方式,如表 6-1 所示。

表 6-1　计数器的工作方式

| 工作方式 | M1 | M0 | 功　　能 | 计 数 范 围 |
|---|---|---|---|---|
| 0 | 0 | 0 | 13 位二进制加法计数器 | $2^{13}$ – 初值 = 8192 – 初值 |
| 1 | 0 | 1 | 16 位二进制加法计数器 | $2^{16}$ – 初值 = 65536 – 初值 |
| 2 | 1 | 0 | 可重置初值的 8 位二进制加法计数器 | $2^8$ – 初值 = 256 – 初值 |
| 3 | 1 | 1 | 2 个独立的 8 位二进制加法计数器（仅对 T0） | $2^8$ – 初值 = 256 – 初值 |

图 6-2 为定时器/计数器 0 的方式 0 和方式 1 工作方式示意图。两者的区别仅在于: 对方式 0,TL0 为 5 位二进制加法计数器;对方式 1,TL0 为 8 位二进制加法计数器。

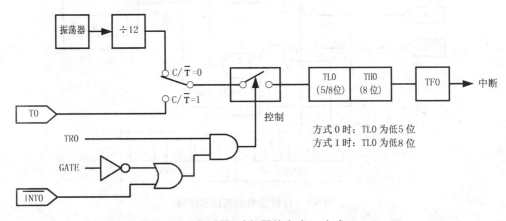

图 6-2　定时器/计数器的方式 0/方式 1

工作方式 0 主要为兼容早期的 MCS-48 单片机所保留,一般可用工作方式 1 来代替。

工作方式 1 的特点是: 计数范围宽,但每次的初值均要由程序来设置。

工作方式 2 的特点是: 初值只需设置一次,每次溢出后,初值自动会从 TH0 加载到 TL0 或从 TH1 加载到 TL1,但计数范围较工作方式 1 小。

工作方式 3 的特点是: 增加了一个独立的计数器,但只能适用于定时器/计数器 0,而且占用了定时器/计数器 1 的 TR1 和 TF1,所以此时的定时器/计数器 1 只能用于不需要中断的应用,如作为串行口的波特率发生器。

4 种工作方式对溢出处理均相同,加法计数超出范围后,溢出信号将使 TCON 中的 TF0 或 TF1 置位,计数值回到 0 或初值,重新开始计数。TF0 或 TF1 置位后,可向 CPU 提出中断请求。TF0 和 TF1 在 CPU 响应中断后会自动复位,而在禁止中断响应时,也可由软件来复位。

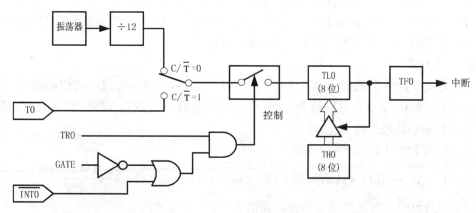

图 6-3　定时器/计数器的方式 2

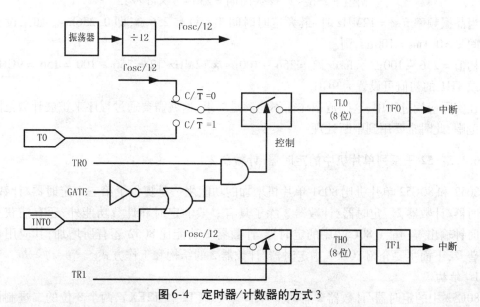

图 6-4　定时器/计数器的方式 3

（3）定时和计数范围的计算

由于内部计数器 TH0、TL0 和 TH1、TL1 的溢出值固定不变,所以定时和计数范围只能通过设置初值来控制。下面主要介绍工作方式 1 和工作方式 2 的计数范围计算。

① 工作方式 1。

工作方式 1 的计数范围为 $2^{16}$ – 初值 = 10000H – 初值 = 65536 – 初值。初值的取值范围为 0000H ~ 0FFFFH,即 0 ~ 65535。当初值为 0 时,可得最大计数长度 $N_{max}$ = 65536;而初值为 0FFFFH = 65535 时,可得最小计数长度 $N_{min}$ = 1。

定时时间 T 为计数范围乘上计数周期,即

$$T = (2^{16} - 初值) \times 计数周期 = (65536 - 初值) \times 1/fosc \times 12 = \frac{12(65536 - 初值)}{fosc}$$

根据定时时间 T 可计算出应设置的初值为

初值 $= 65536 - T/计数周期 = 65536 - T \times fosc/12$。

当晶振频率 fosc $= 12MHz$ 时,计数周期为 $1\mu s$,当初值为 0 时,可得最大定时时间 $T_{max}$ 为 $65536\mu s$,即 $65.536ms$。如果设置定时时间 $T = 5ms = 5000\mu s$,则

初值 $= 65536 - 5000\mu s \times fosc/12 = 65536 - 5000\mu s \times 12MHz/12 = 60536 = 0EC78H$,即 TH0、TL0 或 TH1、TL1 的初值可设置为 0ECH、78H。

② 工作方式 2。

工作方式 2 的计数范围为 $2^8 - 初值 = 100H - 初值 = 256 - 初值$。初值的取值范围为 000H ~ 0FFH,即 0 ~ 255。当初值为 0 时,可得最大计数长度 $N_{max} = 256$;而初值为 0FFH $=$ 255 时,可得最小计数长度 $N_{min} = 1$。

定时时间 T 为计数范围乘上计数周期,即

$$T = (2^8 - 初值) \times 计数周期 = (2^8 - 初值) \times 1/fosc \times 12 = \frac{12(256 - 初值)}{fosc}$$

根据定时时间 T 可计算出应设置的初值为

初值 $= 256 - T/计数周期 = 256 - T \times fosc/12$

当晶振频率 fosc $= 12MHz$ 时,最大定时时间 $T_{max}$ 只有 $256\mu s$,即 $0.256ms$。如果设置定时时间 $T = 0.1ms = 100\mu s$,则

初值 $= 256 - 100\mu s \times fosc/12 = 256 - 100\mu s \times 12MHz/12 = 256 - 100 = 156 = 9CH$,即 TH0 或 TH1 的初值可设置为 9CH。

在实际应用过程中,这些范围往往不能满足要求,这就需要通过程序来扩展计数范围和定时范围,此时常要用到中断处理。

### 6.1.3　52 子系列单片机中的定时器/计数器 2

8052 和 80C52 单片机比 8051 单片机增加的功能之一是提供了第三个定时器/计数器,即定时器/计数器 2。定时器/计数器 2 除了具有一般的定时和计数功能外,还有捕获和可程控时钟输出等功能。80C52 中的定时器/计数器 2 功能比 8052 还有所增加,其应用也越来越普及,下面主要介绍 80C52 中定时器/计数器 2 的结构和工作方式。

#### 1. 结构

80C52 中的定时器/计数器 2 有两个外部输入端(T2 和 T2EX),两个 8 位的二进制计数器(TL2 和 TH2),两个重载或捕获寄存器(RCAP2L 和 RCAP2H)和两个内部特殊功能寄存器 T2CON 和 T2MOD。与中断有关的控制位还有中断允许寄存器 IE 中的 ET2 位,中断优先级寄存器 IP 中的 PT2 位。定时器/计数器 2 的中断轮询顺序位于串行口之后,中断入口地址为 002BH。

定时器/计数器 2 的两个外部输入端 T2 和 T2EX 分别借用了 P1.0 和 P1.1。T2CON、T2MOD、RCAP2L、RCAP2H、TL2 和 TH2 这 6 个寄存器或计数器的内部地址分别为 0C8H ~ 0CDH,复位后,除了 T2MOD 中未定义的各位值不确定外,其余均为 0。T2CON 中的各位可

进行位寻址,其他寄存器或计数器的各位不能按位寻址。

(1) T2CON 定时器/计数器 2 的控制寄存器

T2CON(Timer/Counter 2 Control)的格式如下(寄存器各位可以位寻址):

| 寄存器名: T2CON | 位名称 | TF2 | EXF2 | RCLK | TCLK | EXEN2 | TR2 | C/$\overline{\text{T2}}$ | CP/$\overline{\text{RL2}}$ |
|---|---|---|---|---|---|---|---|---|---|
| 地址: 0C8H | 位地址 | 0CFH | 0CEH | 0CDH | 0CCH | 0CBH | 0CAH | 0C9H | 0C8H |

TF2 是定时器 2 的溢出标记,必须通过软件清零,而当 RCLK = 1 或 TCLK = 1 时,TF2 就不能被溢出置位。

EXF2 是定时器 2 的外部标记,当捕获或重载发生时置位,由此可作为中断请求信号,但在允许加/减法计数时(即 T2MOD 中的 DCEN = 1),EXF2 不会请求中断。

RCLK 是定时器 2 的接收时钟允许位。RCLK 置位时,定时器 2 可作为串行口模式 1 和 3 时的接收时钟波特率发生器;RCLK 复位时,定时器 1 可作为串行口模式 1 和 3 时的接收时钟波特率发生器。

TCLK 是定时器 2 的发送时钟允许位。TCLK 置位时,定时器 2 可作为串行口模式 1 和 3 时的发送时钟波特率发生器;TCLK 复位时,定时器 1 可作为串行口模式 1 和 3 时的发送时钟波特率发生器。

EXEN2 是定时器 2 的外部允许位。在定时器 2 不用作串行口的波特率发生器时,EXEN2 = 1 可允许外部信号 T2EX 的下降沿触发定时器 2 的重载或捕获;而 EXEN2 = 0,则忽略 T2EX 信号。在定时器 2 用作串行口的波特率发生器时,EXEN2 = 1 可允许 T2EX 作为一个外部中断源。

TR2 是定时器 2 的启动/停止控制位。TR2 = 1 时,启动定时器 2;TR2 = 0 时,停止定时器 2 计时或计数。

C/$\overline{\text{T2}}$ 是定时器 2 的计数/定时选择位。C/$\overline{\text{T2}}$ = 1 时,选择外部事件计数方式;C/$\overline{\text{T2}}$ = 0 时,选择定时器方式。

CP/$\overline{\text{RL2}}$ 是定时器 2 的捕获/重载选择位。CP/$\overline{\text{RL2}}$ = 1 时,允许捕获;CP/$\overline{\text{RL2}}$ = 0 时,允许重载。

(2) T2MOD 定时器/计数器 2 模式控制寄存器

T2MOD(Timer 2 Mode Control)虽是定时器/计数器 2 模式控制寄存器缩写,但定时器/计数器 2 的工作模式与 T2CON 更为密切,T2MOD 只用了 2 位,其格式如下(寄存器各位不可位寻址):

| 寄存器名: T2MOD | 位名称 | — | — | — | — | — | — | T2OE | DCEN |
|---|---|---|---|---|---|---|---|---|---|
| 地址: 0C9H | 位地址 | | | | | | | | |

T2OE 是定时器 2 的输出允许位,置位后,允许 T2 引脚输出可编程的方波。

DCEN 是定时器 2 的计数方向控制允许位,置位可允许定时器 2 进行加/减计数方式。

T2MOD 是 8×C52 系列单片机所特有的寄存器,8052 单片机没有 T2MOD,故也就没有相应的时钟输出和有加/减法控制的自动重载功能。

### 2. 工作方式

定时器 2 工作方式有捕获、自动重载、波特率发生器和可编程方波输出方式。定时器 2 工作方式设置主要与 T2CON 中的 CP/$\overline{\text{RL2}}$、TCLK、RCLK 和 T2MOD 的 T2OE、DCEN 有关,不同的工作方式有不同的中断请求标志。

定时器 2 的启动/停止由 T2CON 中的 TR2 控制,T2CON 中的 EXEN2 作为 EXF2 的中断请求允许位。

(1) 捕获(Capture)方式

在捕获方式下,利用外部引脚 T2EX(P1.1)上的下降边沿,可捕获当前 TH2 和 TL2 的 16 位计数值。TH2 和 TL2 的计数信号可来自内部基准时钟,此时的捕获方式可测得引脚 T2EX 上两个下降边沿之间的时间;TH2 和 TL2 计数信号也可来自外部引脚 T2(P1.0)上的脉冲信号,此时的捕获方式可测得在 T2EX 上两个下降边沿期间,T2 上所出现的脉冲数。

定时器 2 在捕获工作方式下的示意图见图 6-5。

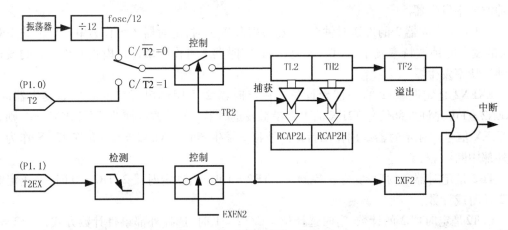

**图 6-5　定时器 2 捕获工作方式**

捕获工作方式下,T2CON 中的 EXEN2 = 1 时,允许外部引脚 T2EX 上的下降边沿来捕获 TH2 和 TL2 当前的内容,送到 RCAP2H 和 RCAP2L 中,与此同时,置位 T2CON 中的 EXF2 位申请中断。当 EXEN2 = 0 时,禁止 T2EX 起捕获作用。

T2CON 中的 C/$\overline{\text{T2}}$ 位用于选择计数信号的来源,C/$\overline{\text{T2}}$ = 0 选择内部基准信号 fosc/12,C/$\overline{\text{T2}}$ = 1 选择外部 T2 上的脉冲信号。

T2CON 中的 TR2 位用于启动或停止 TH2、TL2 的计数,TH2 和 TL2 组成 16 位的二进制计数器,其溢出信号送至 T2CON 中的 TF2。

T2CON 中的 EXF2 和 TF2 经逻辑"或"后,作为定时器 2 的中断请求信号。

(2) 自动重载(Auto-reload)方式

自动重载方式也称自动再装入方式,简称重载方式。对 80C52 单片机,可通过 T2MOD 中的 DCEN 位来设置自动重载时的计数方式,DCEN = 0 为加法计数的自动重载方式,DCEN = 1 为可控加/减法计数的自动重载方式。

DCEN = 0 的自动重载方式示意图见图 6-6。在此方式下,TH2、TL2 按加法计数方式工作,外部引脚 T2EX 的下降沿或 TH2、TL2 的溢出信号可作为触发信号,将 RCAP2H、RCAP2L 的内容重新装载到 TH2、TL2 中。

　　T2CON 中的 EXEN2 = 1 时,允许外部引脚 T2EX 上的下降边沿来重载当前 RCAP2H、RCAP2L 的内容到 TH2、TL2 中,与此同时,置位 T2CON 中的 EXF2 位。EXEN2 = 0 时,禁止 T2EX 作为重载触发信号。

　　T2CON 中的 C/T̄2 位和 TR2 位的作用同捕获方式,分别用于选择计数信号的来源和启动或停止 TH2、TL2 的计数。

　　TH2 和 TL2 的溢出信号送至 T2CON 中的 TF2,TF2 和 EXF2 都可作为定时器 2 的中断请求信号。

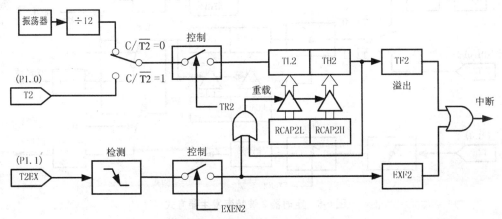

图 6-6　定时器 2 自动重载工作方式(DCEN = 0)

　　DCEN = 1 的自动重载方式示意图见图 6-7。在此方式下,可通过外部引脚 T2EX 来选择 TH2、TL2 的计数方向。T2EX = 1 时,TH2、TL2 按加法计数方式工作,其内容到达 0FFFFH 后,会产生上溢,上溢信号会将 RCAP2H、RCAP2L 的内容重新装载到 TH2、TL2 中,并置位 TF2。T2EX = 0 时,TH2、TL2 按减法计数方式工作,其内容与 RCAP2H、RCAP2L 相等后,会产生下溢,下溢信号将固定值 0FFH 重新装载到 TH2、TL2 中,并置位 TF2。TF2 可作为定时器 2 中断请求信号。

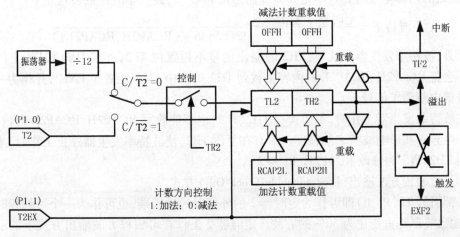

图 6-7　定时器 2 自动重载工作方式(DCEN = 1)

　　TH2、TL2 的上溢或下溢都会触发翻转 T2CON 中的 EXF2,所以,EXF2 可作为第 17 位的计数位,因此,EXF2 与 TH2、TL2 一起可看作一个 17 位的二进制计数器。此时,EXF2 已不能作为定时器 2 的中断请求信号了。

（3）波特率发生器（Baud Rate Generator）方式

置位 T2CON 中的 TCLK 或 RCLK 位可将定时器 2 设置为波特率发生器方式,此时,串行口的发送和接收波特率可以不同,如定时器 2 作为发送（或接收）波特率发生器方式,而定时器 1 作为接收（或发送）波特率发生器方式,其工作示意图见图 6-8。

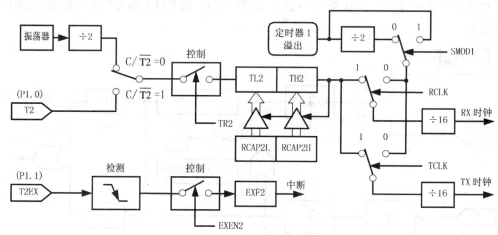

图 6-8　定时器 2 波特率发生器方式

波特率发生器方式与自动重载方式较为类似,TH2 的溢出信号可将 RCAP2H、RCAP2L 的内容重新装载到 TH2、TL2 中,改变 RCAP2H、RCAP2L 的初始值,就可改变溢出率。串行口在方式 1 和方式 3 时的波特率为

$$波特率 = \frac{定时器 2 溢出率}{16}$$

虽然 TH2、TL2 的计数脉冲也可来自外部引脚 T2,但作为波特率发生器方式时,常配置为 T2CON 中的 C/$\overline{T2}$ = 0,即定时器 2 的溢出率取决于内部基准时钟。与一般定时工作方式不同,此时的内部基准时钟频率是 fosc/2 而不是 fosc/12,波特率的计数公式如下:

$$波特率 = \frac{定时器 2 溢出率}{16} = \frac{fosc}{32(65536 - (RCAP2H,RCAP2L))}$$

另外,波特率发生器方式下,TH2 的溢出信号不再置位 TF2,外部引脚 T2EX 上的下降沿也不会将 RCAP2H、RCAP2L 的内容重载到 TH2、TL2 中,但仍能置位 EXF2,并作为一个额外的外部中断请求信号。

在波特率发生器工作时,不要读写 TH2、TL2,也不能改写 RCAP2H、RCAP2L 的内容,否则会产生异常和影响波特率的精度。只有在复位 TR2,使波特率发生器停止工作时,才能正常访问 TH2、TL2 和修改 RCAP2H、RCAP2L。

（4）可编程方波输出（Programmable Clock Out）方式

外部引脚 T2（P1.0）即可作为定时器 2 的外部时钟输入端,也可作为一个可编程时钟输出端,输出波形是占空比为 50% 的方波。定时器 2 工作在可编程方波输出方式下的示意图如图 6-9 所示。

在可编程方波输出方式下,T2CON 中的 C/$\overline{T2}$ 必须清零,T2MOD 中的 T2OE 必须置位,TR2 用于启动/停止计数。时钟输出频率取决于内部时钟和 RCAP2H、RCAP2L 的内容,计算公式如下：

$$输出频率 = \frac{fosc}{2} \cdot \frac{1}{(65536 - (RCAP2H, RCAPWL))} \cdot \frac{1}{2}$$

$$= \frac{fosc}{4(65536 - (RCAP2H, RCAP2L))}$$

根据公式可推算出方波输出频率的变化范围。例如，当 fosc = 12MHz 时，通过程序可改变输出频率的变化范围为 48.5Hz ~ 3MHz。

与波特率发生器方式一样，在可编程方波输出方式下，定时器 2 的溢出不会产生中断。定时器也可以同时工作在波特率发生器方式和时钟输出方式，但波特率和输出时钟频率不能相互独立，因为它们都要依赖于 RCAP2H、RCAP2L。

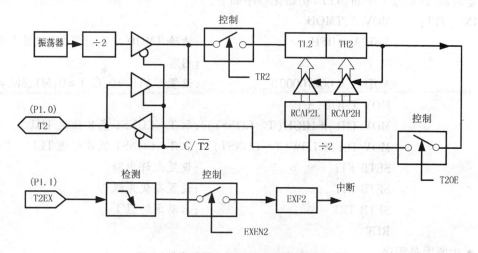

图 6-9　定时器 2 的可编程方波输出方式

### 6.1.4　定时器与计数器的应用举例

**1. 定时器的应用**

（1）定时器的应用举例 1

功能描述：设单片机的晶振频率为 fosc = 12MHz，使用定时器 1 的工作方式 1，在 P1.0 端输出周期为 10ms 的方波，要求使用中断方式设计程序。

源程序主要由三部分组成。

● 定义有关标识符。

作为一种良好的设计风格，有关常量和变量（如数据存放单元的地址）的标识符应在程序开始处定义，然后在程序中引用，不宜在程序中直接出现常数。

本例中的常量只有 1 个，即定时初值，可用 T_CONST 表示。根据题意，中断周期 T = 10ms/2 = 5ms = 5000μs，fosc = 12MHz 时，计数周期为 1μs，所以

T_CONST = 65536 − 5000μs × 12MHz/12 = 65536 − 5000 = 60536 = 0EC78H。

T_CONST 可如下定义：

T_CONST　EQU　65536 − 5000

● 定时器/计数器 1 初始化。

定时器/计数器 1 初始化内容包括：设置工作方式、设置初值、设置中断允许和优先级，最后启动定时器/计数器 1。

按照模块化设计思想，定时器/计数器 1 的初始化可采用子程序形式，并且要注意两点：

◇ 设置定时器/计数器 1 工作方式时，不要影响 TMOD 和 TCON 寄存器中原有对定时器/计数器 0 的设置。

◇ 设置定时器/计数器 1 允许中断位 ET1 在本模块中完成，但设置中断总允许位 EA 应在所有中断初始化程序结束后进行。

另外，在定时常数 T_CONST 引用过程中，可利用汇编程序提供的 HIGH( ) 和 LOW( ) 函数，取出 T_CONST 的高字节和低字节，分别送至 TH1 和 TL1，这样可提高程序的通用性。

定时器/计数器 1 中断(TF1)初始化程序如下：

```
INI_TF1:    MOV A,TMOD
            ANL A,#0FH              ;清除 TMOD 中定时器/计数器 1 部分
                                    ;内容
            ADD A,#00010000B        ;设置 GATE=0;C/T=0;M1、M0=01
            MOV TMOD,A
            MOV TH1,#HIGH(T_CONST)  ;取 T_CONST 高 8 位送 TH1
            MOV TL1,#LOW(T_CONST)   ;取 T_CONST 低 8 位送 TL1
            SETB ET1                ;设置允许中断
            SETB PT1                ;设置高优先级
            SETB TR1                ;启动定时器 1
            RET
```

● 中断服务程序。

本例中的中断服务程序比较简单，只需要完成初始化定时常数和在 P1.0 端输出脉冲边沿。由于没有会影响其他单元和 PSW 中标志的指令，故不需要有保护现场和和恢复现场的指令。具体的中断服务程序如下：

```
TF1_O:      MOV TH1,#HIGH(T_CONST)  ;初始化定时常数
            MOV TL1,#LOW(T_CONST)
            CPL P1.0                ;利用取反指令,输出脉冲边沿
            RETI
```

(2) 定时器的应用举例 2

功能描述：设单片机的晶振频率为 11.0592MHz，使用定时器 0 的工作方式 2，设计时、分、秒计时器，时、分、秒记录在内部 RAM 中，并在 P1 口输出秒信号，要求使用中断方式设计程序。

与上例类似，源程序可分三部分。

● 定义有关标识符。

本例中的常量有 1 个，即定时初值，用 T_CONST 表示。变量有 3 个，分别记录时、分、秒，存放时、分、秒的内部 RAM 地址分别用 CL_H、CL_M、CL_S 标识。

根据题意，中断周期由于定时方式 2 的定时间隔非常短，所以必需通过中断服务程序来扩展定时范围。

根据初值计算公式：

$T\_CONST = 256 - T \times fosc/12 = 256 - T \times 11.0592MHz/12 = 256 - T \times 921600$

$T\_CONST$ 的取值范围为 0 ~ 255，所以 T 的范围为 256/921600 ~ 1/921600。其中 $921600 = 2^{12} \times 3^2 \times 5^2$，T 的范围也可记为 $1/(2^4 \times 3^2 \times 5^2) \sim 1/(2^{12} \times 3^2 \times 5^2)$。

现取 $T = 1/(2^5 \times 2^3 \times 5^2) = 1/32/8/25 = 1/32/200$，则

$T\_CONST = 256 - (1/32/200) \times 921600 = 256 - 2^4 \times 3^2 = 256 - 144 = 112$

有关标识符定义的源程序如下：

```
T_CONST    EQU    256 - 144          ;取 T = 256 - (1/32/200) × 921600
CL_S       EQU    0AH                ;内部 RAM 中的秒计数单元,范围为 0 ~ 59
CL_M       EQU    0BH                ;内部 RAM 中的分计数单元,范围为 0 ~ 59
CL_H       EQU    0CH                ;内部 RAM 中的时计数单元,范围为 0 ~ 23
```

● 定时器/计数器 0 初始化。

定时器/计数器 0 初始化内容包括：设置工作方式、初始化计时单元、设置中断允许和优先级，最后启动定时器/计数器 0。源程序如下：

```
INI_TF0:   MOV    A,TMOD
           ANL    A,#0F0H
           ADD    A,#00000010B        ;设置 GATE = 0;C/T̄ = 0;M1、M0 = 10
           MOV    TMOD,A
           MOV    TH0,#T_CONST
           MOV    TL0,#T_CONST
           MOV    CL_S,#0             ;初始化计时单元
           MOV    CL_M,#0
           MOV    CL_H,#0
           SETB   ET0                 ;允许中断
           SETB   PT0                 ;设置高优先级
           SETB   TR0                 ;启动定时器 0
           RET
```

● 中断服务程序。

本例中的中断服务程序要用到一些 RAM 单元，用于存放内部的变量，其中 BANK1. R7 用于 1/200 分频计数，范围为 1 ~ 200；BANK1. R6 用于 1/32 分频计数，范围为 1 ~ 32。作为输入/输出单元有：秒计数单元 CL_S、分计数单元 CL_M、时计数单元 CL_H。源程序如下：

```
TF0_0:     PUSH   ACC                 ;保护现场
           PUSH   PSW
           MOV    PSW,#00001000B      ;设置工作寄存器组为 BANK1
           DJNZ   R7,TF0_END          ;1/200 分频计数
           MOV    R7,#200             ;每中断 200 次,进入下面程序
           DJNZ   R6,TF0_END          ;1/32 分频计数
           MOV    R6,#32              ;每中断 200 × 32 次,进入下面程序
```

```
              MOV   P1,CL_S           ;输出秒信号
              MOV   A,#1              ;秒计数
              ADD   A,CL_S
              DA    A
              MOV   CL_S,A
              CJNE  A,#60H,TF0_END
              MOV   CL_S,#0
              MOV   A,#1              ;分计数
              ADD   A,CL_M
              DA    A
              MOV   CL_M,A
              CJNE  A,#60H,TF0_END
              MOV   CL_M,#0
              MOV   A,#1              ;时计数
              ADD   A,CL_H
              DA    A
              MOV   CL_H,A
              CJNE  A,#24H,TFD
              MOV   CL_H,#0
TF0_END：     POP   PSW               ;恢复现场
              POP   ACC
              RETI
```

**2. 计数器的应用**

（1）无门控位的计数器应用举例

功能描述：使用计数器0,记录T0引脚输入的脉冲数,计满100个脉冲,则在P1.0输出1个正脉冲,要求使用中断方式设计程序。

计数常数定义如下：

T_CONST    EQU 10000H-100

定时器/计数器0中断初始化如下：

```
INI_TF0：     MOV   A,TMOD
              ANL   A,#0F0H
              ADD   A,#00000101B；         ;设置定时器0工作方式
                                           ;GATE=0;C/T̄=1;M1、M0=01
              MOV   TMOD,A
              MOV   TH0,#HIGH(T_CONST)      ;预设脉冲数
              MOV   TL0,#LOW(T_CONST)
              CLR   P1.0                    ;初始化P1.0
              SETB  ET0                     ;允许中断
              SETB  TR0                     ;启动计数器0
```

```
                RET
```
定时器/计数器 0 中断服务程序如下:
```
TF0 _ 0:        MOV  TH0,# HIGH(T _ CONST)   ;初始化定时常数
                MOV  TL0,# LOW(T _ CONST)
                CPL  P1.0                     ;利用取反指令,输出脉冲前沿
                NOP                           ;利用空操作,延时
                CPL  P1.0                     ;利用取反指令,输出脉冲后沿
                RETI
```

(2) 有门控位的计数器应用举例

功能描述:使用计数器 1,当 $\overline{INT1}$ 高电平时,记录 T1 引脚输入的脉冲数,累计值在 P1 口输出,当 $\overline{INT0}$ 有下降沿时,清除累计值,要求使用中断方式设计程序。

计数常数定义如下:
```
T _ CONST    EQU  10000H-1                    ;每来一个脉冲就要中断
```
定时器/计数器 1 中断初始化程序如下:
```
INI _ TF1:      MOV  A,TMOD
                ANL  A,# 0FH
                ADD  A,# 11010000B            ;设置定时器 1 工作方式:
                                              ;GATE = 1;C/$\overline{T}$ = 1;M1、M0 = 01
                MOV  TMOD,A
                MOV  TH1,# HIGH(T _ CONST)     ;预设脉冲数
                MOV  TL1,# LOW(T _ CONST)
                MOV  P1,# 0                    ;初始化 P1 口
                SETB ET1                       ;允许中断
                SETB TR1                       ;启动计数器 0
                RET
```
定时器/计数器 1 中断服务程序如下:
```
TF1 _ 0:        PUSH ACC
                PUSH PSW
                MOV  TH1,# HIGH(T _ CONST)     ;初始化定时常数
                MOV  TL1,# LOW(T _ CONST)
                MOV  A,P1
                INC  A
                MOV  P1,A                      ;输出累计值
                POP  PSW
                POP  ACC
                RETI
```
外部中断 0 初始化程序如下:
```
INI _ INT0:     SETB IT0                       ;设置 $\overline{INT0}$ 为下降沿有效
                SETB EX0                       ;设置允许中断
```

　　　　　　　　RET

外部中断0服务程序如下：

IE0 _ 0：　　　MOV　P1,# 0

　　　　　　　　RETI

在本例中,计数器1每计到一个脉冲就可产生中断,所以,T1引脚也可看作一个外部中断源,这也是一种扩展外部中断源的方法。

### 6.1.5　实时时钟芯片 DS12C887

实时时钟芯片常简称为RTC(Real Time Clock),其基本特征是能自动记录当前时、分、秒和年、月、日等时钟日历信息,所需工作电流极微,在外部电源停电情况下,依靠电池,仍能进行计时。

DS12C887是美国DALLAS公司推出的RTC,是DS1287、DS12887的增强型品种,功能上相当于MC146818B的改进型。MC146818B曾是广泛应用于IBM PC/AT等个人计算机上的实时时钟芯片。DS12C887芯片采用24引脚双列直插式封装,其引脚接口逻辑和内部操作方式与MC146818B基本一致,不同的是晶体振荡器、振荡电路、充电电路和可充电锂电池等封装成一个加厚的集成电路模块。DS12C887通电时会自动对电池充电,充足一次可运行半年之久,正常工作时可保证时钟数据十年内不会丢失。此外,片内通用RAM容量为MC146818B的两倍以上。DS12C887内部有专门的接口电路,使用时无需任何外围电路即可和计算机总线连接,是一个真正的全自动日历时钟单元电路模块。DS12C887与DS1287、DS12887相比还解决了2000年问题。

#### 1. 主要技术特点

DS12C887的主要技术特点有：

● 具有完备的时钟、闹钟及到2100年的日历功能,可选择12小时制或24小时制计时,有上午(AM)和下午(PM)、星期、夏令时操作、闰年自动补偿等功能。精度可达到每月误差±1分钟。

● 具有可编程选择的周期中断方式和方波发生器功能。

● DS12C887内部有15个时钟控制寄存器,其中,11个为时钟日历寄存器,4个为控制和状态寄存器,113个字节的低功耗用户RAM,可用作掉电保护的数据存放区。

● 时钟日历可选择二进制或BCD码表示。

● 工作电压范围为 +4.5 ~ +5.5V。

● 工作电流范围为7 ~ 15mA。

● 工作温度范围为0 ~ 70℃。

#### 2. 引脚说明

DS12C887共有24个引脚,如图6-10所示,下面按信号类型分别介绍。

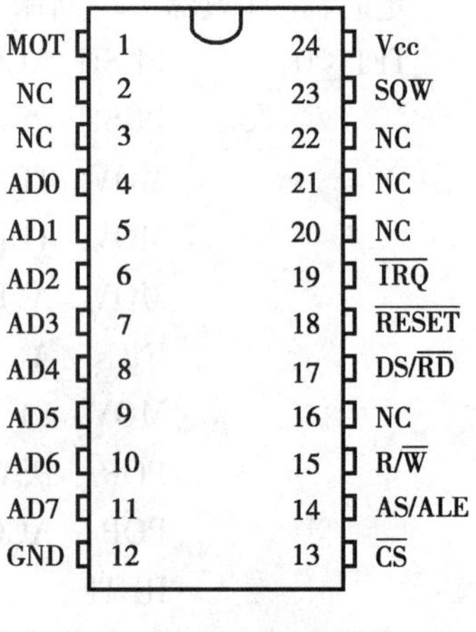

图6-10　DS12C887 的引脚图

(1) 电源

GND、Vcc是提供直流电源的两个引脚。在Vcc为 +5V 时,能对芯片进行读写等所有操作；

当 Vcc 小于 +4.25V 时,对芯片的读写操作被禁止,但内部时钟日历继续工作,不受影响;当 Vcc 降到 +3V 以下时,时钟和 RAM 部分的电源由内部的锂电池供给,时钟日历仍继续工作。

（2）输入信号

● MOT（Mode Select）模式选择端。

用于选择读写操作的总线模式,当 MOT 接 Vcc 时,选择 Motorola 的总线模式;当 MOT 接 GND 或悬空时,选择 Intel 的总线模式。这个引脚内部有一个阻值大约 20kΩ 的下拉电阻。与 MCS-51 单片机相连时,应采用 Intel 的总线模式。

● AS/ALE（Address Strobe Input / Address Latch Enable）地址选通/锁存使能端。

Motorola 总线模式时,该引脚为地址选通输入 AS 端;Intel 总线模式时,该引脚为地址锁存允许 ALE。

● DS/$\overline{\text{RD}}$（Data Strobe / Read Input）数据选通/读输入。

Motorola 总线模式时,该引脚为数据选通 DS 端;Intel 总线模式时,该引脚为读输入$\overline{\text{RD}}$端,$\overline{\text{RD}}$也可看作像通常 RAM 操作的输出允许 OE（Output Enable）端。

● R/$\overline{\text{W}}$（Read/Write Input）读/写输入。

Motorola 总线模式时,R/$\overline{\text{W}}$用来表示当前周期是读周期还是写周期,在 DS 和 R/$\overline{\text{W}}$同时为高电平时,表示读周期;在 DS 为高电平,而 R/$\overline{\text{W}}$为低电平时,表示写周期。Intel 总线模式时,R/$\overline{\text{W}}$作为像通常 RAM 操作的写允许$\overline{\text{WR}}$（Write Enable）信号。

● CS（Chip Select Input）芯片选择输入。

$\overline{\text{CS}}$必须在低电平时,DS12C887 才能被访问。当 Vcc 低于 4.25V 时,DS12C887 会自动取消$\overline{\text{CS}}$的作用,从而禁止外部对 DS12C887 的访问。

● RESET（Reset Input）复位输入。

当$\overline{\text{RESET}}$端出现低电平和 Vcc 小于 4.25V 时,DS12C887 进入复位操作,初始化内部有关标记位。但复位操作不会改变时钟、日历和内部用户 RAM 的数据。

（3）输出信号

● SQW（Square Wave Output）方波输出。

通过程序设置,可使该引脚输出多种频率的方波信号。

● IRQ（Interrupt Request Output）中断请求输出。

当 DS12C887 满足一定条件时,可通过$\overline{\text{IRQ}}$向计算机发出中断请求信号。$\overline{\text{IRQ}}$为漏极开路输出,低电平有效,没有中断时,处于高阻状态,可与其他中断请求信号进行“线与”,使用时,需要加接上拉电阻。通过复位操作和读 DS12C887 中寄存器 C,可清除中断请求信号。

（4）双向地址数据总线

AD0 ~ AD7（Multiplexed Bidirectional Address/Data Bus）为多路双向地址/数据总线。其工作时序与总线模式有关。通过 AD0 ~ AD7 可向 DS12C887 传输地址和数据信号。

（5）其他

DS12C887 有 6 个引脚为空脚,与外部没有连接,记为 NC。

**3. 结构框图**

DS12C887 的结构框图如图 6-11 所示。其中时钟日历和报警单元采用双缓冲结构,以保证内部计时操作与程序对其读写操作互不干扰。

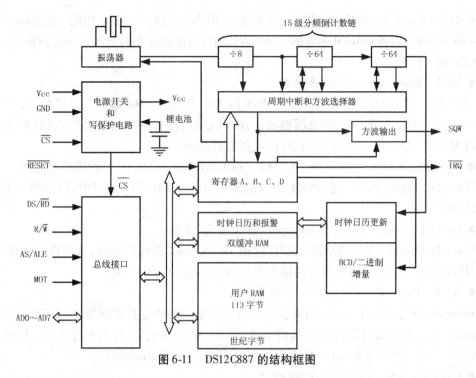

图 6-11　DS12C887 的结构框图

### 4. RAM 地址分配

DS12C887 共有 128 字节,其中 113 个字节可自由分配用户的 RAM,11 个字节用于 RTC 的时间、日历和报警数据,4 个字节用于对 DS12C887 的编程。DS12C887 的 RAM 地址分配如图 6-12 所示。

| 地址 | 内容 |
|---|---|
| 00H | 秒 |
| 01H | 秒报警 |
| 02H | 分 |
| 03H | 分报警 |
| 04H | 时 |
| 05H | 时报警 |
| 06H | 星期 |
| 07H | 日 |
| 08H | 月 |
| 09H | 年 |
| 0AH | 寄存器 A |
| 0BH | 寄存器 B |
| 0CH | 寄存器 C |
| 0DH | 寄存器 D |
| 0EH～31H | 用户 RAM（36 字节） |
| 32H | CENTURY（世纪） |
| 33H～7FH | 用户 RAM（77 字节） |

图 6-12　DS12C887 的 RAM 地址分配

另外,寄存器 C、寄存器 D 和寄存器 A 的 Bit7 只能读出,不能由程序写入。

5. 有关数据单元和寄存器说明

(1) 时间、日历和报警数据单元说明

时间、日历和报警数据单元说明如表6-2所示。

**表 6-2　时间、日历和报警数据单元说明**

| 地　址 | 功　　能 | 正常范围 | 二进制格式表示 | BCD 格式表示 |
|---|---|---|---|---|
| 00H | SECONDS(秒) | 0～59 | 00H～3BH | 00H～59H |
| 01H | SECONDS ALARM(秒报警) | 0～59 | 00H～3BH | 00H～59H |
| 02H | MINUTES(分) | 0～59 | 00H～3BH | 00H～59H |
| 03H | MINUTES ALARM(分报警) | 0～59 | 00H～3BH | 00H～59H |
| 04H | HOURS(时) | 1～12<br>0～23 | AM:01～0CH/PM:81～8CH<br>00H～17H | AM:01～12H/PM:81～92H<br>00H～23H |
| 05H | HOURS ALARM(时报警) | 1～12<br>0～23 | AM:01～0CH/PM:81～8CH<br>00H～17H | AM:01～12H/PM:81～92H<br>00H～23H |
| 06H | DAY OF THE WEEK(星期) | 1～7 | 01H～07H | 01H～07H |
| 07H | DAY OF THE MONTH(日) | 1～31 | 01H～1FH | 01H～31H |
| 08H | MONTH(月) | 1～12 | 01～0CH | 01H～12H |
| 09H | YEAR(年) | 0～99 | 00～63H | 00H～99H |
| 32H | CENTURY(世纪) | 0～99 | 无效 | 19H～20H |

这里共有 11 个字节,通过不同的地址来访问。这些时钟日历数据可采用二进制格式,也可采用 BCD 格式,这由寄存器 B 中的 DM 位来确定,除 CENTURY(世纪)单元总以 BCD 格式表示外,所有这些单元的格式在同一时刻都应一致。

在 12 小时格式下,小时的高位用于表示 AM/PM,0 表示 AM,1 表示 PM。

3 个报警字节用于设置报警时间,当时、分、秒 3 个字节的内容与报警字节内容一致时,可产生报警中断。如果时报警字节取无效值(如 0C0H～0FFH 时),则可实现每小时报警中断 1 次;如果分报警和时报警字节取无效值时,则可实现每分钟报警中断 1 次;如果秒报警、分报警和时报警字节均取无效值时,则可实现每秒钟报警中断 1 次。

(2) 控制寄存器

● 寄存器 A 的各位说明如下:

| 位 | Bit7 | Bit6 | Bit5 | Bit4 | Bit3 | Bit2 | Bit1 | Bit0 |
|---|---|---|---|---|---|---|---|---|
| 名称 | UIP | DV2 | DV1 | DV0 | RS3 | RS2 | RS1 | RS0 |

UIP(Update In Progress)为更新进行标记位。当 UIP 为 1 时,表示时间更新正在或即将发生,不宜对时间、日历进行访问操作;当 UIP 为 0 时,表示时间更新至少在 244μs 内不会发生,可以访问 RAM 中的时间、日历和报警等有效数据。UIP 是只读位,在复位期间无效。访问时间、日历数据前检测 UIP 位,可避免由于时间更新而引起的数据误差。

DV2、DV1、DV0 用于控制振荡器和倒计数链。它们取 010 值时,会启动振荡器;取 11×

值时,仍允许振荡器工作,但倒计数链处于复位状态。当 010 再次写入时,下次更新将会在 500 ms 后发生。DV2、DV1、DV0 的其他取值,会关闭振荡器。DS12C887 出厂时,内部振荡器处于关闭状态,以节约内部电池能量。

RS3、RS2、RS1、RS0 这 4 位用于设置周期中断和方波输出频率,参见表 6-3。这 4 位在复位期间不能读写。

表 6-3　周期中断和方波输出频率设置

| RS3 | RS2 | RS1 | RS0 | 周期中断 | 方波输出频率 |
|---|---|---|---|---|---|
| 0 | 0 | 0 | 0 | 无 | 无 |
| 0 | 0 | 0 | 1 | 3.90625ms | 256Hz |
| 0 | 0 | 1 | 0 | 7.8125ms | 128Hz |
| 0 | 0 | 1 | 1 | 122.0703125μs | 8192Hz |
| 0 | 1 | 0 | 0 | 244.140625μs | 4096Hz |
| 0 | 1 | 0 | 1 | 488.28125μs | 2048Hz |
| 0 | 1 | 1 | 0 | 976.5625μs | 1024Hz |
| 0 | 1 | 1 | 1 | 1.953125ms | 512Hz |
| 1 | 0 | 0 | 0 | 3.90625ms | 256Hz |
| 1 | 0 | 0 | 1 | 7.8125ms | 128Hz |
| 1 | 0 | 1 | 0 | 15.625ms | 64Hz |
| 1 | 0 | 1 | 1 | 31.25ms | 32Hz |
| 1 | 1 | 0 | 0 | 62.5ms | 16Hz |
| 1 | 1 | 0 | 1 | 125ms | 8Hz |
| 1 | 1 | 1 | 0 | 250ms | 4Hz |
| 1 | 1 | 1 | 1 | 500ms | 2Hz |

● 寄存器 B 的各位说明如下:

| 位 | Bit7 | Bit6 | Bit5 | Bit4 | Bit3 | Bit2 | Bit1 | Bit0 |
|---|---|---|---|---|---|---|---|---|
| 名称 | SET | PIE | AIE | UIE | SQWE | DM | 24/12 | DSE |

SET 为设置位。SET = 1,禁止各级进位,以便程序对时间、日历进行初始化设置;SET = 0,允许每秒钟的进位和更新。由于各时间日历单元采用了双缓冲结构,SET = 1 时不影响内部时间日历的更新。SET 位在复位期间无效。

PIE(Periodic Interrupt Enable)为周期中断允许位。PIE = 1 时,允许寄存器 C 中的周期中断标记 PF 位输出到引脚$\overline{\text{IRQ}}$;PIE = 0 时,周期中断标记 PF 位不对$\overline{\text{IRQ}}$起作用。

AIE(Alarm Interrupt Enable)为报警中断允许位。AIE = 1 时,允许寄存器 C 中的报警标记 AF 位输出到引脚$\overline{\text{IRQ}}$;AIE = 0 时,报警标记 AF 位不对$\overline{\text{IRQ}}$起作用。

UIE(Update-ended Interrupt Enable)为更新结束中断标记。UIE = 1 时,允许寄存器 C 中的更新结束中断标记 UF 位输出到引脚$\overline{\text{IRQ}}$;UIE = 0 时,更新结束中断标记 UF 位不对$\overline{\text{IRQ}}$起作用。复位或 SET = 1 可清除 UIE 位。

SQWE(Square Wave Enable)为方波允许位。SQWE = 1,允许 SQW 引脚输出方波,频率由 RS3 ~ RS0 设置;SQWE = 0,SQW 引脚处于低电平。复位时,SQWE 清零,上电时 SQWE 置位。

DM(Data Mode)为数据模式位。DM = 1 表示二进制模式,DM = 0 表示 BCD(Binary

Coded Decimal）模式。复位操作不影响 DM 位。

24/12 为小时模式位。0 表示 12 小时模式,1 表示 24 小时模式。复位操作不影响该位。

DSE（Daylight Savings Enable）为夏令时允许位。DSE = 1 时,4 月第 1 个星期天的 1:59:59 AM 将进位到 3:00:00 AM,表示进入夏令时;10 月最后 1 个星期天的 1:59:59 AM 将进位到 1:00:00 AM,表示退出夏令时。复位操作不影响该位。

● 寄存器 C 的各位说明如下:

| 位 | Bit7 | Bit6 | Bit5 | Bit4 | Bit3 | Bit2 | Bit1 | Bit0 |
|---|---|---|---|---|---|---|---|---|
| 名称 | IRQF | PF | AF | UF | 0 | 0 | 0 | 0 |

IRQF（Interrupt Request Flag）为中断请求标记位。当下列条件发生时 IRQF 置位:

$$PF = PIE = 1 \text{ 或 } AF = AIE = 1 \text{ 或 } UF = UIE = 1$$

即 $IRQF = (PF \cdot PIE) + (AF \cdot AIE) + (UF \cdot UIE)$。

任何时刻 IRQF = 1 时,引脚$\overline{IRQ}$被置为低电平。

PF（Periodic Interrupt Flag）、AF（Alarm Interrupt Flag）和 UF（Update-ended Interrupt Flag）分别为周期中断、报警中断和更新结束中断标记位。有相应的中断请求时置位,复位操作和对寄存器 C 读取操作,会将这些标志清零。

PF 与寄处器 A 中的 RS3 ~ RS0 设置有关;AF 与报警时间设置有关;UF 与内部时间更新周期有关,通常为每秒更新 1 次。内部时间更新与寄存器 B 中的 SET 位无关。

Bit3 ~ Bit0 没有使用,读出总为 0,不能写入。

● 寄存器 D 的各位说明如下:

| 位 | Bit7 | Bit6 | Bit5 | Bit4 | Bit3 | Bit2 | Bit1 | Bit0 |
|---|---|---|---|---|---|---|---|---|
| 名称 | VRT | 0 | 0 | 0 | 0 | 0 | 0 | 0 |

VRT（Valid RAM and Time）为有效性检查位。VRT 位指示着内部电池状态,该位不能写入,只能读出,正常时 VRT = 1。当读到 VRT = 0,表示内部锂电池已耗尽,RTC 和 RAM 的数据将不可靠。一些对时间正确性有较高要求的系统,则在程序中应能定期测试该位,一旦发现 VRT = 0,则应有更换芯片的提示。复位操作对此无影响。

（3）世纪寄存器

该寄存器位于 RAM 地址 32H,是为解决 2000 年问题而设计的,它是 BCD 码寄存器。年寄存器从 99 变化到 00 时,该寄存器自动置为 20H,用户对该寄存器写操作时,高位保持不变。

（4）非易失性（Nonvolatile）RAM

DS12C887 中,有 113 个通用非易失性 RAM,供用户自由分配使用,Vcc 停电后,内容不会丢失。

6. 中断

DS12C887 有 3 个中断源:报警中断（Alarm Interrupt）、周期中断（Periodic Interrupt）和更新结束中断（Update-ended Interrupt）。

● 报警中断可由程序设置,从每秒 1 次到每天 1 次。

● 周期中断可由程序设置,从 500ms 到 122$\mu$s。

● 更新结束中断可用来表示 1 个更新周期结束。

寄存器 B 中有这 3 个中断源允许位：AIE、PIE 和 UIE。相应的允许位置位,则表示允许相应中断源发出中断请求信号。

寄存器 C 中有这 3 个中断源的标记位：AF、PF 和 UF,中断条件满足时,相应的标记位置位。任何一对中断标记位和允许位同时置位,寄存器 C 中的 IRQF 位就置位,从而引脚 $\overline{IRQ}$ 被置为有效电平——低电平。

程序读取寄存器 C 内容后,寄存器 C 中的 AF、PF、UF 和 IRQF 标记位就会复位。

### 7. 方波输出和周期中断选择

方波频率由寄存器 A 中的 RS3、RS2、RS1、RS0 位选择,寄存器 B 中的 SQWE 位控制方波是否允许从 SQW 引脚输出。

周期中断时间间隔的选择与方波频率一样,由寄存器 A 中的 RS3、RS2、RS1、RS0 位选择,寄存器 B 中的 PIE 为中断允许位,寄存器 C 中的 PF 为周期中断标记位。

### 8. 时序

DS12C887 有两种总线模式,与 MCS-51 单片机相连时,采用 Intel 的总线模式。此时 MOT 引脚接 GND 或悬空,AS/ALE 引脚作地址锁存允许端 ALE,DS/$\overline{RD}$引脚作$\overline{RD}$端,R/$\overline{W}$作$\overline{WR}$端。Intel 总线模式下,读、写时序分别见图 6-13 和图 6-14。

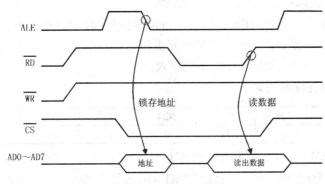

图 6-13　Intel 总线模式时的读时序

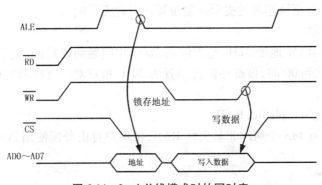

图 6-14　Intel 总线模式时的写时序

### 9. 硬件连接

DS12C887 与 8051 单片机连接举例如图 6-15 所示。其中,DS12C887 的$\overline{CS}$接 8051 的 P2.7,则 DS12C887 的寻址范围为 0000H ~ 007FH 到 7F00H ~ 7F7FH。

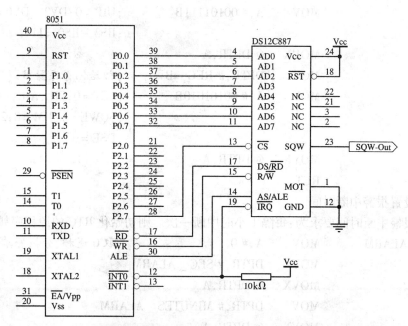

**图 6-15　DS12C887 与 8051 单片机连接举例**

**10. 软件编程应用**

根据前面的连接图,下面列出几个对 DS12C887 操作的程序。

（1）定义 RTC 存储单元

根据先定义后引用的原则,可对 RTC 存储单元作如下定义:

| | | | |
|---|---|---|---|
| SECONDS | EQU | 0 | ;秒 |
| SEC _ ALARM | EQU | 1 | ;秒报警 |
| MINUTES | EQU | 2 | ;分 |
| MINUTES _ ALARM | EQU | 3 | ;分报警 |
| HOURS | EQU | 4 | ;时 |
| HOURS _ ALARM | EQU | 5 | ;时报警 |
| DAY _ OF _ WEEK | EQU | 6 | ;周 |
| DATE _ OF _ MONTH | EQU | 7 | ;日 |
| MONTH | EQU | 8 | ;月 |
| YEAR | EQU | 9 | ;年 |
| REG _ A | EQU | 0AH | ;寄存器 A |
| REG _ B | EQU | 0BH | ;寄存器 B |
| REG _ C | EQU | 0CH | ;寄存器 C |
| REG _ D | EQU | 0DH | ;寄存器 D |
| NUL _ VAL | EQU | 0C0H | ;无效报警值 |

（2）初始化 RTC

假定初始化要求为:允许输出 2Hz 方波;允许报警中断;数据格式为 BCD 码;采用 24 小时计时;禁用夏令时。则初始化 RTC 的源程序如下:

INIT _ RTC:　　　　　　　　MOV　DPTR,# REG _ A　　　　;初始化寄存器 A

```
            MOV     A,#00101111B        ;UIP=0;DV2-DV0=010;
                                        ;RS3-RS0=1111
            MOVX    @DPTR,A
            MOV     DPTR,#REG_B         ;初始化寄存器B:
            MOV     A,#00101010B        ;SET=0;PIE,AIE,UIE=010;
                                        ;SQWE=1;DM=0;24/12=1;
                                        ;DSE=0
            MOVX    @DPTR,A
            RET
```

(3) 设置报警中断时间

假定报警中断时间要求为:每隔1小时中断一次。则初始化RTC的源程序如下:

```
SET_ALARM:  MOV     A,#0                ;取0送秒、分报警单元
            MOV     DPTR,#SEC_ALARM
            MOVX    @DPTR,A
            MOV     DPTR,#MINUTES_ALARM
            MOVX    @DPTR,A
            MOV     A,#NUL_VAL          ;取无效值送时报警单元
            MOV     DPTR,#HOURS_ALARM
            MOVX    @DPTR,A
            RET
```

(4) 读RTC到内部RAM

假定读RTC到内部RAM的要求为:将RTC中的秒、分、时读入到内部RAM中的以BUF_RTC为首址的前3个单元中。相应的源程序如下:

```
READ_RTC:   MOV     DPTR,#REG_A         ;寄存器A
            MOVX    A,@DPTR
            JB      ACC.7,READ_RTC      ;ACC.7为UIP位,UIP=1不能读
            MOV     R0,#BUF_RTC         ;BUF_RTC为已定义的内部
                                        ;RAM缓冲区首址
            MOV     DPTR,#SECONDS
            MOVX    A,@DPTR
            MOV     @R0,A
            INC     R0
            MOV     DPTR,#MINUTES
            MOVX    A,@DPTR
            MOV     @R0,A
            INC     R0
            MOV     DPTR,#HOURS
            MOVX    A,@DPTR
            MOV     @R0,A
```

RET

其中在引用 BUF_RTC 之前应先有定义。读 RTC 时,要先测试寄存器 A 中的 UIP 位,以防止读 RTC 时发生数据更新,而得到不完整的数据。当然在测试 UIP 期间不能有其他可能会影响测试中断的情况发生,否则还应先暂时屏蔽中断。当然也可利用周期中断、更新周期结束中断和报警中断方式来读 RTC。

# 6.2 串行通信的基本概念

单片机与外界进行的数据传输按所用数据线的多少可分为串行传输和并行传输。串行传输通常是利用一根数据线,按一位一位顺序发送或接收。并行传输要用到多根数据线,通常利用 8 根数据线按一个字节一个字节地顺序发送或接收。

串行传输方式由于所用传输线少、接口电路简单、成本低等特点,因而是计算机与外部进行数据通信时采用的最主要传输方式。

### 6.2.1 串行传输方式

串行传输方式根据字符码同步方式的不同,又可分为异步传输和同步传输方式。

1. 异步传输(Asynchronous Transmission)

在异步传输中每个字符的前后有起始信号和终止信号,起始信号又称为"起始位"(Start Bit),其长度为 1 个码元,用数字"0"(也称空号 Space)表示;终止信号又称为"停止位"(Stop Bit),其长度为 1、1.5 或 2 个码元,用数字"1"(也称传号 Mark)表示。在发送的间隙,即线路空闲时,线路保持数字"1"状态。同一字符内部各码元的持续时间都是相对固定的,出现的时刻与起始位同步。这种包括起始位和停止位等在内的一个字符传送基本单位常称为帧。在异步传输中的数据传送格式如图 6-16 所示。

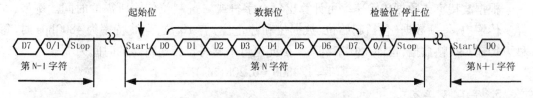

图 6-16 异步传输的数据传送格式

在异步传输中,字符之间的间隔容易区别,但由于发送每个字符都要用起始位和停止位作为开始和结束的标志,占用了时间;每个帧都包含起始位和停止位,帧之间又有一定的间隙,它们占用了传送的时间,所以异步传输不仅传输效率较低,而且传输速率也难以提高。

2. 同步传输(Synchronous Transmission)

同步传输又分为无时钟信号线和有时钟信号线两种方式。

无时钟信号线的同步传输,主要通过特殊的数字信号编码,使每一个二进制位或字符都含有同步信号,每一组数据传输的开始,靠同步字符使收发双方同步。由于一组数据中的每个字符已不需要起始位和停止位来同步,因而大大提高了速度。同步字符可由用户选定的某个特殊的字符或二进制序列来表示,收发双方必须使用相同的同步字符,当线路空闲时不断发送同步字符。但由于识别同步字符的硬件比较复杂,在一般单片机应用系统中较少使用。

有时钟信号线的同步传输,是依靠增加一根时钟信号线来实现同步的。传送时也不需要起始位和停止位,传输速率可以做得较高。这种同步传输中数据传送的格式如图 6-17 所示。

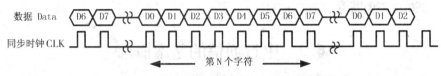

**图 6-17　有时钟信号线同步传输中的数据传送格式**

### 6.2.2　串行数据通信中的几个问题

数据通信通常涉及到数据传输、数据格式和交换技术等。下面主要介绍与串行传输有关的几个问题。

**1. 字符格式**

字符格式包括数据位的长度、含义和奇偶校验位的定义等。原则上字符格式可以由通信的双方自由制定,但最好能采用标准的字符格式(如采用 ASCII 标准)。字符格式的规定可使通信双方能够对同一种数据理解成同一种意义。

**2. 数据传输速率**

数据传输速率通常以每秒传输的二进制位数来衡量,单位为比特/秒,常写为 bps(bit per second)。在数据通信中,还常用波特率来表示,波特率通常可看作是每秒钟传送码元个数,其单位为波特(Baud)。对一个码元只能取两种值的二进制数来说,1Baud 就等于 1bps。由于在数据通信中,采用二进制传输的情况比较普遍,故常用波特率来表示数据传输速率。但在对多电平值传输情况下,1Baud 就要大于 1bps 了。

根据波特率或数据传输速率可计算出每个字符或二进制位传输所需的时间。例如,在异步传输中,每帧数据(包括起始位、数据位和停止位)有 10 位,则波特率为 4800bps 时,每秒可传输 480 帧数据,也即 480 字符/s。由此也可求出每位传送所需的时间为

$$T = 1/4800 \approx 0.208(\text{ms})$$

**3. 单工、双工方式**

在数据通信系统中,把只能单向进行发送或接收的工作方式叫"单工(Simplex)";而把双向进行发送或接收的工作方式叫"双工(Duplex)"。在双工方式中又分为"半双工(Half-Duplex,简称 HDX)"和"全双工(Full-Duplex,简称 FDX)"方式。半双工是指两机发送和接收不能同时进行,任一时刻只能发送或者只能接收信息。全双工是指两机发送和接收可同时进行,如图 6-18 所示。

**4. 数据的校验方法**

在通信过程中,不可避免地会有干扰、线路故障等因素的存在。为了保证数据传送的正确性,对数据进行校验是通信中非常重要的环节。常用的校验方法有奇偶校验、校验和循环冗余码校验。接收端能用这三种方法检测错误,但不能更正错误。如果要使接收端既能检测出错误又能发现错误在什么地方并加以更正,则可采用其他校验码,如海明码校验码就有一定的纠错能力。

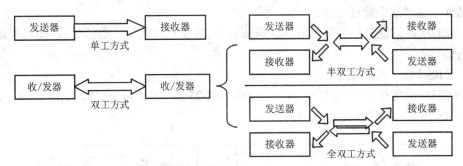

图 6-18　单工、双工方式示意图

最简单的数据校验方法是奇偶校验。采用奇偶校验方法时,发送时在每个数据的最高位之后附加一个奇偶校验位。

这个校验位可以是"1"或"0",以保证整个数据(包括校验位)中的"1"的个数为偶数(偶校验)或为奇数(奇校验)。接收时接收端在接收完一帧数据之后,对每个数据也进行校验,如满足事先约定的奇偶性,则表明数据传输正确,否则就表示数据传输出现了错误。

奇偶校验只能提供简单的错误检测,它只能检测到奇数个错误发生,对偶数个错误无能为力。

**5. 串行通信接口**

在串行通信中数据传输是一位一位传送的,但在计算机内部的数据是并行传送的,所以在传送数据之前,传送端必须把并行数据转换为串行数据。

如果工作在异步通信方式下,发送数据时在数据之前应加上起始位,然后才是要发送的数据,最后再发送奇偶校验位和停止位。接收端在接收数据时先判断是不是起始位,如果是起始位,则不断地一位一位接收,当检测到停止位时,表示一帧数据已结束,接收方将把起始位和停止位删去,进行奇偶校验。如果校验正确,则通知对方发送下一个数据并准备接收下一帧数据;如果校验有错误发生,则要求发送方重发数据。

在实际应用中,可以采用软件或硬件实现以上功能。若采用软件,则占用 CPU 时间,所以一般采用硬件方法。常用的串行通信用的芯片分为不可编程和可编程两类。能完成异步通信的硬件电路称为 UART(Universal Asynchronous Receiver/Transmitter,通用异步接收器/发送器),能完成同步通信的硬件电路称为 USRT(Universal Synchronous Receiver/Transmitter),既能同步又能异步通信的硬件电路称为 USART(Universal Synchronous Asynchronous Receiver/Transmitter)。

MCS-51 单片机有一个可编程的全双工串行通信接口。它可用作异步通讯方式(UART),与串行传送信息的外部设备相连接,或用于通过标准异步通讯协议进行全双工的 MCS-51 多机系统,也可以作为有同步时钟的同步方式使用。

**6. RS-232C 标准**

在微机测控系统中,有时采用多机互联才能达到测控要求。各微机之间的传送主要采用串行通信方式,常用的串行通信接口有 RS-232C、RS-423 和 RS485 等。RS 表示推荐标准(Recommended Standard),RS-232C 是美国电子工业协会 EIA(Electronic Industry Association)公布的串行总线标准,用于微机与微机之间、微机与外部设备之间的数据通信,RS-232C 适用于通信距离一般不大于 15m,传输速率小于 20Kbps 的场合。但事实上,现在的应用早已远远超过这个速度范围。

RS-232C 可以说是相当简单的一种通信标准,最少只需利用三根信号线,便可实现全双工的通信。

(1) RS-232C 信号引脚

RS-232C 总线有 22 根信号线,采用标准的 DB-25 或 DB-9 芯连接器,见图 6-19。表 6-4 给出了 RS-232C 各引脚的助记符和功能。

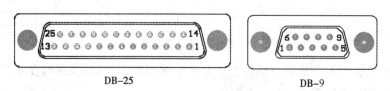

DB-25　　　　　　　　　　　　　　　　DB-9

图 6-19　RS-232C 连接器

表 6-4　RS-232C 信号线定义

| DB-9 | DB-25 | 助记符 | 功　　　能 |
|------|-------|--------|------------|
| 1 | 8 | DCD | 数据载波检测(Data Carrier Detect) |
| 2 | 3 | RXD | 接收数据(Received Data) |
| 3 | 2 | TXD | 发送数据(Transmit Data) |
| 4 | 20 | DTR | 数据终端就绪(Data Terminal Ready) |
| 5 | 7 | SG | 信号地(Signal Ground) |
| 6 | 6 | DSR | 数据装置就绪(Data Set Ready) |
| 7 | 4 | RTS | 请求发送(Request to Send) |
| 8 | 5 | CTS | 清除发送(Clear to Send) |
| 9 | 22 | RI | 振铃指示(Ring Indicator) |

(2) 电气特性及电平转换

微机中的信号电平一般为 TTL 电平,即大于 2.0V 为高电平,低于 0.8V 为低电平。如果在长距离通信时,仍采用 TTL 电平,很难保证通信的可靠性。为了提高数据通信的可靠性和抗干扰能力,RS-232C 采用负逻辑,信号源逻辑"0"(空号)电平范围为 +5 ~ +15V,逻辑"1"(传号)电平范围为 -5 ~ -15V,目的地逻辑"0"电平范围为 +3 ~ +15V,逻辑"1"电平范围为 -3 ~ -15V,噪声容限为 2V,负载电阻为 3 ~ 7kΩ,如图 6-20 所示。

通常 RS-232C 总线的逻辑"0"用 +12V 表示,逻辑"1"用 -12V 表示。

实现上述电平转换常用专门集成电路,如 MAX232。

(3) RS-232C 总线连接系统的方法

RS-232C 被设计为连接数据终端设备(Data Terminal Equipment,简称 DTE)与数据通信设备(Data Circuit-terminating Equipment,简称 DCE)之间的连接总线。DTE 可以是一台计算机、数据终端或外部设备,DCE 可以是一台计算机、调制解调器或数据通信设备。DTE 与 DCE、DTE 与 DTE 之间可通过 RS-232C 进行连接。

两台计算机作为 DTE,通过 RS-232C 进行简单的连接,如图 6-21 所示。两台 DTE 连接时,RS-232C 中的 TXD 与 RXD 要交叉相连。

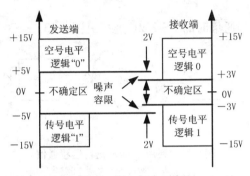

图 6-20　RS-232C 电平信号

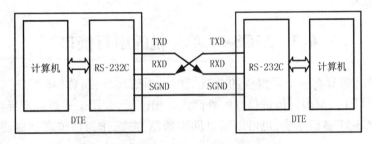

图 6-21　DTE 之间的简单连接

一台计算机作为 DTE,与一台数据设备 DCE,通过 RS-232C 进行简单的连接,如图 6-22 所示。DTE 与 DCE 连接时,RS-232C 中的 TXD 与 RXD 不用交叉相连。

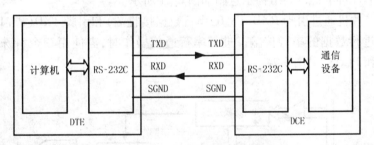

图 6-22　DTE 与 DCE 之间的简单连接

DTE 之间,通过 RS-232C 进行完整的连接要用到许多信号,这里就不再介绍了。

**7. 信号的调制与解调**

计算机处理的数字信号一般为只有高低电平之分的矩形波信号,当传送这些数字信号时,要求通信线有很宽的频带。对于近距离通信(一般不超过 20m)可采用直接电缆连接。对于远距离通信,如采用电话线来传送信息,由于电话线的频带很窄,数字信号经过电话线传送后会发生严重的畸变。解决这一问题的方法是采用调制与解调。调制方法常采用调幅、调频、调相等方法。在数字系统中,"调制"是指把数字数据转换为模拟信号,"解调"是指把模拟信号转换为数字数据。

以调频的方法为例,"调制"是指在发送端把数字数据"0"和"1"转换成不同频率的模拟信号,然后再发送到电话线等通信线路上去;"解调"是指在接收端将不同频率的模拟信号还原成数字数据"0"和"1"。通常调制器与解调器做成一个整体,称为调制解调器,即 Modem。

通过 Modem 进行远程通信时的 RS-232C 连接见图 6-23。

图 6-23　利用 Modem 进行远程通信

此时计算机作为 DTE,Modem 作为 DCE,所以,RS-232C 的连接电缆中 TXD 与 RXD 可直接相连,不用交叉。

# 6.3　MCS-51 单片机的串行接口

MCS-51 单片机具有一个可编程的全双工串行通信接口,简称"串行口"。它可用作异步通信方式(UART),与串行传送信息的外部设备相连接,或用于通过标准异步通信协议实现全双工的 MCS-51 多机系统,也可以通过同步通信方式,作为移位寄存器使用,以此来扩充 I/O 口。

### 6.3.1　串行口的电路结构

MCS-51 单片机串行口的结构示意图如图 6-24 所示。

MCS-51 单片机通过引脚 RXD(P3.0,串行数据接收端)和引脚 TXD(P3.1,串行数据发送端)与外界进行数据的串行传输。进行串行通信操作时,需使用三个特殊功能寄存器: SBUF、SCON 和 PCON,见图 6-24。

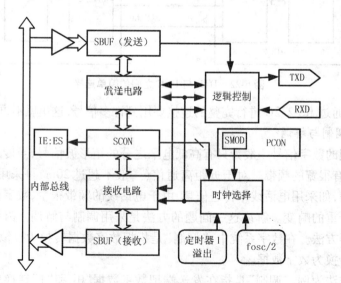

图 6-24　串行口结构示意图

1. **串行数据缓冲器**（Serial Port Data Buffer，简称 SBUF）

MCS-51 单片机的串行口有两个物理上相互独立的数据缓冲器 SBUF。一个用于发送数据，另一个用于接收数据，它们可同时发送和接收数据。它们有相同名字和地址空间，地址都为 99H，但不会出现冲突，因为它们中的一个只能被 CPU 读出数据，另一个只能被 CPU 写入数据。

访问 SBUF 的指令主要为"MOV A，SBUF"和"MOV SBUF，A"。

2. **串行口控制寄存器**（Serial Port Control，简称 SCON）

它用于定义串行口的工作方式及实施接收和发送控制。字节地址为 98H，可进行位寻址，SCON 的格式如下：

| 寄存器名：SCON | 位名称 | SM0 | SM1 | SM2 | REN | TB8 | RB8 | TI | RI |
|---|---|---|---|---|---|---|---|---|---|
| 地址：098H | 位地址 | 9FH | 9EH | 9DH | 9CH | 9BH | 9AH | 99H | 98H |

SCON 中的 SM0、SM1 为串行口工作方式选择位。其定义见表 6-5。

表 6-5　串行口工作方式

| SM0 | SM1 | 工 作 方 式 | 功 能 描 述 | 波 特 率 |
|---|---|---|---|---|
| 0 | 0 | 方式 0 | 8 位同步移位寄存器 | $f_{osc}/12$ |
| 0 | 1 | 方式 1 | 8 位 UART | 可变 |
| 1 | 0 | 方式 2 | 9 位 UART | $f_{osc}/64$ 或 $f_{osc}/32$ |
| 1 | 1 | 方式 3 | 9 位 UART | 可变 |

其中，$f_{osc}$ 为晶振频率。SCON 中的 SM2 为多机通讯控制位。在方式 2 或方式 3 中，设置 SM2 = 1，则 RI 置位取决于第 9 位数据位 RB8。如接收到的 RB8 = 0，则不置位 RI（即不提出中断请求）；如接收到的 RB8 = 1，则置位 RI（即提出中断请求）。如设置 SM2 = 0，当接收到有效数据后，RI 就会置位，而与数据中的 RB8 无关。SM2 与 RB8 的配合使用，可实现多机通讯。

多机通讯时，对接收端来说，设置 SM2 = 1，可接收 RB8 = 1 的特定数据，不接收 RB8 = 0 的数据；设置 SM2 = 0，可接收所有数据。对发送端来说，RB8 = 1 的数据可发送到所有接收端，RB8 = 0 的数据只可发送到已设置 SM2 = 0 的接收端。

在方式 0 时，SM2 必须为 0。在方式 1 中，当 SM2 = 1，则只有接收到有效停止位时，才置位 RI。

SCON 中的 REN 为接收允许控制位。由软件置位来表示允许接收，也可由软件清"0"来禁止接收。

SCON 中的 TB8 为发送数据的第 9 位。在方式 2 或方式 3 中，要发送的第 9 位数据，根据需要由软件置"1"或清"0"。例如，可约定作为奇偶校验位，或在多机通讯中作为区别地址帧或数据帧的标志位。

SCON 中的 RB8 为接收数据的第 9 位。在方式 0 中不使用 RB8。在方式 1 中，若 SM2 = 0，RB8 为接收到的停止位。在方式 2 或方式 3 中，RB8 为接收到的第 9 位数据。

SCON 中的 TI 为发送中断标志。在方式 0 中，第 8 位发送结束时，由硬件置位。在其他方式中，发送停止位前，由硬件置位。TI 置位既表示一帧信息发送结束，同时也申请中断，可根据需要,用软件查询的方法,获得数据已发送完毕的信息,也可用中断的方式来发送下一个数据。TI 必须用软件清"0"。

SCON 中的 RI 为接收中断标志位。在方式 0 中,当接收完第 8 位数据后,由硬件置位。在其他方式中,在接收到停止位的中间时刻,由硬件置位(例外情况见于 SM2 的说明)。RI 置位表示一帧数据接收完毕,可用查询的方法获得或者用中断的方法获得。RI 也必须用软件清"0"。

SCON 中的 TI 或 RI 置位后会通过中断允许寄存器 IE 中的 ES 位向 CPU 发出中断请求。

3. 电源控制寄存器(Power Control,简称 PCON)

PCON 字节地址为 87H,主要是为了在 CHMOS 的 80C51 单片机上实现电源控制而附加的。但其中最高位 SMOD 却是用于串行口的,它用于串行口方式 1、方式 2 和方式 3 中波特率的倍率控制。

PCON 寄存器的格式如下(寄存器各位不可位寻址):

| 寄存器名:PCON | 位名称 | SMOD | — | — | — | GF1 | GF0 | PD | IDL |
|---|---|---|---|---|---|---|---|---|---|
| 地址:087H | 位地址 | — | — | — | — | — | — | — | — |

### 6.3.2 串行口的工作方式

MCS-51 单片机串行口的工作过程与设置的工作方式有关,不同的工作方式体现在 RXD、TXD 引脚的时序也不同。MCS-51 单片机串行口可编程为 4 种工作方式,其中方式 3 与方式 2 基本相同,只是其波特率可调。现对方式 0、方式 1 和方式 2 分述如下。

1. 方式 0

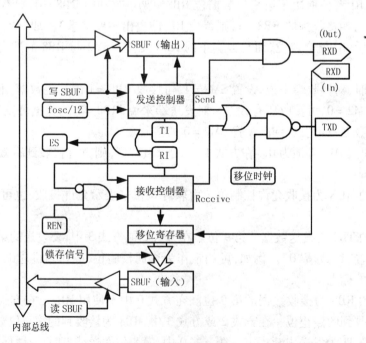

图 6-25    串行口方式 0

方式 0 为同步移位寄存器输入/输出方式,是带时钟线的同步传输方式。串行口的 SBUF 作为同步移位寄存器使用。发送时,SBUF 相当于一个并入串出的移位寄存器;接收时,SBUF 相当于一个串入并出的移位寄存器。串行数据从 RXD(P3.0)脚上输入或输出,同步脉冲从 TXD(P3.1)脚上引出。

方式 0 时的串行口内部结构示意图如图 6-25 所示。

（1）发送过程（输出）

串行数据从 RXD 引脚输出,TXD 引脚输出移位脉冲。CPU 将数据写入发送寄存器时,立即启动发送,将 8 位数据以 fosc/12 的固定波特率从 RXD 输出,低位在前,高位在后。发送完一帧数据后,发送中断标志 TI 由硬件置位。发送下一个数据之前必须先用软件将 TI 清零。发送时序如图 6-26 所示。

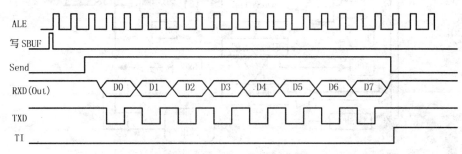

图 6-26  串行口方式 0 发送时序

（2）接收过程（输入）

在 RI = 0 的条件下,置位允许接收控制位 REN,启动一次接收过程。此时,RXD 为串行数据输入端,TXD 仍为同步移位脉冲输出端。当接收到第 8 位数据时,将数据移入接收寄存器,并由硬件置位 RI。接收下一个数据之前必须先用软件将 RI 清零。接收时序如图6-27所示。

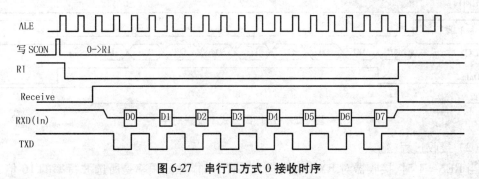

图 6-27  串行口方式 0 接收时序

（3）方式 0 的波特率

方式 0 的波特率固定不变,仅与 CPU 晶振频率 fosc 有关,波特率为 fosc/12。从前面波形图中也可看出,方式 0 时,TXD 输出的时钟频率为 ALE 的 1/2。

在工作方式 0 下,通过外接移位寄存器可以扩展 I/O 口,也可以外接同步输入/输出设备。

**2. 方式 1**

方式 1 为波特率可变的 8 位异步通讯接口方式。发送或接收一帧信息,包括 1 个起始位、8 个数据位和 1 个停止位。方式 1 时的串行口内部结构示意图如图 6-28 所示。

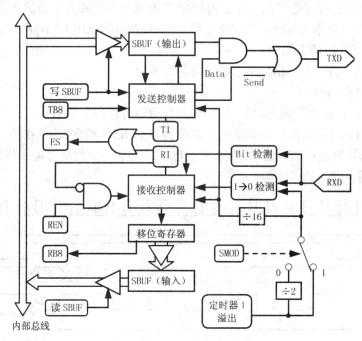

图 6-28　串行口方式 1

（1）发送过程(输出)

发送数据时,CPU 执行一条写 SBUF 的指令就启动发送,数据从 TXD 引脚输出,发送完一帧数据时,由硬件置位中断标志 TI。发送时序如图 6-29 所示。

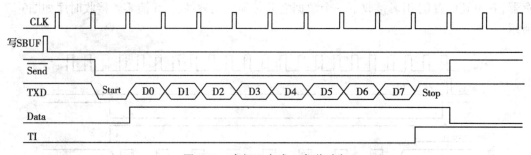

图 6-29　串行口方式 1 发送时序

（2）接收过程(输入)

当 REN = 1 时,接收器对 RXD 引脚进行采样,采样脉冲频率是所选波特率的 16 倍。当采样到 RXD 引脚上出现从高电平“1”到低电平“0”的负跳变时,就启动接收器接收数据。如果接收到的不是有效起始位,则重新检测负跳变。

接收器按“三中取二”原则(接收的值是三次采样中至少有两次相同的值)来确定采样数据的值以保证采样接收准确无误。

在最后一个移位脉冲结束后,且满足以下两个条件:

① RI = 0;

② SM2 = 0 或接收到停止位,则接收到的数据才有效,接收到的有效 8 位数据送入接收

SBUF 中,停止位进入 RB8,并由硬件置位中断标志 RI;否则接收到的数据将被舍去,RI 也不置位,接收器重新检测 RXD 引脚。

在方式 1 接收时,应先用软件清零 RI 和 SM2 标志。接收时序如图 6-30 所示。

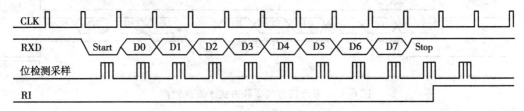

图 6-30　串行口方式 1 接收时序

### 3. 方式 2

方式 2 为固定波特率的 9 位 UART 方式。发送或接收的一帧信息中包括 1 个起始位、9 个数据位和 1 个停止位。它比方式 1 增加了一位可程控为 1 或 0 的第 9 位数据。方式 2 的串行口内部结构示意图如图 6-31 所示。

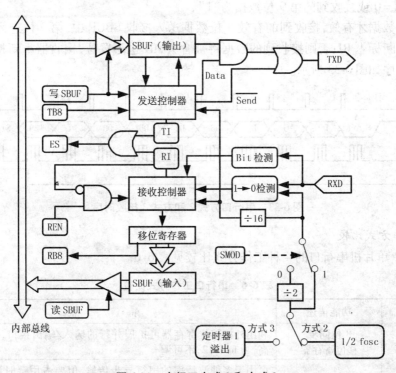

图 6-31　串行口方式 2 和方式 3

（1）发送过程（输出）

发送的串行数据由 TXD 端输出。附加的第 9 位来自 SCON 寄存器的 TB8 位,用软件置位或复位。它可作为多机通讯中地址/数据信息的标志位,也可以作为数据的奇偶校验位。当 CPU 执行一条数据写入 SBUF 的指令时,就启动发送器发送。发送完一帧信息后,置位中断标志 TI。发送时序如图 6-32 所示。

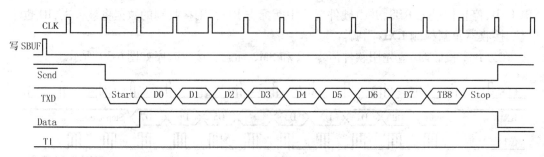

图 6-32　串行口方式 2 和方式 3 发送时序

（2）接收过程（输入）

在 REN = 1 时，串行口采样 RXD 引脚，当采样到"1"至"0"的跳变时，确认为起始位，就开始接收一帧数据。

在最后一个移位脉冲结束后，且满足以下两个条件：

① RI = 0;

② SM2 = 0 或接收到的第 9 位数据为"1"，

则接收到的数据才有效，接收到的有效 8 位数据送入接收 SBUF 中，第 9 位进入 RB8，并由硬件置位中断标志 RI；否则接收到的数据将被舍去，RI 也不置位，接收器重新检测 RXD 引脚。接收时序如图 6-33 所示。

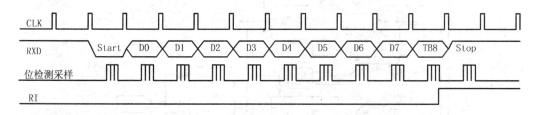

图 6-33　串行口方式 2 和方式 3 接收时序

### 4. 工作方式比较

MCS-51 单片机串行口的 4 种工作方式比较见表 6-6。

表 6-6　串行口工作方式比较

| 工作方式 | 功能描述 | 特　　点 |
| --- | --- | --- |
| 方式 0 | 8 位同步移位寄存器 | 利用外接移位寄存器可扩展并行的输入/输出接口，传输速率较高，为 fosc/12，不可调 |
| 方式 1 | 8 位 UART | 可用于多种波特率的串行异步传输，但要占用定时器 1，波特率可变 |
| 方式 2 | 9 位 UART | 可实现多机之间的串行异步传输，或有奇偶检验的双机串行异步传输，波特率只有两种可选，为 fosc/32 或 fosc/64 |
| 方式 3 | 9 位 UART | 同方式 2，但波特率可调，要占用定时器 1，波特率可变 |

### 5. 波特率选择

如前所述，在串行通讯中，收发双方的数据传送率（波特率）要有一定的约定。MCS-51 单片机串行口波特率取决于晶振频率 fosc、PCON 寄存器中的 SMOD 位和工作方式。在串行口的 4 种工作方式中,方式 0 是固定的,方式 2 的波特率只有两种可选,而方式 1 和方式 3 的波特率是可变的,由定时器 1 的溢出率控制。定时器 1 作为波特率发生器,通常工作方式 2,即为自动重装入初值的 8 位定时器模式(具体参见定时器/计数器工作方式的说明),其溢出率为定时时间的倒数:

$$定时器 1\ 溢出率 = \frac{1}{计数周期 \times (2^8 - 定时器 1 的初值)} = \frac{fosc}{12[256 - (TH1)]}$$

MCS-51 单片机串行口 4 种工作方式的波特率计算如表 6-7 所示。

表 6-7　串行口波特率

| 工作方式 | 波 特 率 | 说 明 |
|---|---|---|
| 方式 0 | fosc/12 | 固定为晶振频率 fosc 的 1/12 |
| 方式 1 | $\frac{2^{SMOD}}{32} \cdot \frac{fosc}{12[256 - (TH1)]}$ | 可变,与 PCON 寄存器中的 SMOD 位、定时器 1 溢出率有关 |
| 方式 2 | $\frac{2^{SMOD}}{64} \cdot fosc$ | 两种选择,与 PCON 寄存器中的 SMOD 位有关 |
| 方式 3 | $\frac{2^{SMOD}}{32} \cdot \frac{fosc}{12[256 - (TH1)]}$ | 与 PCON 寄存器中的 SMOD 位、定时器 1 溢出率有关 |

表 6-8 列出了异步串行传输时,常用波特率的设置方法。

表 6-8　异步串行传输常用波特率

| 工作方式 | 波特率 | fosc | SMOD | 定时器 1 初值(方式 2) |
|---|---|---|---|---|
| 方式 0 | 1Mbps | 12 MHz | — | |
| 方式 2 | 187.5kbps | 12MHz | 0 | — |
| 方式 2 | 375kbps | 12MHz | 1 | — |
| 方式 1、3 | 19200bps | 11.0592MHz | 1 | TH1 = 256 − 3 = 253 = 0FDH |
| 方式 1、3 | 9600bps | 11.0592MHz | 0 | TH1 = 256 − 3 = 253 = 0FDH |
| 方式 1、3 | 4800bps | 11.0592MHz | 0 | TH1 = 256 − 6 = 250 = 0FAH |
| 方式 1、3 | 2400bps | 11.0592MHz | 0 | TH1 = 256 − 12 = 244 = 0F4H |
| 方式 1、3 | 1200bps | 11.0592MHz | 0 | TH1 = 256 − 24 = 232 = 0E8H |
| 方式 1、3 | 10420bps | 12MHz | 0 | TH1 = 256 − 3 = 253 = 0FDH |
| 方式 1、3 | 4464bps | 12MHz | 0 | TH1 = 256 − 7 = 249 = 0F9H |
| 方式 1、3 | 2404bps | 12MHz | 0 | TH1 = 256 − 13 = 243 = 0F3H |
| 方式 1、3 | 1202bps | 12MHz | 0 | TH1 = 256 − 26 = 230 = 0E6H |

从表中可看出,当 CPU 晶振频率取 11.0592MHz 时,容易精确得到 19200bps、9600bps、4800 bps、2400 bps 和 1200 bps 等常见波特率。

对 8052 系列,串行口的波特率还可通过定时器/计数器 2 来设置。

### 6.3.3　串行口应用举例

**1. 移位寄存器工作方式的应用**

MCS-51 单片机串行口方式 0 为移位寄存器工作方式,外接一个串入并出的移位寄存器,就可以扩展一个并行输出口;外接一个并入串出的移位寄存器,就可以扩展一个并行输入口。这种利用移位寄存器来扩展并行口的连线简单,扩展接口数量仅受传输速度的制约,扩展接口数增加,平均传输速度会降低。

**2. 点对点通信的应用**

利用异步串行传输可实现点对点的通信。单片机本身的 TTL 电平难以进行远距离传输,因此,在传输距离超过几米时,就需要采用有一定驱动能力的接口电路,如 RS-232C、RS-422A/RS-423A 和 RS-485 接口等。如需要利用公用电话网进行通信时,还需要使用调制解调器。

下面介绍利用串行口方式 1 实现的异步串行传输演示例子。具体电路如图 6-34 所示。

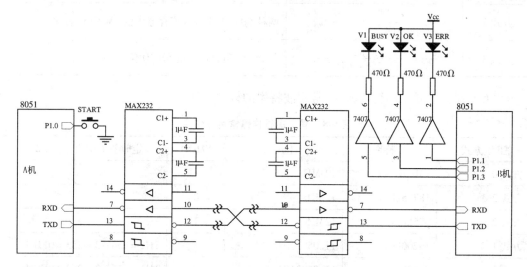

**图 6-34　串行口用于点对点通信**

电路中采用了电平转换芯片 MAX232,使传输的电信号符合 RS-232C 规范。A 机为发送端,B 机为接收端,传送波特率为 9600bps。

A 机有一个启动按键 START,按下 START 键开始发送数据,B 机有三个作为指示器的发光二极管 V1、V2、V3,分别表示接收中(BUSY)、接收正确(OK)和接收错误(ERR)。

A 机发送的数据区存放在外部数据存储器 1000H 为起始地址的存储区内,发送字节数小于 255 个。B 机接收的数据区存放在外部数据存储器 1100H 为起始地址的存储区内,长度小于 256 个。

A 机发送过程:当检测到按下 START 键后,先向 B 机发送 2 个 ESC 控制符(ASCII 码的值为 27 或 1BH),然后发送数据区内的 ASCII 码,采用奇校验,当遇到回车(CR)控制符后,发送结束,再次等待按下 START 键,重复前面过程。

B 机接收过程:等待接收 A 机发来的字符,如收到 ESC 控制符(ASCII 码的值为 27 或 1BH),进入接收状态,发出 BUSY 指示信号,开始接收数据,遇到回车(CR)控制符或接收字符已达 255 个,表示接收结束。如接收过程中,发现奇校验错,则在接收结束时,发出 ERR

指示信号,否则发出 OK 指示信号。如接收过程中,又收到 ESC 控制符,则之前接收到的数据作废,重新开始接收,并计数。

A 机各源程序之前,定义了有关标志符:

| A _ START | BIT 90H | ;定义按键输入位为 P1.0 |
|-----------|---------|-----------------------|
| F _ START | BIT 00H | ;定义按键标志位 |
| DAT _ ST | EQU 1000H | ;定义数据区首址 |
| ESC | EQU 27 | ;定义 ESC 控制码 |
| CR | EQU 13 | ;定义回车控制码 |

位标志符定义的伪指令"BIT",在有些汇编系统中用"EQU"来代替。

A 机的初始化程序流程图如图 6-35 所示。其中包括设置工作方式和初始化基本变量两部分工作。

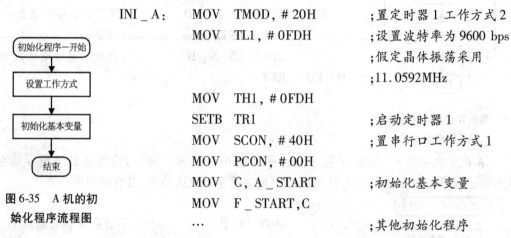

A 机初始化程序:

```
INI _ A:    MOV    TMOD, # 20H      ;置定时器 1 工作方式 2
            MOV    TL1, # 0FDH      ;设置波特率为 9600 bps
                                    ;假定晶体振荡采用
                                    ;11.0592MHz
            MOV    TH1, # 0FDH
            SETB   TR1              ;启动定时器 1
            MOV    SCON, # 40H      ;置串行口工作方式 1
            MOV    PCON, # 00H
            MOV    C, A _ START     ;初始化基本变量
            MOV    F _ START, C
            …                       ;其他初始化程序
```

图 6-35 A 机的初始化程序流程图

A 机的等待发送 W _ SND 子程序流程图如图 6-36 所示。其中调用了发送数据 S _ DAT 子程序。

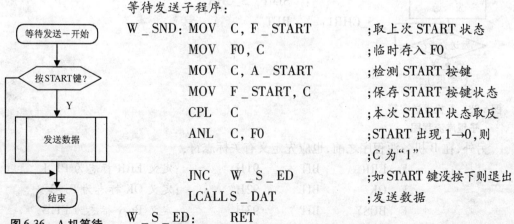

等待发送子程序:

```
W _ SND:  MOV    C, F _ START     ;取上次 START 状态
          MOV    F0, C            ;临时存入 F0
          MOV    C, A _ START     ;检测 START 按键
          MOV    F _ START, C     ;保存 START 按键状态
          CPL    C                ;本次 START 状态取反
          ANL    C, F0            ;START 出现 1→0,则
                                  ;C 为"1"
          JNC    W _ S _ ED       ;如 START 键没按下则退出
          LCALL S _ DAT           ;发送数据
W _ S _ ED:       RET
```

图 6-36 A 机等待发送子程序流程图

A 机发送数据 S _ DAT 子程序流程图如图 6-37 所示。待发送

数据区的首址为DAT_ST,其中调用了发送字符S_CHR子程序。

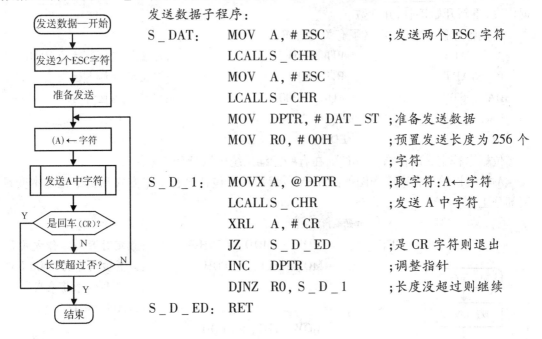

发送数据子程序:

| S_DAT: | MOV | A,#ESC | ;发送两个ESC字符 |
| | LCALL | S_CHR | |
| | MOV | A,#ESC | |
| | LCALL | S_CHR | |
| | MOV | DPTR,#DAT_ST | ;准备发送数据 |
| | MOV | R0,#00H | ;预置发送长度为256个 |
| | | | ;字符 |
| S_D_1: | MOVX | A,@DPTR | ;取字符:A←字符 |
| | LCALL | S_CHR | ;发送A中字符 |
| | XRL | A,#CR | |
| | JZ | S_D_ED | ;是CR字符则退出 |
| | INC | DPTR | ;调整指针 |
| | DJNZ | R0,S_D_1 | ;长度没超过则继续 |
| S_D_ED: | RET | | |

图6-37　A机发送数据子程序流程图

A机发送字符S_CHR子程序流程图如图6-38所示。其中,待发送的字符存放在A中,通过程序查询发送标志位TI来判断当前字符是否发送结束,没有使用中断方式。

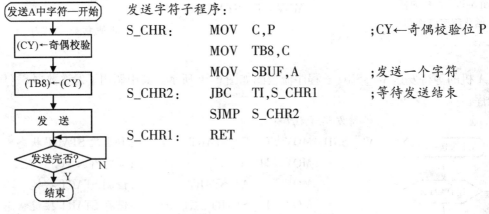

发送字符子程序:

| S_CHR: | MOV | C,P | ;CY←奇偶校验位P |
| | MOV | TB8,C | |
| | MOV | SBUF,A | ;发送一个字符 |
| S_CHR2: | JBC | TI,S_CHR1 | ;等待发送结束 |
| | SJMP | S_CHR2 | |
| S_CHR1: | RET | | |

图6-38　A机发送字符子程序流程图

另外,在B机各源程序之前,也应先定义有关标志符:

| F_ERR | BIT | 91H | ;定义ERR标志为P1.1 |
| F_OK | BIT | 92H | ;定义OK标志为P1.2 |
| F_BUSY | BIT | 93H | ;定义Busy标志为P1.3 |
| DAT_ST | ]EQU | 1100H | ;定义数据区首址 |
| ESC | EQU | 27 | ;定义ESC控制码 |

$$\begin{array}{llll}\text{CR} & \text{EQU} & \text{13} & \text{;定义回车控制码}\end{array}$$

B 机的初始化程序流程图如图 6-39 所示。其中包括设置工作方式和初始化基本变量两部分工作,设置工作方式同 A 机一样。

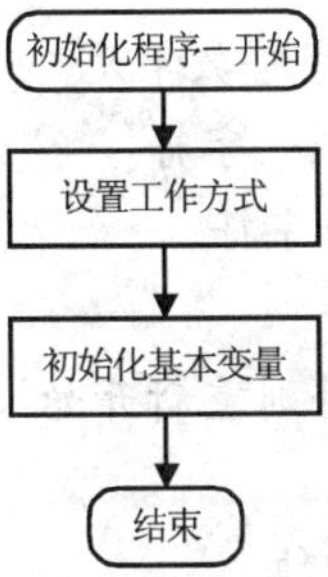

B 机初始化程序:

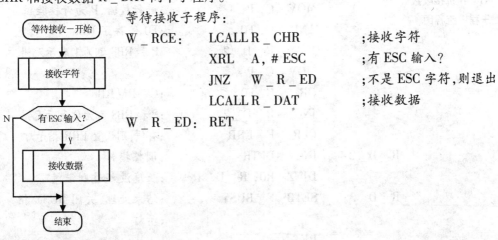

```
INI _ B:      MOV   TMOD, # 20H      ;置定时器 1 工作方式 2
              MOV   TL1, # 0FDH      ;设置波特率为 9600 bps,
                                     ;假定晶体振荡采用
                                     ;11.0592MHz

              MOV   TH1, # 0FDH
              SETB  TR1              ;启动定时器 1
              MOV   SCON, # 40H      ;置串行口工作方式 1
              MOV   PCON, # 00H      ;置 SMOD =0
              SETB  F _ ERR          ;初始化基本变量:
                                     ;关闭三个指示灯

              SETB  F _ OK
              SETB  F _ BUSY
              …                      ;其他初始化程序
```

图 6-39　B 机的初
始化程序流程图

B 机的等待接收 W _ RCE 子程序流程图如图 6-40 所示。其中调用了接收字符 R _ CHR 和接收数据 R _ DAT 两个子程序。

等待接收子程序:

```
W _ RCE:      LCALL R _ CHR          ;接收字符
              XRL   A, # ESC          ;有 ESC 输入?
              JNZ   W _ R _ ED        ;不是 ESC 字符,则退出
              LCALL R _ DAT          ;接收数据
W _ R _ ED:   RET
```

图 6-40　B 机等待接
收子程序流程图

B 机接收数据 R _ DAT 子程序流程图如图 6-41 所示。接收数据区首址为 DAT _ ST,其中调用了接收字符 R _ CHR 子程序。

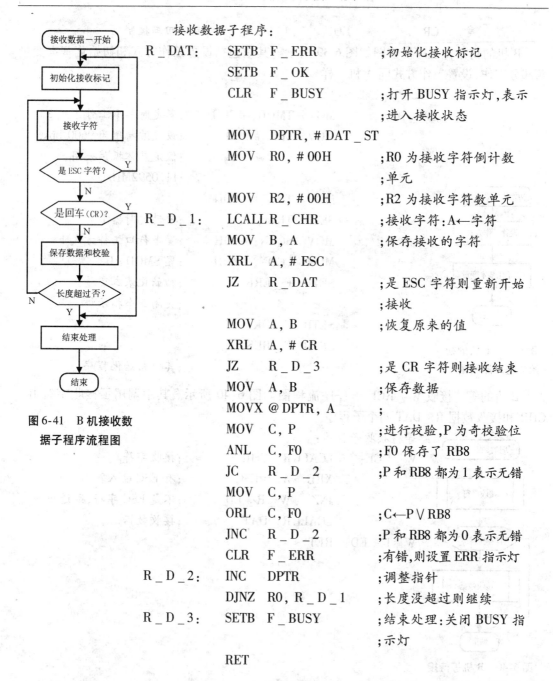

图6-41　B机接收数据子程序流程图

接收数据子程序：

| | | | |
|---|---|---|---|
| R_DAT： | SETB | F_ERR | ;初始化接收标记 |
| | SETB | F_OK | |
| | CLR | F_BUSY | ;打开 BUSY 指示灯,表示<br>;进入接收状态 |
| | MOV | DPTR,#DAT_ST | |
| | MOV | R0,#00H | ;R0 为接收字符倒计数<br>;单元 |
| | MOV | R2,#00H | ;R2 为接收字符数单元 |
| R_D_1： | LCALL | R_CHR | ;接收字符:A←字符 |
| | MOV | B,A | ;保存接收的字符 |
| | XRL | A,#ESC | |
| | JZ | R_DAT | ;是 ESC 字符则重新开始<br>;接收 |
| | MOV | A,B | ;恢复原来的值 |
| | XRL | A,#CR | |
| | JZ | R_D_3 | ;是 CR 字符则接收结束 |
| | MOV | A,B | ;保存数据 |
| | MOVX | @DPTR,A | ; |
| | MOV | C,P | ;进行校验,P 为奇校验位 |
| | ANL | C,F0 | ;F0 保存了 RB8 |
| | JC | R_D_2 | ;P 和 RB8 都为 1 表示无错 |
| | MOV | C,P | |
| | ORL | C,F0 | ;C←P∨RB8 |
| | JNC | R_D_2 | ;P 和 RB8 都为 0 表示无错 |
| | CLR | F_ERR | ;有错,则设置 ERR 指示灯 |
| R_D_2： | INC | DPTR | ;调整指针 |
| | DJNZ | R0,R_D_1 | ;长度没超过则继续 |
| R_D_3： | SETB | F_BUSY | ;结束处理:关闭 BUSY 指<br>;示灯 |
| | RET | | |

B 机接收字符 R_CHR 子程序流程图如图 6-42 所示。其中通过程序查询接收标志位 RI 来判断当前字符是否成功接收,没有使用中断方式。

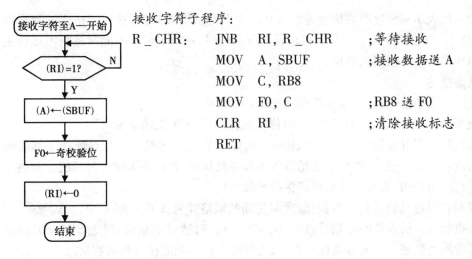

接收字符子程序:

```
R_CHR:    JNB    RI, R_CHR      ;等待接收
          MOV    A, SBUF        ;接收数据送 A
          MOV    C, RB8
          MOV    F0, C          ;RB8 送 F0
          CLR    RI             ;清除接收标志
          RET
```

图 6-42　B 机接收
字符子程序流程图

### 3. 多机串行通信的应用

在一些分布式控制系统中,一台微机无法胜任工作,这时常采用一台主机和多台从机构成分布式控制系统。主机能与各从机实现通信,但从机之间不能直接通信,从机之间交换信息必须通过主机间接进行。这种主从式的多机通信结构如图 6-43 所示。

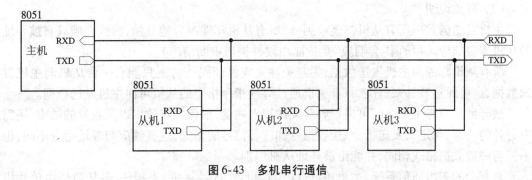

图 6-43　多机串行通信

由于主机与所有从机都相连,主机发出的信息,所有从机都能收到,任何一台从机都可能向主机发送信息,因此,多机通信时要解决两个基本问题:对主机来说,有选择性地与从机通信;对从机来说,如何区别主机是否要与本机通信。

主机与从机之间通信的信息分为两类:地址信息和数据信息。通过地址信息可区别不同的从机。

利用串行口的工作方式 2 或方式 3 可实现主从式的多机通信。

串行口的工作方式 2 和方式 3 中要用到第 9 位数据,以此来区别地址类和数据类信息。并利用 SM2 的设置来标志接收状态。

串行口工作在方式 2 或方式 3 时,当 SM2 = 0,只要 RI = 0 就能响应接收的中断请求;当 SM2 = 1,不仅要求 RI = 0,并且要求接收到的第 9 位数据也为 1 时,才能响应接收的中断请求。

因此,对主机,SM2 总设为 0,表示一直可以接收从机发出各种帧格式的数据。对从机,平时设 SM2 =1,表示只能接收主机发送的第 9 位为 1 的帧格式数据(这种帧格式的数据常称为"寻址指令");当某从机可以与主机进行数据传输时,可设 SM2 =0,此时从机可接收主机发送的第 9 位为 0 的帧格式数据。

(1) 状态描述

主从式的多机通信时,主机与从机的状态描述如下:

● 主机发送寻址指令到所有从机,此时传输的帧格式为:8 位地址 + "1"。

所有从机接收到寻址指令后,RI =0,RB8 =1,由于从机的 SM2 =1,对寻址指令都能响应。响应后进行地址比较,与本机地址相等者为被寻址从机,否则为未被寻址从机。对被寻址从机,将设置 SM2 =0,未被寻址从机仍保持 SM2 =1。

● 主机与被寻址从机进行收发数据,此时传输的帧格式为:8 位数据 + "0"。

所有从机收到主机发来的数据后,RI =0,RB8 =1。对被寻址从机,因为 SM2 =0,所以能响应主机发来的数据。对未被寻址从机,因为 SM2 =1,不响应接收到的数据。

主机的 SM2 一直为 0,所以总能响应从机发来的数据。正常情况下,被寻址的从机只有一个,且未被寻址的从机不会主动向主机发送数据,此时收到的数据将被认为是被寻址的从机发出的。

● 主机与被寻址从机收发数据结束。

根据约定被寻址的从机在收到特定的数据或规定长度数据传输结束后,自行退出收发状态,将 SM2 设置为 1,与其他未被寻址的从机一样继续等待主机的寻址指令。

(2) 有关说明

主机发送的数据所有从机都能收到,即所有从机都能响应地址帧,而数据帧只有被寻址的从机才会响应。(所谓"会响应"是指能由硬件提出中断请求)。

所有从机都能向主机发送数据,为避免冲突应保证同一时刻只能有一台从机向主机发送数据,这可通过软件来解决,只有主机通过寻址指令指定的从机可向主机发送数据。

被寻址从机与主机之间可进行收与发的双向通信,如何确定收发以及收发的结束,还需有另外的约定,如定义发送指令、接收指令和应答信号的格式,这些帧应与寻址指令不同,也不能与一般数据格式相同,并能由被寻址从机识别。

对复杂的多机通信系统,主机还可以由 PC 机(个人计算机)来担任,各从机仍由单片机系统组成,通过 RS-232C 或其他串行接口进行通信。

# 习 题 六

1. MCS-51 中的定时器/计数器由哪些部分组成?

2. MCS-51 中计数器的计数信号应该如何选择和控制?

3. TMOD 中的 GATE 和 C/$\overline{T}$ 位有什么控制作用?

4. 什么情况下$\overline{INT0}$会对定时器/计数器 0 有控制作用?

5. MCS-51 中两个 8 位计数器如何级联? 计数范围如何确定?

6. MCS-51 中定时器/计数器的四种计数工作方式各有什么特点?

7. 定时器/计数器 0 工作在方式 2 时计数范围是多少? 定时时间与计数初值有什么关系?

8. 设 MCS-51 单片机的晶振频率为 12MHz,使用定时器 1 的工作方式 1,在 P1.0 端输出周期为 100ms 的方波,使用中断方式设计程序,试写出相应的初始化程序和中断服务程序。

9. 对上题,在 P1.0 端输出周期为 100ms 方波的同时,还要在 P1.1 端输出周期为 10s 的方波,试写出相应的初始化程序和中断服务程序。

10. 使用计数器 0,记录 T0 引脚输入的脉冲数,计满 200 个脉冲,则对内部 RAM 单元 COUNT 进行加 1 操作,使用中断方式设计程序,试写出初始化程序和中断服务程序。

11. 使用计数器 1,当$\overline{\text{INT1}}$高电平时,记录 T1 引脚输入的脉冲数,每计满 100 个脉冲,则对内部 RAM 单元 COUNT 进行加 1 操作,当 P1.0 为低电平时,清除累计值,使用中断方式设计程序,试写出初始化程序和中断服务程序。

12. 利用定时器/计数器可以实现数字频率计的功能。具体方法是,将 T0 设置为定时器,T1 设置为计数器(待测信号接 T1 引脚)。启动定时器/计数器工作后,在单位时间到达时读取 T1 的内容即为频率值。设单片机时钟频率为 12MHz,单位时间为 1s,试编写数字频率计的程序。频率值存放于 F_HIGH 和 F_LOW 单元,以便进行后续处理。

13. DS12C887 有哪些技术特点?

14. 串行传输方式有哪两种? 各有什么特点?

15. 什么是数据通信系统中的单工、半双工和双工方式?

16. RS-232C 总线的逻辑电平有何规定?

17. 什么情况下要用调制解调器?

18. 两台计算机作为 DTE,通过 RS-232C 进行连接时,TXD 与 RXD 为什么要交叉相连?

19. MCS-51 单片机的串行口由哪些部分组成?

20. MCS-51 单片机串行口的四种工作方式各有什么特点?

21. 在串行通信中采用偶校验,若传送的数据是 5AH,则其奇偶检验位为多少?

22. MCS-51 单片机串行口在工作方式 0 和工作方式 1 下,能否同时进行发送和接收操作?

23. MCS-51 单片机串行口在使用晶振频率 $f_{osc}$ 为 12MHz 时,能否设置 4800bps 波特率?

24. 试用中断方式修改 6.3.3 中介绍的"点对点通信应用程序"。

25. 利用 MCS-51 单片机进行多机串行通信时,主机能否同时向多台从机发送数据? 如有部分从机地址相同,会产生什么现象?

# 第 7 章

# 输入/输出口的扩展

## 7.1 输入/输出口扩展的地址分配

MCS-51 单片机内部有四个 8 位并行 I/O 端口。它们的内部结构及其功能前面章节已作过介绍。从其实际应用的情况分析,这四个 8 位并行 I/O 端口真正作为输入/输出口使用的情况不多,往往不能满足系统实际应用的要求,因此需要扩展输入/输出端口。

MCS-51 不像 8086 微机系统将外部存储器和 I/O 端口分别编址,它采用的是将 MCS-51 的外部 RAM 和 I/O 端口统一编址。也就是说,外部 I/O 端口与外部 RAM 合用单片微机外部数据存储器 64KB 的寻址空间。所以,CPU 没有独立的 I/O 端口指令,而是像访问外部数据存储器那样访问扩展的 I/O 端口,对端口进行读/写操作。

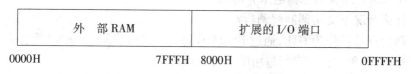

| 外　部 RAM | 扩展的 I/O 端口 |
| --- | --- |

0000H                    7FFFH　8000H                    0FFFFH

图 7-1　外部 RAM 和外部 I/O 端口的地址分配

MCS-51 外部数据存储器的寻址空间为 64KB,只要把这些地址分出一部分供外部扩展 I/O 端口使用,就足以扩展相当多的 I/O 端口。图 7-1 所示的地址分配中,64KB 的前 32KB 作为外部 RAM 使用,后 32KB 作为外部 I/O 端口使用。在实际使用中要正确地使用译码器,使之能准确地选择到所需的地址单元。图 7-2 所示的就是根据图 7-1 所示的地址分配的一个应用实例,当 P2.7 为低电平时,所有操作均针对外部 32KB 的 RAM(62256)。当 P 2.7 为高电平时,根据送出的具体地址,对扩展的 I/O 端口操作。

由于扩展的外部 I/O 端口是借用了外部数据存储器的地址空间,所以对外部 I/O 端口的访问均应采用 MOVX 类指令。

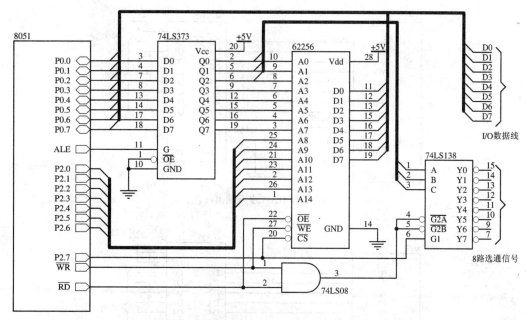

图 7-2　外部 32KB RAM、外部 I/O 端口与 8051 的硬件连接

## 7.2　输入/输出常用接口 TTL、CMOS 电路

以双极型半导体晶体管或 MOS 管为基本元件,集成在一块硅片上,并具有一定逻辑功能的 TTL、CMOS 电路,以其开关速度较高,控制电路简单,接口方便,被广泛应用于微机的接口电路中。

在 MCS-51 系统中,都是通过 P0 口扩展 I/O 端口,由于 P0 口只能分时使用,故构成输出口时,接口电路应具有锁存功能。在构成输入口时,根据输入数据是常态还是暂态,要求接口电路应具有三态缓冲或锁存选通。数据的输入/输出由单片机的读/写信号控制。

### 7.2.1　TTL 电路扩展并行输出口

通过 P0 口扩展输出口时,锁存器被视为外部 RAM 的一个单元。输出口通常采用由 D 触发器构成的锁存器。图 7-3 所示的电路,是 8051 外扩 8 位输出口的三个实例,其中(a)所示的是利用 74LS373 实现一个并行 8 位输出口的扩展,(b)介绍的是运用 74LS273 实现一个并行 8 位输出口的扩展,(c)表示的是采用 74LS377 实现一个并行 8 位输出口的扩展。74LS373、74LS273、74LS377 的引脚图及功能表分别如图 7-4、7-5、7-6 所示。74LS373 是一片具有输出控制的 8D 锁存器,将输出控制接低电平,使之始终允许输出,CPU 利用 $\overline{WR}$ 信号和一根地址线共同控制它的使能端,在执行"MOVX @ DPTR,A"指令时,将数据送入74LS373。例如,在图 7-3(a)中需将数据 5AH 送至 74LS373 的 Q 端,就可以用如下指令实现:

```
MOV    DPTR,    # 7FFFH
MOV    A,       # 5AH
MOVX   @ DPTR,  A
```

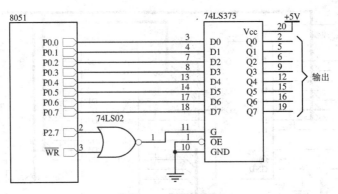

(a) 使用74LS373扩展输出口

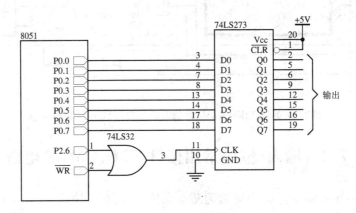

(b) 使用74LS273扩展输出口

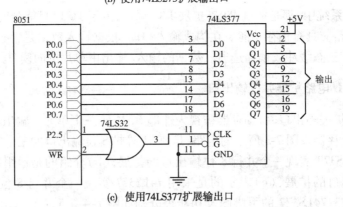

(c) 使用74LS377扩展输出口

图 7-3　使用 74LS373、74LS273、74LS377 扩展输出口的硬件图

| 输出使能 $\overline{OE}$ | 控制 G | 输入 D | 输出 Q |
|---|---|---|---|
| H | X | X | 高阻 |
| L | H | L | L |
| L | H | H | H |
| L | L | X | 保持不变 |

**图 7-4**　74LS373 引脚图及功能表

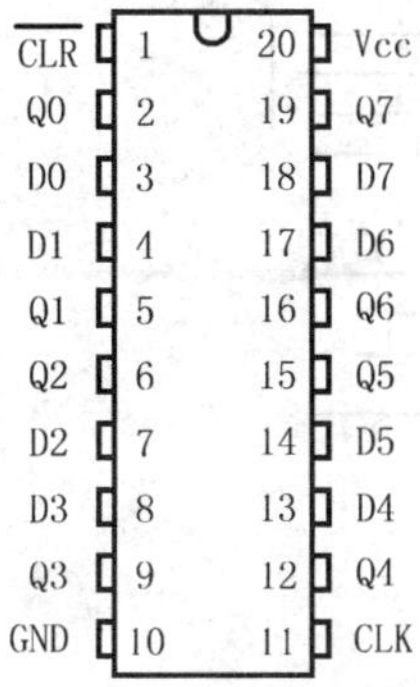

| 清零 $\overline{CLR}$ | 时钟 CLK | 输入 D | 输出 Q |
|---|---|---|---|
| L | X | X | L |
| H | ↑ | L | L |
| H | ↑ | H | H |
| H | H或L | X | 保持不变 |

**图 7-5**　74LS273 引脚图及功能表

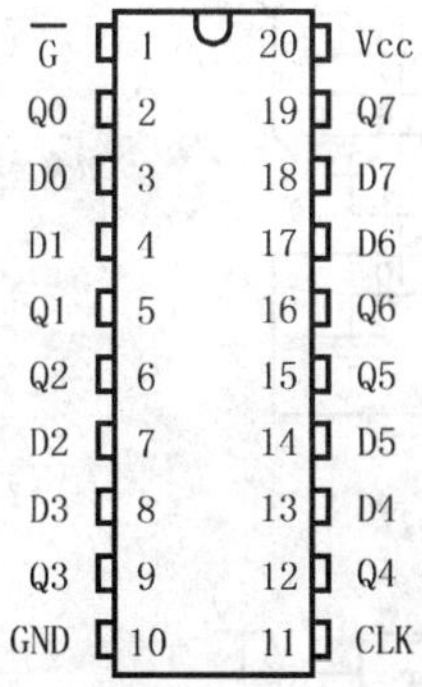

| 控制 $\overline{G}$ | 时钟 CLK | 输入 D | 输出 Q |
|---|---|---|---|
| H | X | X | 保持不变 |
| L | ↑ | L | L |
| L | ↑ | H | H |
| L | L | X | 保持不变 |

**图 7-6**　74LS377 引脚图及功能表

　　74LS373 的功能较强,由于它具有输出控制,所以它还可以用作扩展输入口,它的用法将在下一节介绍。

　　74LS273 是一片带清除端的 8D 触发器,将它的清除端 $\overline{CLR}$ 接至 +5V,则清除端无效。用 $\overline{WR}$ 信号和一根地址线共同控制该电路 CLK 端,同样在执行"MOVX　@DPTR,A"指令时,将数据送入 74LS273。

　　74LS377 是一片带锁存允许的 8D 触发器,将锁存允许端 $\overline{G}$ 接地,使之一直处于允许锁存。它的 CLK 端操作功能完全与 74LS273 相同。

　　图 7-3 电路中的控制线分别采用了 P2.5、P2.6、P2.7 和 $\overline{WR}$ 信号,而实际使用时往往采

用译码电路实现控制,这样能使 CPU 的硬件资源得到最合理的分配使用。

### 7.2.2　TTL 电路扩展并行输入口

运用 TTL 电路也能实现扩展并行输入口。图 7-7 介绍的电路是 8051 外扩 8 位输入口的三个实例。图 7-7(a)所示的是利用 74LS244 实现的一个并行 8 位输入口的扩展,7-7(b)所示的是利用 74LS373 实现一个并行 8 位输入口的扩展,7-7(c)所示的是利用 74LS245 实现一个并行 8 位输入口的扩展。

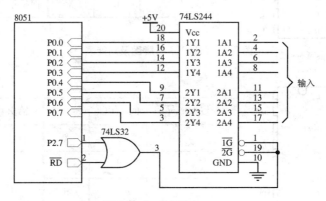

(a) 使用74LS244扩展输入口

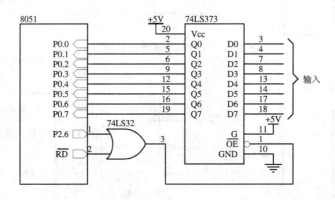

(b) 使用74LS373扩展输入口

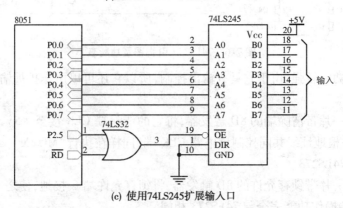

(c) 使用74LS245扩展输入口

图 7-7　使用 74LS244、74LS373、74LS245 扩展输入口的硬件图

74LS244 可以作为缓冲器、驱动器使用,它的引脚图和功能表如图 7-8 所示。按图 7-7 (a)所示的电路从扩展的输入口输入数据可用以下两条指令完成:

MOV        DPTR,#7FFFH

MOVX    A,    @DPTR

由于 74LS373 具有输出允许控制,因此它既可以用作扩展输出口,又可以用作扩展输入口。将它的控制端接高电平,使之一直处于锁存允许。在执行对外部数据存储器读操作指令时将数据读入 CPU。

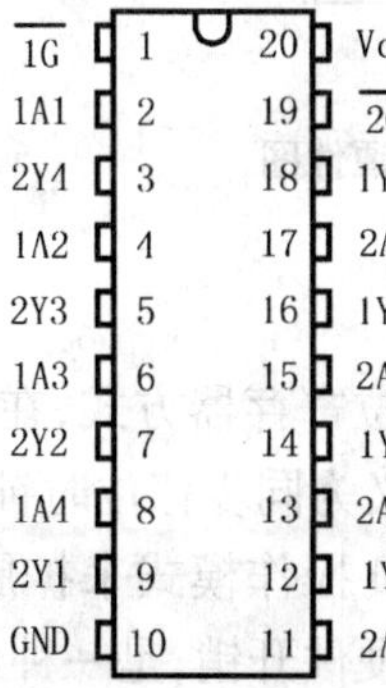

| 控制 $\overline{G}$ | 输入 A | 输出 Q |
|---|---|---|
| H | X | 高阻 |
| L | L | L |
| L | H | H |

**图 7-8　74LS244 引脚图及功能表**

8 位总线收发器 74LS245 除了可以作为输入口使用外,更多的情况是作为总线驱动器使用,其引脚图和功能表如图 7-9 所示。由于 MCS-51 单片机的 P0 口只能以灌电流方式驱动 8 个 LSTTL 电路,因此当扩展的外部 RAM 和 I/O 端口超过它的负载能力时需加接总线驱动器。

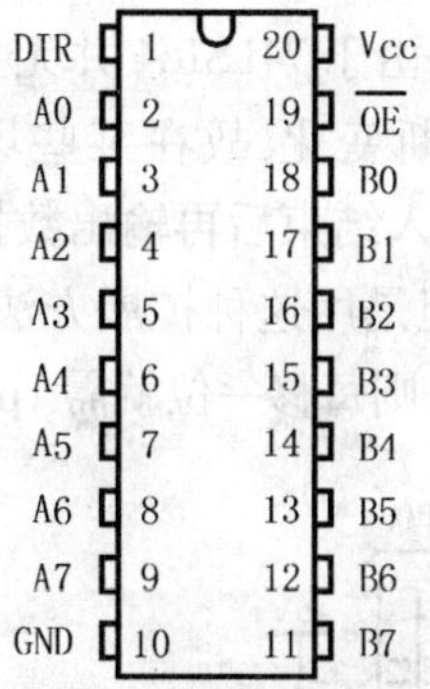

| 输出允许 $\overline{OE}$ | 方向控制 DIR | 功　能 |
|---|---|---|
| H | X | A 与 B 端均处于高阻状态 |
| L | L | A 端为输出,B 端为输入 |
| L | H | A 端为输入,B 端为输出 |

**图 7-9　74LS245 引脚图及功能表**

图 7-10 所示的电路就是利用 74LS245 实现总线驱动器的一个应用实例。当出现 $\overline{RD}$ 或 $\overline{WR}$ 信号时就选中了 74LS245 的输出允许端 $\overline{OE}$。$\overline{RD}$ 信号用来控制 74LS245 数据的传送方向,当无 $\overline{RD}$ 信号时,数据传送的方向是 A→B,而出现 $\overline{RD}$ 信号时,数据传送的方向是 B→A。

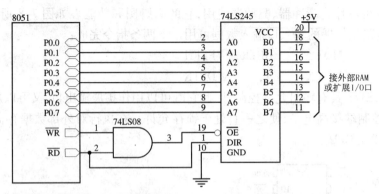

**图 7-10　74LS245 作总线驱动器的硬件图**

### 7.2.3　用串行移位寄存器方式扩展并行接口

　　MCS-51 单片机串行口的操作模式 0 被定义为同步移位寄存器方式,在这种操作模式下 P3.0(RXD)被定义为数据输入或输出端,P3.1(TXD)被定义为同步移位时钟输出端。如果在应用系统中串行口未被占用,那么可以利用串行口的方式 0 操作模式来扩展并行 I/O 端口。采用这种方法的特点是既不占用外部 RAM 的地址,又节约硬件开销,是一种经济实用的方法。

　　**1. 串入并出 8 位移位寄存器 74LS164、4094**

　　**(1) 8051 与 74LS164 的硬件连接**

　　图 7-11 所示的是利用 2 片 74LS164 扩展两个 8 位并行输出口的硬件连接图。74LS164 是 8 位串入并出移位寄存器,其引脚图及功能表如图 7-12 所示。当 74LS164 的 $\overline{CLR}$ 端送入低电平时,其输出端 Q0～Q7 全部为 0。当 $\overline{CLR}$ 端处于高电平时,串行口工作在发送状态,串行数据由 P3.0（RXD）送出,移位时钟由 P3.1(TXD)送出。在移位时钟的作用下,串行发送缓冲器的数据一位一位地由 A、B 端移入 74LS164 中。应该指出的是由于 74LS164 并无并行输出控制端,因而在串行输入过程中,其输出端 Q0～Q7 的状态会不断变化,故在某些场合应在 74LS164 的输出端加接输出三态门控制(如 74LS244),以便在串行输入结束后再输出数据。从理论上讲,74LS164 可以无限地串接下去,进一步扩展并行输出能力,但是用这种扩展方法,并行输出的速度是不高的,因为移位时钟的频率为 fosc/12,若 fosc =12MHz,则每移一位就需 1μs。

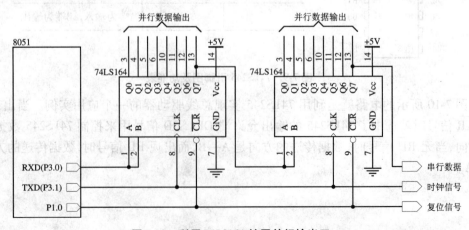

**图 7-11　利用 74LS164 扩展并行输出口**

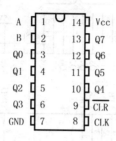

| 清零 $\overline{\text{CLR}}$ | 时钟 CLK | 功能 |
|:---:|:---:|:---:|
| L | X | 清零 |
| H | ↑ | 移位 |
| H | H、L或↓ | 保持 |

（A和B的逻辑与为串行输入数据）

**图 7-12　74LS164 引脚图及功能表**

（2）接口软件实例

下面给出的程序是将内部 RAM 50H、51H 的内容经串行口由 74LS164 并行输出的子程序。

```
START：      MOV   R6,    # 02       ;设置要发送的字节数
            MOV   R0,    # 50H      ;设置地址指针
            MOV   SCON,  # 00H      ;设置串行口为方式 0
SEND：       MOV   A,     @ R0       ;取数
            MOV   SBUF,  A          ;启动串行口发送数据
HERE：       JNB   TI,    HERE       ;等待发送完毕
            CLR   TI                ;清发送标志
            INC   R0                ;指针加 1
            DJNZ  R6,    SEND       ;两个字节未发送完继续
            RET                     ;返回
```

上面的程序对串行发送采用的是查询等待控制方式,如有必要也可改用中断处理方式。

（3）8051 与 4094 的硬件连接

4094 是带输出控制的 8 位串入并出移位寄存器,使用 4094 实现串行输入并行输出扩展输出口,可以避免在串行输入过程中其输出端的状态会不断地变化。4094 的功能如表7-1所示。图 7-13 是 4094 与 8051 的硬件连接图。串行数据由 P3.0 送出,移位时钟由 P3.1 送出。P1.0 控制 4094 的输出允许端（Output Enable）。P1.1 控制 4094 的选通端。这样就可以实现 8051 在进行串行数据发送时 4094 的输出端维持原输出状态或输出端呈高阻状态。

**表 7-1　4094 的功能表**

| 输出允许 OE | 选通 STB | 时钟 CLK | 功　能 |
|:---:|:---:|:---:|:---:|
| L | X | X | 高阻输出 |
| H | L | X | 保持不变 |
| H | H | ↑ | 移位 |

（D 为串行输入端, Q1～Q8 为并行输出端, Qs 为串行输出端）

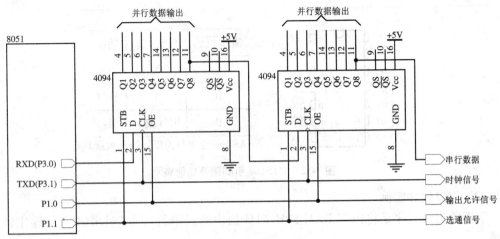

图 7-13　利用 4094 扩展并行输出口

**2. 并入串出 8 位移位寄存器 74LS165**

（1）硬件连接

图 7-14 是利用 2 片 74LS165 扩展两个 8 位输入口的接口电路图。74LS165 是 8 位并行置入移位寄存器，其引脚图及功能表如图 7-15 所示。当移位/置入端（S/$\overline{L}$）由高到低跳变时，并行输入端（A～H）的数据被置入寄存器，恢复 S/$\overline{L}$ 端为 1，将时钟禁止端（CLK Inhibit）置 0，允许时钟输入，这时在时钟脉冲的作用下，数据由 A 到 H 方向移位，并且从 QH 端送出。

图 7-14 中 P3.0（RXD）作为串行输入端与 74LS165 的串行输出端 QH 相连，P3.1（TXD）作为移位脉冲输出端与两片 74LS165 的移位脉冲输入端 CLK 相连，P1.0 用来控制 74LS165 的移位和置位，因此将 P1.0 与 S/$\overline{L}$ 端相连，74LS165 的时钟禁止端接地，表示允许时钟输入。当需要扩展更多的 8 位并行输入口时，只需按此连接方法，将 74LS165 串接起来。

使用这种方法扩展的输入口越多，CPU 将全部并行口数据读入 CPU 的时间就越长，即口的操作速度就越低。与 74LS165 相类似的 CMOS 电路 4014 也可以实现这样的功能。

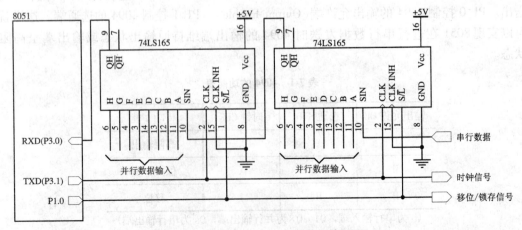

图 7-14　利用 74LS165 扩展并行输入口

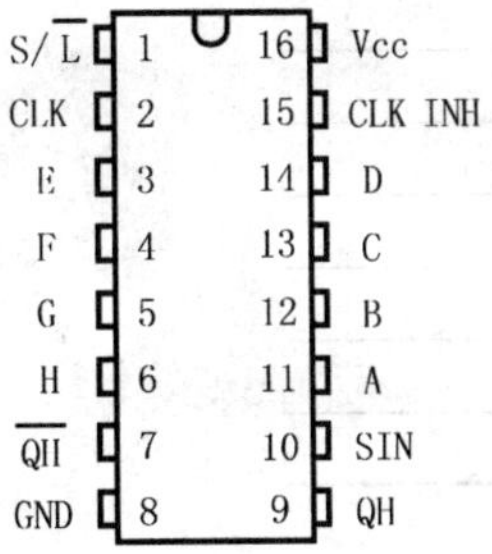

| 移位/装入 S/L̄ | 时钟 CLK | 时钟禁止 CLK INH | 功　能 |
|---|---|---|---|
| L | X | X | 并行输入数据 |
| H | ↑ | L | 移　位 |
| H | L | ↑ | 移　位 |
| H | X | X | 保持不变 |
| H | X | H | 保持不变 |

(SIN 为串行数据输入端，A～H 为并行输入端，Q 为串行数据输出端)

**图 7-15　74LS165 引脚图及功能表**

（2）接口软件实例

下面的程序是从 16 位扩展口读入 10 组数据（每组 2 个字节），并把它们转存至内部 RAM 50H 开始的单元中：

```
            MOV     R5,     #0AH          ;设置读入组数
            MOV     R1,     #50H          ;设置内部 RAM 首地址
STRT:       CLR     P1.0                  ;置入并行数据 S/L̄=0
            SETB    P1.0                  ;允许数据移位 S/L̄=1
            MOV     R2,     #02H          ;设置每组数据的字节数
RXDATA:     MOV     SCON,   #00010000B    ;设置串行口方式,允许并启动接收
HERE:       JNB     RI,     HERE          ;未接收完一帧,等待
            CLR     RI                    ;清 RI 标志,准备下次接收
            MOV     A,      SBUF          ;读入数据
            MOV     @R1,    A             ;送内部 RAM
            INC     R1                    ;内部 RAM 指针加 1
            DJNZ    R2,     RXDATA        ;未读完一组,继续接收
            DJNZ    R5,     STRT          ;10 组数据未接收完继续接收
            RET                           ;返回
```

# 7.3　可编程输入/输出芯片

MCS-51 单片机是 Intel 公司的产品,Intel 公司的配套 I/O 接口芯片与 MCS–51 单片机的接口最为简单、可靠,表 7-2 所示的是 MCS-51 单片机常用的外围接口芯片,本节仅对 8255、8155 进行介绍。

**表 7-2    MCS-51 单片机常用外围芯片一览表**

| 型 号 | 器 件 名 称 |
|---|---|
| 8255 | 可编程外围并行接口 |
| 8155 | 带 I/O 端口及定时器的静态 RAM |
| 8243 | I/O 端口扩展接口 |
| 8279 | 可编程键盘/显示器接口 |
| 8251 | 可编程通信接口 |
| 8253 | 可编程定时器/计数器 |
| 8259 | 可编程中断控制器 |

### 7.3.1    可编程并行接口芯片 8255

8255 是用 Intel MCS-80/85 系列的通用可编程并行输入/输出接口芯片。它也可以和 MCS-51 单片机系统相连,以扩展 MCS-51 系统的 I/O 端口,8255 与 MCS-51 单片机相连时是作为外部 RAM 单元来处理的。它具有三个 8 位并行输入/输出口,具有三种工作方式,可通过程序来改变其工作方式,因而其使用起来灵活方便,通用性强,可以作为单片机与多种外围设备连接时的中间接口电路。

**1. 8255 的内部结构**

8255 的内部结构框图如图 7-16 所示,它由以下几个部分组成。

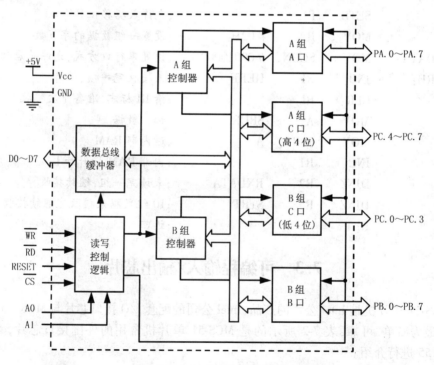

**图 7-16    8255 的内部结构框图**

（1）端口 A、B、C

8255 具有三个 8 位并行端口:端口 A、端口 B、端口 C,每个端口都可以通过编程来选择决定其输入或输出,但每个端口在功能上又具有不同的特点。

① 端口 A：一个 8 位数据输出锁存器/缓冲器和一个 8 位数据输入锁存器。

② 端口 B：一个 8 位数据输入/输出锁存器/缓冲器和一个 8 位数据输入缓冲器。

③ 端口 C：一个 8 位数据输出锁存器/缓冲器和一个 8 位数据输入缓冲器(输入不带锁存)。

通常 A 口、B 口作为数据输入/输出端口，C 口作为控制或状态信息端口，通过对"工作方式控制字"的编程，可以将 C 口分成两个 4 位端口，每个端口有一个 4 位锁存器，分别与 A 口和 B 口配合使用，作为控制信号输出或状态信号输入。

（2）A 组和 B 组控制电路

这是两组根据 CPU 的命令字控制 8255 工作方式的电路。其控制寄存器接收 CPU 输出的命令字，然后分别决定 A 组和 B 组的工作方式，也可以根据 CPU 的命令字对端口 C 的每一位实现按位"复位或置位"。

A 组控制电路控制 A 口和 C 口的高 4 位(PC.4 ~ PC.7)。

B 组控制电路控制 B 口和 C 口的低 4 位(PC.0 ~ PC.3)。

（3）数据总线缓冲器

数据总线缓冲器是一个三态双向 8 位缓冲器，它是 8255 与系统数据总线之间的接口，用来传送数据、指令、控制命令以及外部状态信息。

（4）读/写控制逻辑

读/写控制逻辑电路接收 CPU 送来的控制信号：$\overline{RD}$、$\overline{WR}$、RESET、$\overline{CS}$以及地址信号 A1、A0，然后根据控制信号的要求，将端口数据送往 CPU，或者将 CPU 送来的数据写入端口。

**2. 8255 的引脚功能**

8255 共有 40 个引脚，采用双列直插式封装，如图 7-17 所示。

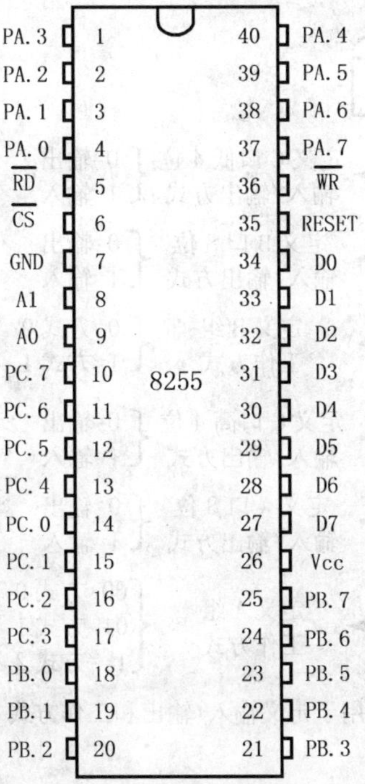

表 7-3　8255 的端口选择

| $\overline{CS}$ | A1 | A0 | $\overline{RD}$ | $\overline{WR}$ | D7 ~ D0 数据传送方向 |
|---|---|---|---|---|---|
| 0 | 0 | 0 | 0 | 1 | 端口 A→数据总线 |
| 0 | 0 | 0 | 1 | 0 | 端口 A←数据总线 |
| 0 | 0 | 1 | 0 | 1 | 端口 B→数据总线 |
| 0 | 0 | 1 | 1 | 0 | 端口 B←数据总线 |
| 0 | 1 | 0 | 0 | 1 | 端口 C→数据总线 |
| 0 | 1 | 0 | 1 | 0 | 端口 C←数据总线 |
| 0 | 1 | 1 | 0 | 1 | 无效 |
| 0 | 1 | 1 | 1 | 0 | 数据总线→控制寄存器 |
| 0 | × | × | 1 | 1 | 数据总线为三态 |
| 1 | × | × | × | × | 数据总线为三态 |

图 7-17　8255 引脚图

8255 的各引脚功能如下:

① D7 ~ D0:数据总线。D7 ~ D0 是 8255 与 CPU 之间交换数据、控制字/状态字的总线,通常与系统的数据总线相连。

② $\overline{CS}$: 片选信号线,低电平有效。当$\overline{CS}$为低电平时,8255 被选中。

③ $\overline{RD}$: 读信号线,低电平有效。当 CPU 发出$\overline{RD}$信号时,数据允许读出。

④ $\overline{WR}$:写信号线,低电平有效。当 CPU 发出$\overline{WR}$信号时,将允许数据写入 8255。

⑤ RESET:复位信号线,高电平有效。复位后将清除控制寄存器并置所有端口(A、B、C)呈输入状态。

⑥ A1、A0:地址线。用来选择 8255 的端口,具体定义如表 7-3 所示。

⑦ PA. 7 ~ PA. 0:A 口输入/输出线。

⑧ PB. 7 ~ PB. 0:B 口输入/输出线。

⑨ PC. 7 ~ PC. 0:当 8255 工作于方式 0 时,C 口成为输入/输出线;当 8255 工作在方式 1 或方式 2 时,C 口将分别成为 A 口和 B 口的联络控制线。

### 3. 8255 的控制字、状态字和三种工作方式

8255 有两个控制字和一个状态字。在 A1、A0 为 11 时可以对两个控制字进行编程。若控制字的最高位为 1,表示的是工作方式控制字;若控制字的最高位为 0,表示的是按位置数控制字。

#### (1) 工作方式控制字

工作方式控制字的定义如图 7-18 所示。它用于规定端口的工作方式,其中 D2 ~ D0 定义 B 组,D6 ~ D3 定义 A 组。

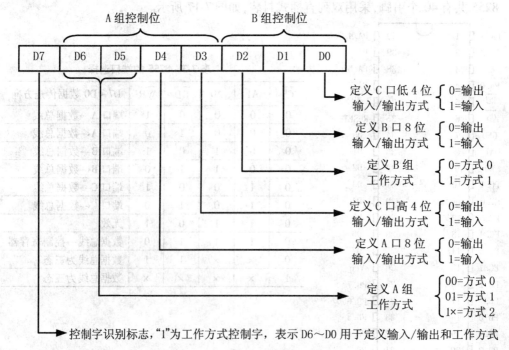

图 7-18  8255 工作方式控制字

（2）按位置数控制字

按位置数控制字的定义如图 7-19 所示。按位置数控制字用于对端口 C 的 I/O 引脚的输出进行控制。其中通过对 D3～D1 这三位进行编程指示输出的位数，D0 表示输出的数据。"0"表示输出低电平，"1"表示输出高电平，显然 C 具有位操作功能。

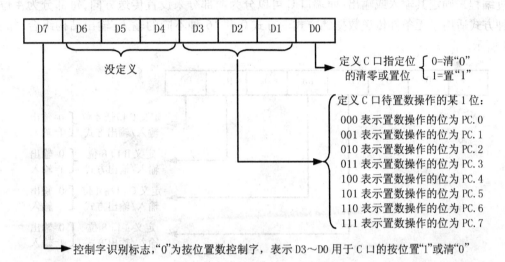

图 7-19　8255 按位置数控制字

（3）状态字

8255 没有专门的状态字，而是当 8255 工作在方式 1 和方式 2 时读取 C 口数据，即得到状态字。图 7-20 所示的就是状态字各位的含义。当 A 口、B 口均工作在方式 1 时，状态字的有效信息位不满 8 位，所缺的位即为对应端口 C 引脚的输入电平。

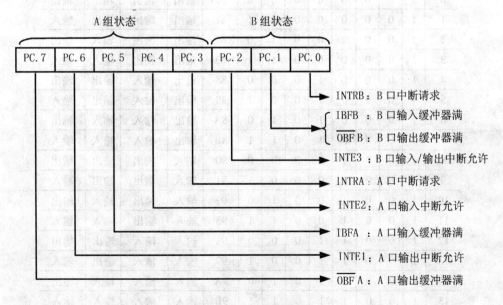

图 7-20　8255 的状态字

（4）工作方式

① 方式0（基本输入/输出）。当工作方式控制字被定义为如图7-21的情况,8255工作在方式0,方式0是一种最简单的输入/输出方式。8255工作在方式0时,三个端口共24条引脚可分成四组(PA.7~PA.0、PB.7~PB.0、PC.7~PC.4、PC.3~PC.0),三个端口都可以通过编程来确定其输入或输出,而端口C可以分为两部分来设置传送方向,每部分为4位。这种方式适用于无条件传送数据的方式。方式0共16种不同的输入/输出结构组合,如表7-4所示。

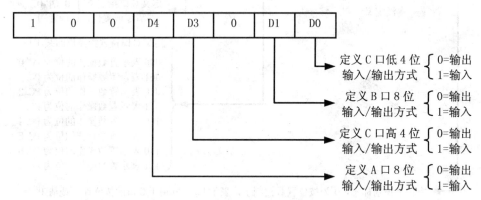

图7-21　方式0控制字格式

**表7-4　方式0输入/输出结构组合**

| 序号 | 控　制　字 | | | | | | | | | A　组 | | B　组 | |
| --- | --- | --- | --- | --- | --- | --- | --- | --- | --- | --- | --- | --- | --- |
| | D7 | D6 | D5 | D4 | D3 | D2 | D1 | D0 | 十六进制 | A口 | C口高4位 | B口 | C口低4位 |
| 0 | 1 | 0 | 0 | 0 | 0 | 0 | 0 | 0 | 80 | 输出 | 输出 | 输出 | 输出 |
| 1 | 1 | 0 | 0 | 0 | 0 | 0 | 0 | 1 | 81 | 输出 | 输出 | 输出 | 输入 |
| 2 | 1 | 0 | 0 | 0 | 0 | 0 | 1 | 0 | 82 | 输出 | 输出 | 输入 | 输出 |
| 3 | 1 | 0 | 0 | 0 | 0 | 0 | 1 | 1 | 83 | 输出 | 输出 | 输入 | 输入 |
| 4 | 1 | 0 | 0 | 0 | 1 | 0 | 0 | 0 | 88 | 输出 | 输入 | 输出 | 输出 |
| 5 | 1 | 0 | 0 | 0 | 1 | 0 | 0 | 1 | 89 | 输出 | 输入 | 输出 | 输入 |
| 6 | 1 | 0 | 0 | 0 | 1 | 0 | 1 | 0 | 8A | 输出 | 输入 | 输入 | 输出 |
| 7 | 1 | 0 | 0 | 0 | 1 | 0 | 1 | 1 | 8B | 输出 | 输入 | 输入 | 输入 |
| 8 | 1 | 0 | 0 | 1 | 0 | 0 | 0 | 0 | 90 | 输入 | 输出 | 输出 | 输出 |
| 9 | 1 | 0 | 0 | 1 | 0 | 0 | 0 | 1 | 91 | 输入 | 输出 | 输出 | 输入 |
| 10 | 1 | 0 | 0 | 1 | 0 | 0 | 1 | 0 | 92 | 输入 | 输出 | 输入 | 输出 |
| 11 | 1 | 0 | 0 | 1 | 0 | 0 | 1 | 1 | 93 | 输入 | 输出 | 输入 | 输入 |
| 12 | 1 | 0 | 0 | 1 | 1 | 0 | 0 | 0 | 98 | 输入 | 输入 | 输出 | 输出 |
| 13 | 1 | 0 | 0 | 1 | 1 | 0 | 0 | 1 | 99 | 输入 | 输入 | 输出 | 输入 |
| 14 | 1 | 0 | 0 | 1 | 1 | 0 | 1 | 0 | 9A | 输入 | 输入 | 输入 | 输出 |
| 15 | 1 | 0 | 0 | 1 | 1 | 0 | 1 | 1 | 9B | 输入 | 输入 | 输入 | 输入 |

② 方式1（选通输入/输出）。图7-22所示的工作方式控制字表示8255工作在方式1。

方式 1 是一种选通的输入/输出工作方式。在这种方式下,选通信号与输入/输出数据一起传送,由选通信号对数据进行选通,其基本功能可概括如下:

● 三个端口分为两组(A 组、B 组),每组含有一个 8 位数据口和一组控制/状态线。

● 8 位数据口可以输入也可以输出,输入/输出均可锁存。

● A 组或 B 组中只有一个口被定义为方式 1,则余下的端口可以工作在方式 0。

● 若 A 口、B 口均工作在方式 1,C 口中还剩下 2 位,这 2 位可以通过编程来确定其输入或输出。8255 工作在方式 1 时,其输入/输出结构状态字的格式如表 7-5 所示。

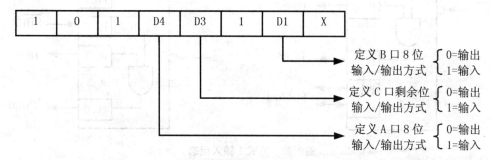

图 7-22　方式 1 控制字格式

表 7-5　8255 工作在方式 1 时不同输入/输出方式下的状态字

| C 口各位定义 | A 组为输入方式 | A 组为输入方式 | A 组为输出方式 | A 组为输出方式 |
| --- | --- | --- | --- | --- |
| | B 组为输入方式 | B 组为输出方式 | B 组为输入方式 | B 组为输出方式 |
| PC.0 | INTRB | INTRB | INTRB | INTRB |
| PC.1 | IBFB | $\overline{OBF}$ B | IBFB | $\overline{OBF}$ B |
| PC.2 | INTE3 | INTE3 | INTE3 | INTE3 |
| PC.3 | INTRA | INTRA | INTRA | INTRA |
| PC.4 | INTE2 | INTE2 | I/O | I/O |
| PC.5 | IBFA | IBFA | I/O | I/O |
| PC.6 | I/O | I/O | INTE1 | INTE1 |
| PC.7 | I/O | I/O | $\overline{OBF}$ A | $\overline{OBF}$ A |

当任何一个口工作在方式 1 输入时,其控制联络信号如图 7-23 所示。由图可见 A 口和 B 口都有 $\overline{STB}$、IBF、INTR 三个信号。

$\overline{STB}$(Strobe):选通输入。这是由外设送来的信号,低电平时由外设将数据送入 8255 的输入锁存器。

IBF(Input Buffer Full):输入缓冲器满信号。该信号是 8255 提供给外设的联络信号,当它为高电平时,表示数据已输入到数据锁存器,它由 $\overline{STB}$ 的下降沿置位,由 $\overline{RD}$ 信号的上升沿复位。

INTR(Interrupt Request):中断请求信号。高电平有效,由 8255 发出,向 CPU 发中断请求,要求 CPU 读取外设送给 8255 的数据。当 $\overline{STB}$、IBF、INTE2(中断允许)均为高电平时,INTR 为高。中断请求信号由 CPU 发出的 $\overline{RD}$ 信号的下降沿复位。

INTE:中断允许控制位。A 口的中断允许控制位 INTE2 由 PC.4 的置位/复位来控制,INTE2 = 1 允许 A 口中断。B 口的中断允许控制位 INTE3 由 PC.2 的置位/复位来控制,

INTE3 = 1 允许 B 口中断。

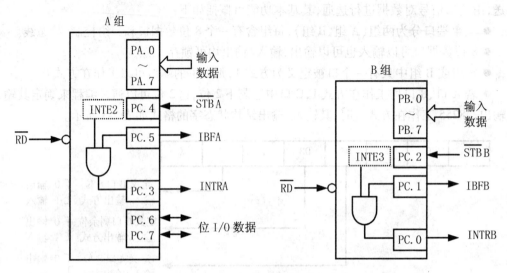

**图 7-23　方式 1 输入组态**

方式 1 的输入时序如图 7-24 所示。

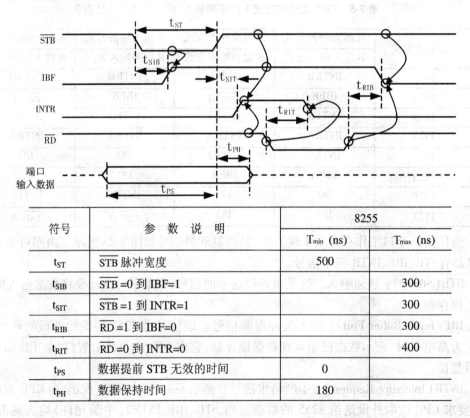

| 符号 | 参 数 说 明 | 8255 | |
|---|---|---|---|
| | | $T_{min}$ (ns) | $T_{max}$ (ns) |
| $t_{ST}$ | $\overline{STB}$ 脉冲宽度 | 500 | |
| $t_{SIB}$ | $\overline{STB}$ =0 到 IBF=1 | | 300 |
| $t_{SIT}$ | $\overline{STB}$ =1 到 INTR=1 | | 300 |
| $t_{RIB}$ | $\overline{RD}$ =1 到 IBF=0 | | 300 |
| $t_{RIT}$ | $\overline{RD}$ =0 到 INTR=0 | | 400 |
| $t_{PS}$ | 数据提前 STB 无效的时间 | 0 | |
| $t_{PH}$ | 数据保持时间 | 180 | |

**图 7-24　方式 1 输入时序**

当外设的数据送至 8255 的数据线上时,由外设用选通信号 $\overline{STB}$ 把数据送入 8255 的输入锁存器,$\overline{STB}$ 的宽度至少为 500ns。$\overline{STB}$ 信号经过时间 $t_{SIB}$ 后,IBF 信号有效,提供给外设,阻止外设继续输入新的数据,该信号也可供 CPU 查询。当 $\overline{STB}$ 信号结束恢复为高电平后,经过 $t_{SIT}$ 后发出 INTR 信号(当 INTE = 1 时),当 CPU 收到 INTR 信号响应中断,发出 $\overline{RD}$ 信号,把数据读入 CPU。在 $\overline{RD}$ 信号有效后,经过 $t_{RIT}$ 清除中断请求。当 $\overline{RD}$ 信号结束,数据已读入 CPU,$\overline{RD}$ 信号的上升沿又使 IBF 输出为 0,表示输出缓冲器已空,通知外设可以输入新的数据。

当 8255 A 口、B 口工作在方式 1 输出时,其组态如图 7-25 所示。

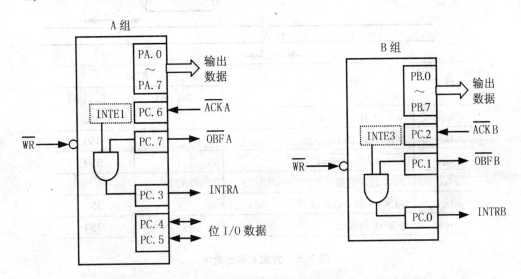

**图 7-25　方式 1 输出组态**

各控制信号的功能如下:

$\overline{OBF}$(Output Buffer Full):输出缓冲器满信号。低电平有效,它是 8255 输出给外部设备的联络信号,当它为低电平时,表示 CPU 已经把数据输出给指定的端口,外设可以将数据取走。它由 CPU 送出的 $\overline{WR}$ 信号结束时的上升沿置"0"(有效),由 $\overline{ACK}$ 信号的下降沿置"1"(无效)。

$\overline{ACK}$(Acknowledge):外设响应信号。低电平有效,该端为低电平时表示 CPU 输出给8255 的数据已由外设读取。

INTR:中断请求信号。高电平有效,表示 CPU 输出给 8255 的数据已由外设读取,请求CPU 继续输出数据。中断请求的条件是 $\overline{ACK}$、$\overline{OBF}$ 和 INTE(中断允许)均为高电平,CPU 发出的 $\overline{WR}$ 信号的下降沿将撤除中断请求信号。

INTE1:由 PC.6 的置位/复位控制。

INTE3:由 PC.2 的置位/复位控制。

方式 1 的输出时序如图 7-26 所示。在中断控制方式下,输出过程是由 CPU 响应中断开始的。在中断服务程序中,CPU 在输出数据的同时发出 $\overline{WR}$ 信号,$\overline{WR}$ 信号一方面撤除 INTR(经过 $t_{WIT}$),另一方面 $\overline{WR}$ 信号的上升沿使 $\overline{OBF}$ 有效,通知外设读取数据。在 $\overline{WR}$ 信号上升沿后经过 $t_{WB}$ 后数据输出。外设读取 8255 数据的同时,发出 $\overline{ACK}$ 信号,该信号一方面使 $\overline{OBF}$ 无效(经过 $t_{AOB}$),另一方面在 $\overline{ACK}$ 信号的上升沿使 INTR 有效(经过 $t_{AIT}$),从而发出新的中断请求,通知 CPU 继续输出数据。

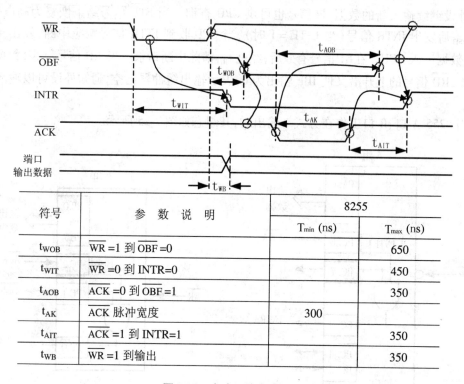

| 符　号 | 参　数　说　明 | 8255 | |
|---|---|---|---|
| | | T$_{min}$ (ns) | T$_{max}$ (ns) |
| t$_{WOB}$ | $\overline{WR}$ =1 到 $\overline{OBF}$ =0 | | 650 |
| t$_{WIT}$ | $\overline{WR}$ =0 到 INTR=0 | | 450 |
| t$_{AOB}$ | $\overline{ACK}$ =0 到 $\overline{OBF}$ =1 | | 350 |
| t$_{AK}$ | $\overline{ACK}$ 脉冲宽度 | 300 | |
| t$_{AIT}$ | $\overline{ACK}$ =1 到 INTR=1 | | 350 |
| t$_{WB}$ | $\overline{WR}$ =1 到输出 | | 350 |

**图 7-26　方式 1 输出时序**

③ 方式 2(带选通的双向 I/O)。通过图 7-27 所示的控制字格式,可设定端口 A 工作于方式 2,即 A 口成为一个双向 I/O 端口,并借用端口 C 的五条引脚作为通信联络线。方式 2 的基本功能如下:

● 方式 2 仅适合于 A 口;
● 有一个 8 位双向数据输入/输出端口(A 口)和一个 5 位控制信号端口(C 口);
● 输入和输出均锁存。

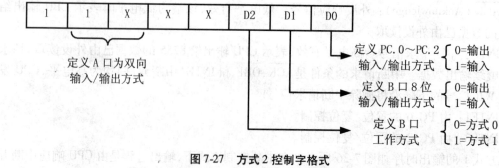

**图 7-27　方式 2 控制字格式**

C 口的状态字格式随 B 口的工作方式不同而不同,具体见表 7-6。

方式 2 组态如图 7-28 所示。

表 7-6 C 口的状态字格式随 B 口的工作方式不同而不同

| A 口 | B 口 | C 口 | | | | | | | |
|---|---|---|---|---|---|---|---|---|---|
| | | PC.7 | PC.6 | PC.5 | PC.4 | PC.3 | PC.2 | PC.1 | PC.0 |
| 方式 2 | 方式 0 输入 | OBFA | INTE1 | IBFA | INTE2 | INTRA | I/O 由工作方式控制字 DO 决定 | | |
| | 方式 0 输出 | OBFA | INTE1 | IBFA | INTE2 | INTRA | | | |
| | 方式 1 输入 | OBFA | INTE1 | IBFA | INTE2 | INTRA | INTEB | IBFB | INTRB |
| | 方式 1 输出 | OBFA | INTE1 | IBFA | INTE2 | INTRA | INTEB | OBFB | INTRB |

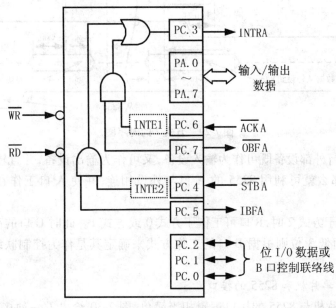

图 7-28 方式 2 组态

双向 I/O 端口控制信号的功能如下。

INTR：中断请求信号,高电平有效。8255 工作于方式 2 时可用于向 CPU 发中断请求。

OBFA：输出缓冲器满信号。低电平有效,当它为低电平时,表示 CPU 已把数据输出到 A 口。

ACKA：外设响应信号。低电平有效,当它为低电平时,启动 A 口的三态输出缓冲器,送出数据,ACK信号的上升沿是数据已输出的回答信号。

INTE1：是一个与输出缓冲器相关的中断允许触发器,由 PC.6 的置位/复位来控制。

STBA：选通输入。低电平有效,由外设送来的输入选通信号,用来将数据送入输入锁存器。

IBFA：输入缓冲器满信号。高电平有效,当它为高时;表示外设已将数据送入输入锁存器。

INTE2：是一个与输入缓冲器相关的中断允许触发器,由 PC.4 的置位/复位来控制。

8255 的 A 口工作在方式 2 时的时序如图 7-29 所示。它实质上是方式 1 的输入与输出方式的组合,因此各个时间参数的意义也相同。输出由 CPU 执行输出数据和发出 WR 信号开始,输入由选通信号开始。

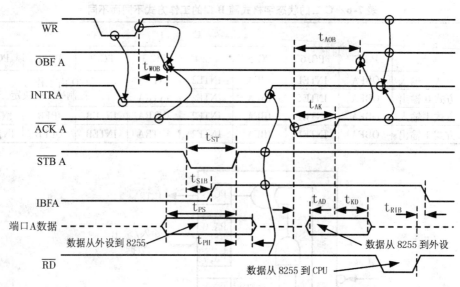

图 7-29　方式 2 的时序图

　　如果一个并行外部设备既可作为输入设备,又可作为输出设备,并且输入/输出操作又不会同时进行,那么就可利用 8255 的 A 口与外设相连,并使 A 口工作在方式 2,会非常合适。

　　当 A 口工作于方式 2 时,B 口可工作于方式 0 或方式 1。此时 C 口的高 5 位作为 A 口的控制联络线,而低 3 位则根据 B 口的工作方式来确定其是作为控制联络线还是 I/O 端口线。

### 4. MCS–51 单片机和 8255 的接口

　　MCS–51 单片机与 8255 的接口逻辑相当简单,图 7-30 给出了一种接口原理图。8255 的数据总线 D7 ~ D0 和 8051 P0 口相连,8255 的片选信号 $\overline{CS}$、A0、A1 分别和 8051 的 P2.7、A0、A1 相连,所以 8255 的 A 口、B 口、C 口和控制口地址分别为 7FFCH、7FFDH、7FFEH、7FFFH。8255 的读写线 $\overline{WR}$、$\overline{RD}$ 分别和 8051 的 $\overline{WR}$、$\overline{RD}$ 引脚相连。8255 的复位端 RESET 建议与 8051 的复位端 RESET 分开,所采用的 RC 电路时间常数应比 8051 的复位时间稍短一些。

### 5. 8255 编程举例

　　在实际的应用系统中,必须根据外围设备的类型选择 8255 的工作方式,并且在初始化程序中把相应的控制字写入。下面根据图 7-30 所示的原理图,举例说明 8255 的编程方法。

　　图 7-30 中,各端口的地址如下。

　　A 口:7FFCH。B 口:7FFDH。C 口:7FFEH。控制口:7FFFH。

　　① 假设要求 8255 的 A 组、B 组均工作在方式 0,且 A 口作为输入口,B 口和 C 口作为输出口,则初始化及输入/输出数据的程序如下:

```
    MOV     A,      #90H        ;方式0,A口输入,B口、C口输出
    MOV     DPTR,   #7FFFH      ;控制口地址送到 DPTR
    MOVX    @DPTR,  A           ;工作方式控制字送工作方式寄存器
    MOV     DPTR,   #7FFCH      ;A口地址送 DPTR
```

```
MOVX        A,          @ DPTR          ;从 A 口读数据
...
MOV         DPTR,       # 7FFDH         ;B 口地址送 DPTR
MOV         A,          # DATA1         ;要输出的数据送 A
MOVX        @ DPTR,     A               ;将数据送 B 口输出
...
MOV         DPTR,       # 7FFEH         ;C 口地址送 DPTR
MOV         A,          # DATA2         ;要输出的数据送 A
MOVX        @ DPTR,     A               ;将数据送 C 口输出
...
```

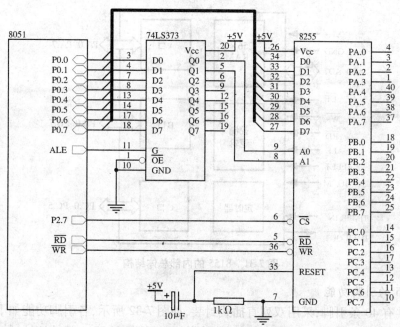

**图 7-30　8051 与 8255 的接口电路**

② 端口 C 的置位/复位。

8255 C 口的 8 位中的任一位,均可用指令实现置位或复位。例如,把 C 口的第 4 位 PC.3 置 1,相应的按位置数控制字为 000000111B = 07H。程序如下:

```
MOV         DPTR,       # 7FFFH         ;控制口地址送 DPTR
MOV         A,          # 07H           ;控制字送 A
MOVX        @ DPTR,     A               ;控制字送控制寄存器 PC.3 = 1
```

如果想把 C 口的第 5 位 PC.4 复位,相应的控制字为 00001000B = 08H,程序如下:

```
MOV         DPTR,       # 7FFFH         ;控制口地址送 DPTR
MOV         A,          # 08H           ;控制字送 A
MOVX        @ DPTR,     A               ;控制字送控制寄存器 PC.4 = 1
```

8255 接口芯片在 MCS-51 单片机应用系统中被广泛应用于连接外部设备,如打印机、键盘、显示器以及作为控制信息的输入/输出口。

### 7.3.2　带有 I/O 接口和计数器的静态 RAM 8155

Intel 8155 芯片内包含有 256 个字节的 RAM,2 个 8 位、1 个 6 位的可编程并行 I/O 端口和 1 个 14 位递减定时器/计数器。8155 可直接与 MCS-51 单片机接口,不需要增加任何硬件逻辑,因而是 MCS-51 单片机系统中最常用的外围接口芯片之一。

#### 1. 8155 的内部总体结构

8155 的内部总体结构如图 7-31 所示,其中包括 2 个 8 位并行输入/输出端口,1 个 6 位并行输入/输出端口,256 个字节的静态随机存取存储器 RAM,1 个地址锁存器,1 个 14 位定时器/计数器以及相应的控制逻辑电路。CPU 访问存储器或 I/O 及定时器/计数器的选择由 IO/$\overline{M}$ 信号决定。

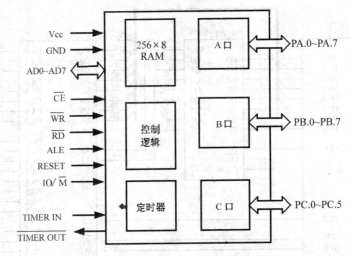

图 7-31　8155 的内部总体结构

#### 2. 8155 的引脚功能

8155 共有 40 条引脚,采用双列直插式封装,如图 7-32 所示,各引脚功能如下:

① AD7 ~ AD0:地址数据总线。通过它来传送 CPU 与 8155 之间的地址、数据、命令、状态。它可以直接与 MCS-51 单片机的 P0 口相连。在地址锁存允许信号 ALE 的下降沿将 8 位地址锁存在 8155 的内部地址寄存器中。该地址可以作为访问存储器部分的 8 位地址,也可以是 I/O 接口的通道地址,这将由 IO/$\overline{M}$ 信号来决定。

② $\overline{CE}$:片选信号线,低电平有效。

③ ALE:地址锁存允许信号。该控制信号由 CPU 发出,在该信号的下降沿,将 8 位地址信息、片选信号以及 IO/$\overline{M}$ 信号锁存至片内锁存器。

④ RESET:复位信号线,高电平有效。RESET 后,各端口被置成输入状态。

⑤ IO/$\overline{M}$:存储器与 I/O 接口选择信号线。高电平表示选择 I/O 接口,低电平表示选择存储器。

当 IO/$\overline{M}$ = 0 时,AD7 ~ AD0 输入的是存储器地址,寻址范围为 00H ~ 0FFH。

当 IO/$\overline{M}$ = 1 时,AD7 ~ AD0 输入的是 I/O 接口地址,其编码如表 7-7 所示。

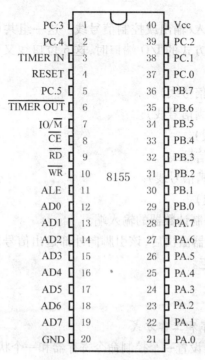

图 7-32　8155 的引脚图

表 7-7　8155 I/O 接口地址编码

| AD7～AD0 | | | | | | | | 寄　存　器 |
|---|---|---|---|---|---|---|---|---|
| A7 | A6 | A5 | A4 | A3 | A2 | A1 | A0 | |
| × | × | × | × | × | 0 | 0 | 0 | 命令/状态寄存器（命令状态口） |
| × | × | × | × | × | 0 | 0 | 1 | A 口（PA.7～PA.0） |
| × | × | × | × | × | 0 | 1 | 0 | B 口（PB.7～PB.0） |
| × | × | × | × | × | 0 | 1 | 1 | C 口（PC.5～PC.0） |
| × | × | × | × | × | 1 | 0 | 0 | 定时器低 8 位 |
| × | × | × | × | × | 1 | 0 | 1 | 定时器高 6 位和 2 位计数器输出方式选择位 |

⑥ $\overline{WR}$：写信号线,低电平有效。

⑦ $\overline{RD}$：读信号线,低电平有效。

根据上面的分析,IO/$\overline{M}$、$\overline{WR}$、$\overline{RD}$、$\overline{CE}$信号的不同组合,其操作的对象如表 7-8 所示。

表 7-8　IO/$\overline{M}$、$\overline{WR}$、$\overline{RD}$、$\overline{CE}$信号的不同组合的操作对象

| $\overline{RD}$ | $\overline{WR}$ | IO/$\overline{M}$ | $\overline{CE}$ | 操 作 对 象 |
|---|---|---|---|---|
| 0 | 1 | 0 | 0 | 读存储器 |
| 1 | 0 | 0 | 0 | 写存储器 |
| 0 | 1 | 1 | 0 | 读 I/O 端口或计数器 |
| 1 | 0 | 1 | 0 | 写 I/O 端口或计数器 |
| × | × | × | 1 | 禁止 |

⑧ PA.7～PA.0：A 口输入/输出线。其工作方式和数据的输入/输出由可编程的命令寄存器中的内容决定。

⑨ PB.7～PB.0：B 口输入/输出线。其工作方式和数据的输入/输出由可编程的命令

寄存器中的内容决定。

⑩ PC.5~PC.0：C 口输入/输出或控制信号线。这一组共 6 位口线,可作为 I/O 端口使用。当 PA、PB 定义为选通方式的 I/O 端口时,这 6 位口线又可作为 PA、PB 的控制联络线,其功能如下:

PC.0：INTRA(A 口中断信号线)。

PC.1：BFA(A 口缓冲器满信号线)。

PC.2：$\overline{STBA}$(A 口选通线)。

PC.3：INTRB(B 口中断信号线)。

PC.4：BFB(B 口缓冲器满信号线)。

PC.5：$\overline{STBB}$(B 口选通线)。

⑪ TIMER IN：14 位二进制计数器的输入端。

⑫ $\overline{TIMER\ OUT}$：当计数器溢出后,该引脚向外部送出信号,输出信号的波形是通过对计数器输出波形方式编程决定。

⑬ Vcc：接 +5V 电源。

⑭ GND：接地。

**3. 8155 的控制字、状态字和工作方式**

8155 的控制逻辑部件中,设置一个控制命令寄存器和一个状态标志寄存器。8155 的工作方式是由 CPU 写入控制命令寄存器中的控制字来确定。

(1) 8155 的命令字

控制命令寄存器只能写入不能读出。控制命令寄存器的格式如图 7-33 所示,其各位的功能如下:

| M2 | M1 | IEB | IEA | PCⅡ | PCⅠ | PB | PA |
|----|----|-----|-----|------|------|----|----|

**图 7-33　8155 控制命令寄存器格式**

① 位 0(PA)：定义 A 口数据传送的方向。"0"——输入方式,"1"——输出方式。

② 位 1(PB)：定义 B 口数据传送的方向。"0"——输入方式,"1"——输出方式。

③ 位 3、位 2(PCⅡ、PCⅠ)：定义 C 口的工作方式。"00"——方式 1,"11"——方式 2,"01"——方式 3,"10"——方式 4。

PCⅡ、PCⅠ的组态功能如表 7-9 所示。

**表 7-9　PCⅡ、PCⅠ的组态**

| PCⅡ、PCⅠ | 00 | 11 | 01 | 10 |
|----------|----|----|----|----|
| 方式 | 1 | 2 | 3 | 4 |
| PC.0 | 输入 | 输出 | INTRA | INTRA |
| PC.1 | 输入 | 输出 | BFA | BFA |
| PC.2 | 输入 | 输出 | $\overline{STBA}$ | $\overline{STBA}$ |
| PC.3 | 输入 | 输出 | 输出 | INTRB |
| PC.4 | 输入 | 输出 | 输出 | BFB |
| PC.5 | 输入 | 输出 | 输出 | $\overline{STBB}$ |

从表 7-9 可以看出,当通过对 PCⅡ、PCⅠ编程定义 C 口的工作方式时,实际上也对 A 口

和 B 口的工作方式作了定义。当 PCⅡ、PCⅠ将 C 口定义为方式 1、方式 2 时,C 口工作在基本的输入/输出方式,此时 A 口和 B 口也必定工作在基本的输入/输出方式;当 PCⅡ、PCⅠ将 C 口定义为方式 3 时,A 口则工作在选通的输入/输出方式,B 口工作在基本的输入/输出方式;当 PCⅡ、PCⅠ将 C 口定义为方式 4 时,A 口和 B 口均工作在选通的输入/输出方式。

④ 位 4(IEA):当 A 口工作在选通的输入/输出方式时,该位用来定义允许端口 A 的中断。"0"——禁止,"1"——允许。

⑤ 位 5(IEB):当 B 口工作在选通的输入/输出方式时,该位用来定义允许端口 B 的中断。"0"——禁止,"1"——允许。

⑥ 位 7、位 6(TM2、TM1):用来定义定时器/计数器工作的命令。该两位的组态情况如表 7-10 所示。

**表 7-10　M2、M1 组态定义**

| M2 | M1 | 方　　式 |
|----|----|---------|
| 0 | 0 | 不影响计数器工作,即空操作 |
| 0 | 1 | 若计数器未启动,则无操作;若计数器已运行,则停止计数 |
| 1 | 0 | 若计数器未启动,则无操作;若计数器已运行,则计数长度减为 0 时停止计数 |
| 1 | 1 | 若计数器未启动,装入计数长度和输出波形方式后立即启动计数器;若计数器正在运行,则完成当前计数值后,按新的长度和方式继续运行 |

(2) 8155 的状态字

8155 内部设置了一个状态标志寄存器,用来存放 A 口、B 口和定时器中断的状态标志。对状态标志寄存器 CPU 只能读出,不能写入。状态标志寄存器的格式如图 7-34 所示。

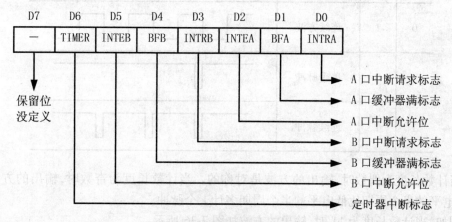

**图 7-34　8155 状态字格式**

(3) 工作方式

8155 的 A 口、B 口可工作于基本的输入/输出方式或选通的输入/输出方式,C 口可以作为输入/输出口线,也可作为 A 口、B 口在选通方式工作时的状态控制线,其工作情况与 8255 的方式 0、方式 1 大致相同,控制信号的含义也基本一样。

**4. 定时器/计数器**

8155 内部设置了一个 14 位递减计数器,它能对输入计数器的脉冲进行计数,当计满设置的计数值时,在 TIMER OUT 引脚将输出一个矩形波或脉冲信号。

对计数器进行计数长度设置和输出波形设置是通过对两个计数寄存器的计数控制字来确定的,这两个寄存器的地址如表7-7所示,两个计数寄存器的格式如图7-35所示。其中T0~T13是计数器的长度,装入的计数长度范围为2H~3FFFH。M2、M1是用来定义当计数器减为0时从$\overline{\text{TIMER}}$ $\overline{\text{OUT}}$引脚输出信号的方式。M2、M1的选择与输出波形的关系如表7-11所示。

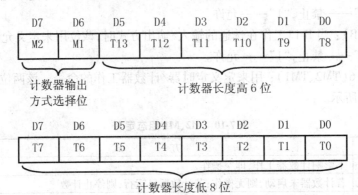

图7-35　定时寄存器格式

**表7-11　M2、M1的组合与输出波形对照表**

| M2 | M1 | 方　式 | 定　时　器　输　出　波　形 |
|----|----|-------|------------------------|
| 0 | 0 | 单个方波 | |
| 0 | 1 | 连续方波 | |
| 1 | 0 | 单个脉冲 | |
| 1 | 1 | 连续脉冲 | |

当计数长度为偶数时,输出的方波是对称的。当计数长度为奇数时,输出的方波不对称,高电平的半个周期比低电平的半个周期多计1个脉冲。

例如,当计数长度为11时,输出的方波如图7-36所示:

图7-36　计数长度为11时的方波

当选择输出的信号为负脉冲时,其脉冲的宽度为输入的脉冲宽度。

### 5. MCS-51 单片机与 8155 的接口

MCS-51 单片机可以和 8155 直接连接,不需外加任何电路。图 7-37 是 8051 与 8155 的一种接口电路。8051 的 P0 口与 8155 的 AD7~AD0 相连,当 P0 口送出 8 位地址信息时,通过 ALE 信号直接将地址信息锁存至 8155 内部的地址寄存器中。8155 的 $\overline{CE}$ 端接 P2.7,IO/$\overline{M}$ 端接 P2.6。当 P2.7 = 0、P2.6 = 1 时,访问 8155 的 I/O 端口。当 P2.7 = 0、P2.6 = 0 时,访问 8155 的 RAM。由此我们可以得到如下的地址编码:

RAM 地址:3F00H~3FFFH

I/O 端口地址如下。

命令/状态口: 7F00H

A 口: 7F01H

B 口: 7F02H

C 口: 7F03H

定时器低 8 位: 7F04H

定时器高 6 位: 7F05H

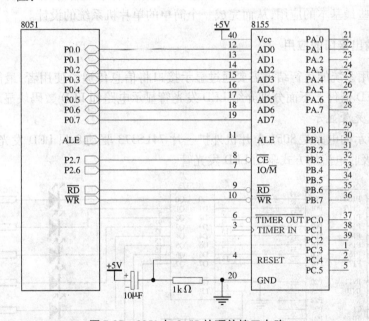

图 7-37 8051 与 8155 的硬件接口电路

### 6. 8155 编程举例

① 根据图 7-37 所示的电路,若定义 A 口为基本输出方式,B 口、C 口为基本输入方式,将定时器作为方波发生器,对输入的脉冲进行 10 分频,则初始化程序如下:

```
START:  MOV    DPTR,    #7F04H      ;指向定时器低 8 位
        MOV    A,       #0AH        ;计数值 10(10 分频)
        MOVX   @DPTR,   A           ;装入低 8 位
        INC    DPTR                 ;指向定时器高 6 位
        MOV    A,       #40H        ;设定输出方波
        MOVX   @DPTR,   A           ;装入高 6 位
```

```
        MOV     DPTR,    # 7F00H              ;送命令寄存器地址
        MOV     A,       # 0C1H;              ;命令字设定
        MOVX    @DPTR,   A                    ;A 口出,B 口、C 口入,启动定时器
```

② 读 8155 RAM 的 20H 单元内容,程序如下:

```
        MOV     DPTR,    # 3F20H              ;指向 8155 RAM 20H 单元
        MOVX    A,       @DPTR                ;读入
```

③ 将立即数 5AH 写入 8155 RAM 70 单元,程序如下:

```
        MOV     A,       # 5AH                ;(A)←5AH
        MOV     DPTR,    # 3F70H              ;指向 8155 RAM 70 单元
        MOVX    @DPTR,   A                    ;将数据写入 8155 RAM 70 单元
```

# 7.4 扩展输入/输出接口的应用

7.2、7.3 两节介绍了输入/输出接口的基本扩展方法,本节将介绍通过扩展的输入/输出接口实现一些最基本的应用,从而完成一个简单的单片机系统的设计。

## 7.4.1 输出接口的应用

单片机应用系统的运行结果需要通过显示接口将信息传递给使用者,最简单且常用的方法是采用 LED 器件。下面分别介绍 LED 发光管显示电路和 LED 数码块显示电路。

### 1. LED 发光管显示

图 7-38 所示的电路是 8051 单片机外扩一片 74LS373 驱动 8 只 LED 发光管的硬件图,74LS373 采用吸收电流的方式驱动 LED 发光管。

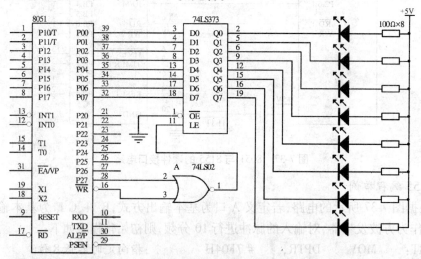

图 7-38　74LS373 驱动 8 只 LED 发光管的硬件图

若使 8 只发光管轮流发光,每次使 1 只发光管亮 1s 时间的程序清单如下:

```
LEDDISP:  MOV     DPTR,# 7FFFH          ;送 74LS373 选通地址
          MOV     A,# 0FEH              ;显示驱动字最低位亮
RE:       MOVX    @DPTR,A               ;送出
```

```
LCALL    DELAY_1s              ;延时 1s
RL       A                     ;左移显示驱动字
SJMP     RE                    ;跳转再送驱动字
```

### 2. LED 数码管显示

通常 LED 发光管只能用来显示某种状态。例如,仪器的运行或停止,开关的接通与断开,运行方向前进或倒退等。如果需要显示数据时,LED 发光管就无法实现,而 LED 数码管由于其成本低、亮度高、寿命长、能显示数字及简单的字符,因此被广泛用于各种参数及状态显示。LED 数码块由发光二极管组成。0.5 英寸以下 LED 数码管的内部结构如图 7-39 所示,显示器分为共阴极和共阳极两种形式。共阴极 LED 数码管的发光二极管负极连在一起,形成数码块的公共端(通常称为位选端),8 个发光管的正极称为段选端,如图 7-39(a)所示。当公共端接低电平,某个发光二极管的正极接高电平时,该发光二极管被点亮。而共阳极 LED 数码块是将二极管的正极连接在一起,形成共阳极 LED 数码管的公共端,如图 7-39(b)所示。该公共端必须接高电平,同理在共阳极 LED 数码管中如公共端接高电平,某个发光二极管的负极为低电平时,该发光二极管被点亮。0.5 英寸七段 LED 数码管的引脚如图 7-39(c)所示(正视图)。七段 LED 数码管由 8 个发光二极管组成,其中 7 个发光二极管构成一个“8”字,一个发光二极管用于显示小数点。这 8 个笔段分别用 a~h 表示。

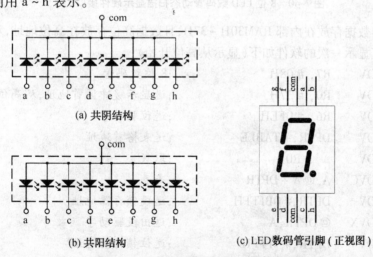

(a) 共阴结构

(b) 共阳结构　　　　　　　　(c) LED数码管引脚(正视图)

图 7-39　LED 数码管的内部结构及引脚图

七段数码管与单片机的接口很简单,只要将一个 8 位并行输出口与数码管 8 个笔段引脚相连。但要注意输出口的实际驱动能力,必要时应加驱动器。每个发光二极管均有其额定工作电流(5~10mA),所以实际使用中在每个发光二极管回路要有限流电阻,使其工作在额定电流范围内。图 7-40 所示是 51 系列单片机外扩两个 8 位输出口,采用扫描显示方式,实现 8 块 LED 数码管显示的硬件连接图。两片 74LS273 作为外扩的两个 8 位输出口,其中一片 74LS273 作为段锁存器,另一片作为位锁存器。段驱动器和位驱动器均采用 74LS244。

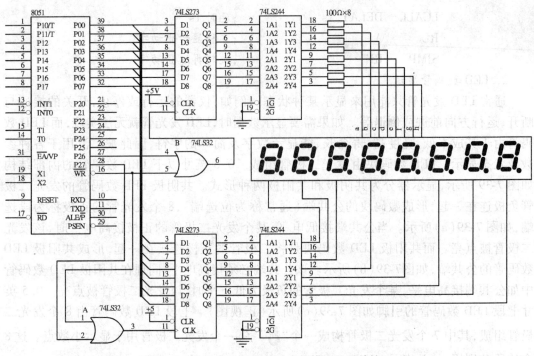

图 7-40　8 位 LED 数码管动态扫描显示硬件接口

若待显示的数据存放在内部 RAM30H ~ 37H,且数据高位存放在高位地址,对 8 位 LED 数码管扫描轮流显示一次的软件如下( 显示从高位开始):

```
DISPAY：MOV    R7, # 08H          ;8 位数码管
        MOV    R0, # 37H          ;送显示缓冲区首地址,从高位开始
        MOV    R6, # 0FEH         ;送位驱动字
RE：    MOV    DPTR,# TABLE        ;送表格首地址
        MOV    A,@ R0             ;取数
        MOVC   A,@ A + DPTR       ;查表
        MOV    DPTR,# 0BFFFH      ;送段锁存器地址
        MOVX   @ DPTR,A           ;送出段驱动字
        MOV    DPTR,# 7FFFH       ;送位锁存器地址
        MOV    A,R6               ;取位驱动字
        MOVX   @ DPTR,A           ;送出位驱动字
        LCALL  DELAY_1ms          ;延时 1 ms
        MOV    A,#0FFH            ;关显示
        MOVX   @ DPTR, A          ;送出
        MOV    A, R6              ;取位驱动字
        RL     A                  ;位驱动字左移
        MOV    R6,A               ;保存位驱动字
        DEC    R0                 ;显示缓冲区地址减1
        DJNZ   R7, RE             ;8 位未显示完继续
```

```
          RET
TABLE:DB   3FH,06H,5BH,4FH,66H        ;共阴结构数码管 0~9 字符的段码
      DB   6DH,7DH,07H,7FH,6FH
```

### 7.4.2　输入接口的应用

微型计算机的应用系统中,经常会获取诸如开关的闭合或断开,继电器、接触器的吸合或释放,电机的启动或停止,指示灯的点亮或熄灭等信息。这些信息的最大特点是:只有两种状态,因此可用并行输入接口来读取这些信息。图 7-41 所示的是 51 系列单片机外扩两个 8 位输入口实现两个 8 位 DIP 开关状态读取的硬件电路。

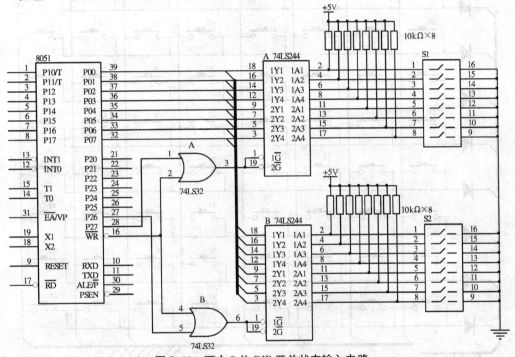

图 7-41　两个 8 位 DIP 开关状态输入电路

其数据输入的接口程序如下:

```
INPUT:MOV    DPTA, #7FFFH        ;送输入口(A)地址
      MOVX   A,    @DPTR         ;读取数据
      MOV    R7,   A             ;数据送 R7
      MOV    DPTA, #0BFFFH       ;送输入口(B)地址
      MOVX   A,    @DPTR         ;读取数据
      MOV    R6,   A             ;数据送 R6
      ⋮
```

上述程序分别将 S1、S2 开关的状态读入到 R7、R6 寄存器中。

### 7.4.3　输入/输出接口的组合应用

在单片机应用系统中,更多的情况是需要同时扩展输入/输出接口,才能完成系统设计

的要求。图 7-42 所示的是 51 系列单片机外扩一个 8 位输出口和一个 8 位输入口,实现 8 ×
8 键盘矩阵电路的硬件原理图。输出口采用一片 74LS273,输入口采用一片 74LS244。键盘
采用行扫描法识别键。

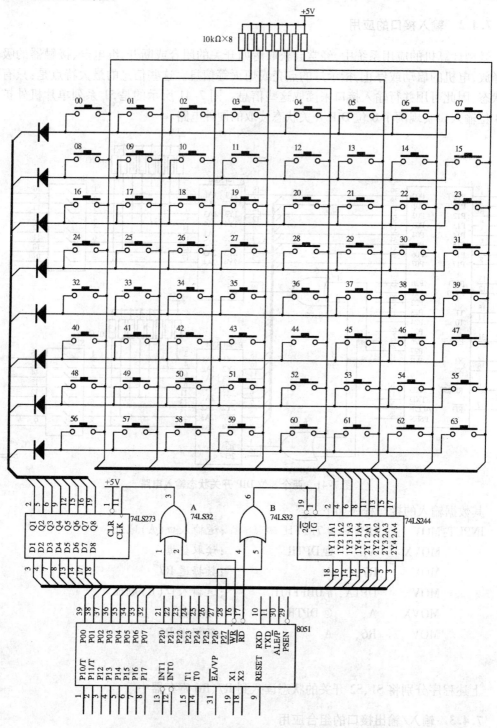

**图 7-42　单片机实现 8 × 8 键盘矩阵电路的硬件原理图**

行扫描法识别闭合键的原理如下：先使第 0 行输出"0"，其余行输出为"1"，然后检查列线信号。如果某列有低电平信号，则表明第 0 行和该列相交位置上的键被按下；否则说明没有键被按下。此后，再将第 1 行输出"0"，其余行为"1"，然后再检查列线中是否有变为低电平的线。如此往下逐行扫描，直到最后一行。在扫描过程中，当发现某一行有键闭合时，就停止扫描，然后根据行线位置和列线位置，识别此刻被按下的是哪一个键。图 7-42 的键盘电路中 74LS273 输出的是行信号，而 74LS244 输入的是列信号。

实际应用中，为了防止按键抖动和干扰信号引起的重复读键和错误读键，一般需在键扫描程序中融入抗干扰措施。最简单的方法是读取两次数据。两次数据若相同，则认为是按键信号，若不相同则认为有干扰信号。需再次读取数据，注意两次读取数据之间要延时几毫秒。为了加快键扫描程序的执行，在读取行信号后先判断有无按键。若有按键，正常识别按键；若无按键，则跳转下一行扫描。

图 7-42 中 74LS273 输出的 8 条行输出线中串接了 8 只二极管，这是为了防止某一列按键被同时按下两只以上的键时，而引起 74LS273 输出端短路。

键盘扫描程序的流程图如图 7-43 所示。

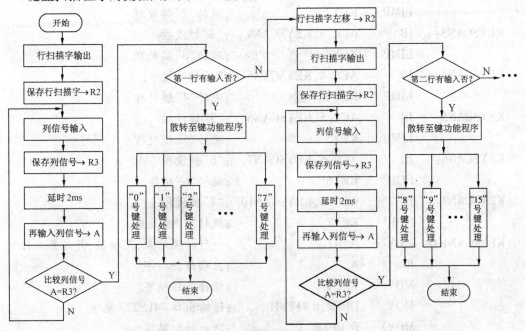

**图 7-43  键盘扫描程序流程图**

键盘扫描程序的程序如下：

```
KEYSCAN:    MOV     DPTR,# 7FFFH      ;送输出口 74LS273 地址
            MOV     A,# 0FEH         ;行扫描字送累加器 A
            MOV     R2,A             ;保存行扫描字
            MOVX    @ DPTR,A         ;送出行扫描字
KEYSCAN01:  MOV     DPTR,# 0BFFFH    ;送输入口 74LS244 地址
            MOVX    A,@ DPTR         ;输入列信号
            MOV     R3,A             ;暂存列信号
```

```
              LCALL    DELAY 2ms          ;防键抖和其他干扰信号
              MOVX     A，@DPTR            ;再输入列信号
              XRL      A，R3               ;两次相同否?
              JZ       KEYSCAN00          ;相同,转识别键
              SJMP     KEYSCAN01          ;不相同,再输入
KEYSCAN00：    MOV      A，R3               ;送行信号给累加器 A
              XRL      A，#0FFH            ;判有无按键
              JNZ      KEYSCAN02          ;转识别键
              LJMP     KEYSCAN10          ;第一行无按键
KEYSCAN02：    JB       ACC.0，KEYSCAN1     ;"0"键没按
              LJMP     KEY0               ;跳转"0"键处理
KEYSCAN1：     JB       ACC.1，KEYSCAN2     ;"1"键没按
              LJMP     KEY1               ;跳转"1"键处理
KEYSCAN2：     JB       ACC.2，KEYSCAN3     ;"2"键没按
              LJMP     KEY2               ;跳转"2"键处理
KEYSCAN3：     JB       ACC.3，KEYSCAN4     ;"3"键没按
              LJMP     KEY3               ;跳转"3"键处理
KEYSCAN4：     JB       ACC.4，KEYSCAN5     ;"4"键没按
              LJMP     KEY4               ;跳转"4"键处理
KEYSCAN5：     JB       ACC.5，KEYSCAN6     ;"5"键没按
              LJMP     KEY5               ;跳转"5"键处理
KEYSCAN6：     JB       ACC.6，KEYSCAN7     ;"6"键没按
              LJMP     KEY6               ;跳转"6"键处理
KEYSCAN7：     JB       ACC.7，KEYSCAN10    ;"1"键没按
              LJMP     KEY7               ;跳转"7"键处理
KEYSCAN10：    MOV      A，R2               ;一行扫描结束,无按键,开始第二行
              RL       A                  ;左移行扫描字
              MOV      R2，A               ;保存行扫描字
              MOV      DPTR，#7FFFH        ;送输出口 74LS273 地址
              MOVX     @DPTR，A            ;送出行扫描字
              MOV      DPTR，#0BFFFH       ;送输入口 74LS244 地址
              MOVX     A，@DPTR            ;输入列信号
              MOV      R3，A               ;暂存列信号
              …                           ;以下程序判别第二行 8 个按键
```

　　在进行输入/输出接口扩展设计时应该综合考虑,特别是地址线的合理选择,不要与外部数据存储器的地址发生冲突。

# 习　题　七

1. MCS-51 的 I/O 口扩展是利用其哪一部分地址空间实现的？这与一般计算机的扩展技术有什么不同？

2. 能否只用 74LS273 通过 MCS-51 的 P0 口扩展输入口？为什么？

3. 画出利用 MCS-51 的 P0 口扩展一个 8 位输出口，并用吸收电流方式驱动 8 只 LED 发光管显示的硬件图。

4. 利用第 3 题的硬件图编写出 8 只 LED 发光管轮流发光（每次只亮 1 只，亮 1s）的软件。

5. 画出利用 MCS-51 的 I/O 扩展技术，实现 4 块 LED 数码块扫描显示的硬件图，并编写相应的显示软件。

6. 在第 5 题的基础上，利用 P1 口外接 8 个独立按键，并自定义键的编号，画出硬件图。编写程序，实现当某个键按下时，LED 数码块显示键的编号。

7. 8255A 的控制字起什么作用？

8. 8255A 的三种工作方式各有什么特点？

9. 若 8051 的 P2.0、P2.1、P2.7 分别接 8255 的 A0、A1、$\overline{CS}$，试编写对 8255 的初始化程序，以规定下列功能：8255 的 A 口为方式 1 输入；PC.6、PC.7 为输出；B 口为方式 0 输入；PC.0、PC.1、PC.2 为输出。

10. 设 8255A 的控制口地址为 7FFFH，请画出 8051 单片机与 8255A 的接口电路图，并编写初始化程序，使三个数据端口均工作在方式 0，且 A 口、B 口为输入，C 口为输出。

11. 已知单片机系统中用 8255A 作为输入/输出接口，A 口、B 口和 C 口外接了 24 个发光二极管的正极（负极均接地）。编写程序，将片内 30H 和 31H 单元的内容分别送到端口 A 和端口 B，然后使 PC.6 为 1（设控制口地址为 7FFFH）。

12. 若 8255A 的端口 A、B 均工作在方式 0 下，端口 A 作为输入口，采集 8 个开关的状态，端口 B 作为输出口，把开关状态通过 8 只 LED 发光管显示，画出硬件接口电路并编写程序实现上述功能，设 8255A 的端口地址为 0200H ~ 0206H。

13. 设 8255A 端口 A 的地址为 400H，端口 B 的地址为 402H，控制寄存器的地址为 406H，编写初始化程序，设置端口 A 和端口 B 均工作在方式 0，其中端口 A 为输入口，端口 B 为输出口，并且画出利用 A 口和 B 口组成一个 8×8 的键盘矩阵电路图。

14. 当 8155 的命令寄存器中 PCⅡ、PCⅠ位定义为 00 或 11 时，意味着 8155 的 A 口和 B 口只能工作在什么方式？为什么？

15. 试根据如图 7-37 所示的电路，若定义 8155 的 A 口为基本输入方式，B 口、C 口为基本输出方式，将定时器作为负脉冲发生器，每输入 20 个计数脉冲发一个负脉冲信号，编写初始化程序。

# 第 8 章

## 新型 MCS-51 兼容单片机

### 8.1 概　述

　　Intel 公司在 1980 年推出 MCS-51 系列单片机以后,便把主要精力放在开发高端的通用 CPU 工作上。同时实施了对于 MCS-51 的技术开放政策,与多家半导体公司签定了技术协议,允许这些公司在 MCS-51 内核的基础上开发与之兼容的新型产品。这一策略使MCS-51 兼容单片机的产品种类和数量得到了迅速的发展。众多半导体厂商在 MCS-51 单片机的基础上,结合了最新的技术成果,推出了各具特色的 MCS-51 兼容单片机。这给MCS-51单片机这一早期开发的产品赋予了新的生命力,并形成了众星捧月、不断更新、长久不衰的发展格局,在 8 位单片机的发展中成为一道独特的风景线。其中比较有影响的公司有 Winbond(伟邦、又称华邦)公司、Philips 公司、Atmel 公司、Dallas 公司、Infieon(英飞凌)公司、Cygnal 公司、SST 公司等。

　　与原来的 MCS-51 单片机相比,这些新推出的 MCS-51 兼容单片机在以下几个方面作了重大的改进,使产品的性能有了很大的提高。

　　(1) 提高了运行速度

　　早期的 MCS-51 单片机最高时钟频率为 12MHz,这个最高限制一直持续了很长时间。直到 Atmel 公司推出的 89C51 系列单片机把振荡器的最高频率提高了一倍,即达到了 24MHz。目前新型的 MCS-51 兼容单片机最高时钟频率普遍达到了 40MHz。不仅如此,这些新型的单片机还对系统的指令周期进行了优化,使得一个机器周期所包含的振荡周期数从 12 个减少到 6 个以下(最少的已经达到 1 个)。单就指令运行速度方面而言,这已经使得新型的 MCS-51 兼容单片机的处理能力比早期的 51 系列单片机提高了 10 倍左右。速度最快的 Cygnal 公司 C8051F 系列单片机的处理能力是早期 51 系列单片机的 20 ~ 25 倍。

　　(2) 改进并增加了存储器

　　早期的 MCS-51 单片机要么没有片内 ROM,要么采用掩模 ROM 或者 EPROM 作为程序存储器,且最大容量仅为 8KB。在 Atmel 公司推出的 89C51 系列单片机中,首次采用了当时新型的 Flash 存储器技术。从那以后,Flash 存储器技术得到了长足的发展,Flash 存储器的存取速度和容量都有了很大的提高。目前几乎所有的新型单片机都有配置了大容量的 Flash 程序存储器的产品系列。采用特殊的技术,还可以使 MCS-51 兼容单片机的程序存储器超过 64KB。与此同时,MCS-51 兼容单片机的内部 RAM 也进一步增加,并超过了 256B(目前最大已经超过 8KB)。一些新型的 MCS-51 兼容单片机还具有作为数据存储器的 EEPROM。

　　为了支持产品的软件更新,新型的 MCS-51 兼容单片机又增加了 IAP(In Application Programming)或者 ISP(In System Programming)的功能。这两个功能可以在不将芯片从电路板上取下和不使用专用编程工具的情况下,仅仅依靠芯片自己的功能部件和配套的软件实现编程。这个功能不仅方便了用户程序的更新,也使软件开发变得更为简便。

(3) 具有更多的系统功能模块

早期的 MCS-51 单片机由于当时技术条件的限制不能设置完善的功能模块,对于复杂系统应用就显得有些功能不足。新型的 MCS-51 兼容单片机增加了许多功能模块,如实时时钟、通信接口、LCD 驱动、A/D 转换、D/A 转换、输入捕捉、输出比较等,相应的中断系统也有了更多的中断源和优先级。为了能够更方便地处理数据,许多新型单片机还具有双数据指针(MCS-51 单片机只有一个数据指针 DPTR)。当然,由于各个生产厂家的开发目标和要求不同,这些新增加的功能模块并没有统一的标准和配置。即使是同一种功能的模块,在使用上也有所不同。

(4) 具有宽电源电压、低功耗、低噪声与高可靠性等特性

由于当时技术水平和条件的限制,早期的 MCS-51 单片机的总体技术水平比较低,功耗大、噪声水平高、可靠性差,对电源的要求也比较苛刻(一般为 $5V \pm 0.5V$)。随着微电子技术与制造工艺的不断发展与进步,新型的微处理器普遍采用了宽电源电压的技术。采用低电源电压有利于降低功耗和噪声水平,目前典型的 89C51 系列单片机电源电压为 $2.7 \sim 6V$。空闲模式和掉电模式下的电流也进一步降低。

鉴于看门狗(Watchdog Timer)技术在实际应用系统中被证明是非常有效的系统故障恢复手段,新型 MCS-51 单片机普遍增加了看门狗模块。另外,由于电磁兼容(Electro-Megnetic Compatibility)标准在各国逐步完善与相继实施,迫使微处理器的生产厂商必须采取相应的措施满足电磁兼容性能的要求。新型 MCS-51 兼容单片机采取了一系列措施降低噪声辐射与提高抗干扰能力。例如,在不使用外部扩展时,关闭 ALE 信号的输出;采用各种抗电磁干扰元件和技术,等等。

(5) 具有更加完善的加密功能

早期的单片机没有加密功能,为了保护知识产权,现在程序与数据的加密已经成为一种必需。采用定制的产品(如掩模 ROM)是保护程序的有效方法,但是对于用户却很不方便。以后采用 OTP(One Time Programming)技术,在编程结束后将接口电路的熔丝烧断,能够有效保护程序,但是却无法更新程序。

Flash 存储器的出现对加密技术提出了更高的要求,而解密技术的发展也促进了各种加密技术和方法的改进和完善。新型的 MCS-51 兼容单片机所采用的加密技术更为先进和完善,使得解密更为困难甚至成为不可能,从而有效地保护了用户程序和知识产权。

本章将简要介绍几种主要的新型 MCS-51 兼容单片机,更为详细的资料请参阅有关产品生产商发布的数据手册。

# 8.2　AT89 系列单片机

## 8.2.1　AT89 系列单片机简介

在众多的 MCS-51 兼容单片机中,Atmel 公司的 AT89C51、AT89S51 系列单片机(简称 AT89 系列)因为与 MCS-51 指令、管脚完全兼容,而且具有片内的 Flash 程序存储器而广受

欢迎。这种单片机对开发设备的要求很低,一般的编程器均可对其进行编程,开发时间也大大缩短。写入单片机内的程序还可以进行加密,这比传统的 MCS-51 单片机要有很多优势。除了 AT89 系列外,Atmel 公司基于 8051 结构的单片机还有不含 ROM 的 80C31 系列和具有 OTP 型 ROM 的 83C51/87C51 系列产品。

AT89 系列单片机的主要特点如下:

① 内部含 Flash 存储器。AT89 系列单片机以 Flash 存储器作为系统的程序存储器,这不仅在系统的开发过程中可以十分容易地进行程序修改,而且使整个系统结构更加紧凑。在一些小系统中,完全可以不进行外部程序存储器的扩展,利用一片电路就构成一个完整的单片机系统。Flash 存储器的容量根据型号的不同,从 1KB ~ 32KB 不等,用户可以根据需要选择不同的型号。在进行系统升级时,甚至不需要更改任何外围电路,选用 Flash 存储器容量更大的型号直接替换就可以了。

② 与 MCS-51 单片机引脚兼容。

大部分 AT89 系列单片机的引脚与 MCS-51 单片机的引脚完全兼容,所以当用 AT89 系列单片机取代 MCS-51 单片机时,可以直接进行代换。不管采用 40 引脚或是 44 引脚的产品,只要引脚数相同就可以替代。

③ 静态时钟方式。AT89 系列单片机可以采用静态时钟方式,以降低系统的功耗。

④ 宽电压工作。AT89 系列单片机中一部分型号的工作电压为 2.7 ~ 6.0V,这对设计便携式仪器、降低整机功耗十分有利。

⑤ 可以进行反复编程和调试。一般的 OTP 产品,一旦错误编程就成了废品。而 AT89 系列单片机由于内部采用了 Flash 存储器,所以编程之后仍可重新编程,反复进行系统调试,对系统的调试、试验带来了极大的便利。

AT89S51、AT89S52 是 2003 年 Atmel 推出的新型品种,除了完全兼容 8051 系统外,还增加了 ISP 编程和看门狗功能。现在,89S51 已经成为了市场实际应用上的新宠儿。目前 Atmel 公司已经停产 AT89C51、AT89C52 以及一些其他型号的产品,并将用 AT89S51、AT89S52 和更新的产品代替。AT89S51 在工艺上进行了改进,采用了 $0.35\mu m$ 新工艺,进一步降低了成本,提升了功能,增加了竞争力。

AT89 系列单片机的主要产品型号和部分参数列于表 8-1。

**表 8-1　AT89 系列单片机的主要型号和参数**

| 型　号 | Flash /KB | RAM /B | 电压 /V | 频率 /MHz | 定时器 | UART | WDT | ISP | 其　他 |
|---|---|---|---|---|---|---|---|---|---|
| * AT89C1051 | 2 | 128 | 2.7 ~ 6.0 | 24 | 2 | 1 | – | – | 20 脚封装 |
| AT89C2051 | 2 | 128 | 2.7 ~ 6.0 | 24 | 2 | 1 | – | – | 20 脚封装 |
| AT89C4051 | 4 | 128 | 2.7 ~ 6.0 | 24 | 2 | 1 | – | – | 20 脚封装 |
| * AT89C51 | 4 | 128 | 4.0 ~ 6.0 | 24 | 2 | 1 | – | – | |
| * AT89C55 | 20 | 128 | 4.0 ~ 6.0 | 24 | 2 | 1 | – | – | |
| * AT89C58 | 32 | 128 | 4.0 ~ 6.0 | 24 | 2 | 1 | – | – | |
| AT89C5115 | 16 | 512 | 3 ~ 5.5 | 40 | 2 | 1 | Y | Y | 8 ~ 10 位 A/D、2KB EEPROM |

续表

| 型 号 | Flash /KB | RAM /B | 电压 /V | 频率 /MHz | 定时器 | UART | WDT | ISP | 其 他 |
|---|---|---|---|---|---|---|---|---|---|
| AT89C51AC2 | 32 | 1280 | 3~5.5 | 40 | 3 | 1 | Y | Y | 8~10 位 A/D、2KB EEPROM |
| AT89C51AC3 | 64 | 2304 | 3~5.5 | 60 | 3 | 1 | Y | Y | 8~10 位 A/D、2KB EEPROM |
| AT89C51ED2 | 64 | 2048 | 2.7~5.5 | 60 | 3 | 1 | Y | Y | SPI 接口、2KB EEPROM |
| AT89C51IC2 | 32 | 1280 | 2.7~5.5 | 60 | 3 | 1 | Y | Y | SPI、I²C 接口 |
| AT89C51ID2 | 64 | 2048 | 2.7~5.5 | 60 | 3 | 1 | Y | Y | SPI、I²C 接口、2KB EEPROM |
| AT89C51RB2 | 16 | 1280 | 2.7~5.5 | 60 | 3 | 1 | Y | Y | SPI 接口 |
| AT89C51RC | 32 | 512 | 4.0~6.0 | 33 | 3 | 1 | Y | — | |
| AT89C51RC2 | 32 | 1280 | 2.7~5.5 | 60 | 3 | 1 | Y | Y | SPI 接口 |
| AT89C51RD2 | 64 | 2048 | 2.7~5.5 | 60 | 3 | 1 | Y | Y | SPI 接口 |
| AT89C51RE2 | 128 | 2048 | 2.7~5.5 | 60 | 3 | 2 | Y | Y | SPI 接口 |
| * AT89C52 | 8 | 256 | 4.0~6.0 | 24 | 3 | 1 | — | — | |
| AT89C5131 | 32 | 1024 | 3.0~3.6 | 48 | 3 | 1 | Y | Y | USB 接口、SPI、I²C 接口、4KB EEPROM |
| AT89C5132 | 64 | 2304 | 3.0 | 20 | 2 | 1 | Y | Y | USB 接口、SPI、I²C 接口、2~10 位 A/D、4KB EEPROM |
| AT89C55WD | 20 | 256 | 4.0~6.0 | 33 | 3 | 1 | Y | — | |
| AT89LS51 | 4 | 128 | 2.7~4.0 | 16 | 2 | 1 | Y | Y | |
| AT89LS52 | 8 | 256 | 2.7~4.0 | 16 | 3 | 1 | Y | Y | |
| * AT89LS53 | 12 | 256 | 2.7~4.0 | 16 | 3 | 1 | Y | Y | |
| * AT89LV51 | 4 | 128 | 2.7~5.5 | 16 | 2 | 1 | — | — | |
| * AT89LV52 | 8 | 256 | 2.7~5.5 | 16 | 3 | 1 | — | — | |
| AT89LV55 | 20 | 256 | 2.7~5.5 | 12 | 3 | 1 | — | — | |
| AT89S2051 | 2 | 256 | 2.7~5.5 | 24 | 2 | 1 | — | Y | 20 脚封装 |
| AT89S4051 | 4 | 256 | 2.7~5.5 | 24 | 2 | 1 | — | Y | 20 脚封装 |
| AT89S51 | 4 | 128 | 4.0~6.0 | 33 | 2 | 1 | Y | Y | |
| AT89S52 | 8 | 256 | 4.0~6.0 | 33 | 3 | 1 | Y | Y | |
| * AT89S53 | 12 | 256 | 4.0~6.0 | 33 | 3 | 1 | Y | Y | |
| * AT89S8252 | 12 | 256 | 4.0~6.0 | 24 | 3 | 1 | Y | Y | |
| AT89S8253 | 12 | 256 | 2.7~5.5 | 24 | 3 | 1 | Y | Y | |

注：前面有 * 号的为已经停产型号（请参阅 www.atmel.com 上的最新资料）。

除了 AT89 系列单片机以外,Atmel 公司还拥有大量其他型号的基于 80C51 结构的单片机,以下只介绍几种常用型号的产品。

### 8.2.2　AT89C2051/4051 单片机

AT89C2051/4051 单片机是在 AT89C51 的基础上将一些功能精简后形成的精简版。AT89C2051/4051 取消了 P0 口和 P2 口,内部的程序 Flash 存储器只有 2KB/4KB,封装形式也由 40 脚改为 20 脚,相应的价格也低一些。由于这两种型号的单片机体积小,又能适应宽电压范围工作,所以特别适合于低功耗、便携式的仪器。例如,一些智能玩具、手持仪器等程序不大的电路环境下应用。

对 AT89C2051 和 AT89C4051 来说,虽然减掉了一些资源,但在片内都集成了一个精密比较器。这个比较器为测量一些模拟信号提供了极大的方便,在外加几个电阻和电容的情况下,就可以测量电压、温度等我们日常需要的量。

AT89C2051/4051 单片机的内部组成与结构如图 8-1 所示。

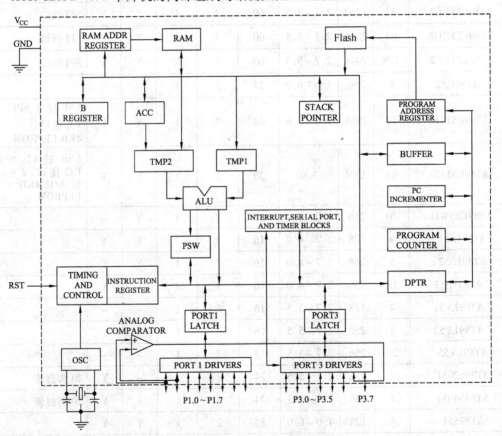

图 8-1　AT89C2051/4051 单片机的内部结构

AT89C2051/4051 单片机的主要性能和特点如下:
- 指令与 MCS-51 兼容。
- 含有 2KB/4KB 可重复编程 1000 次以上的 Flash 存储器。
- 工作电压 2.7V ~ 6.0V。

- 全静态操作 0Hz ~ 24MHz。
- 两级加密程序存储器。
- 128B 的片内 RAM。
- 15 根可编程 I/O 口线。
- 两个 16 位可编程定时器/计数器。
- 5 个中断源。
- 可编程串行 UART 通道。
- 可直接驱动 LED。
- 片内有 1 个模拟比较器。
- 低功耗空载和掉电方式。

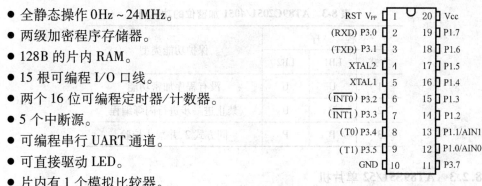

**图 8-2 AT89C2051 引脚定义**

AT89C2051 和 AT89C4051 一样均采用 20 条引脚的封装,引脚定义如图 8-2 所示。

AT89C2051/4051 的 P1 口功能完全与 AT89C51 的 P1 口相同;AT89C2051 的 P3 口只有 7 位(P3.0 ~ P3.5,P3.7)。P3 口是内部带有上拉电阻的准双向 I/O 口。P3.6 用于固定片内模拟比较器的输出信号,因为无引脚输出,故不可用指令进行访问。P3 口的输出缓冲器可以吸收 20mA 电流。P3 口还用于实现 AT89C2051 的第二功能,如表 8-2 所示。P3 口还可作为 Flash 存储器编程和程序校验时的控制线。

**表 8-2 P3 口的第二功能**

| 引 脚 | 功 能 |
| --- | --- |
| P3.0 | RXD(串行输入口) |
| P3.1 | TXD(串行输出口) |
| P3.2 | INT0(外部中断 0) |
| P3.3 | INT1(外部中断 1) |
| P3.4 | T0(定时器/计数器 0 外部输入) |
| P3.5 | T1(定时器/计数器 1 外部输入) |

AT89C2051/4051 的内部仅含有 2KB /4KB 的 Flash 存储器作为系统的程序存储器,同时其又不能外扩程序存储器,因而对跳转指令和条件分支指令的使用应特别注意。这些指令的使用受到程序存储器空间的约束。任何违背存储器物理空间的操作都可引起不可预料的错误。

由于不能进行外扩数据存储器的扩展,因此 MOVX 类指令不能使用。

AT89C2051/4051 单片机的程序存储器有两位加密位,可以对其进行编程(P),也可以不对其进行编程(U)。这两位的编程加密功能如表 8-3 所示。加密位只能用片擦除操作进行擦除。

表 8-3　AT89C2051/4051 加密位的功能表

| 程　序 | | | 保护功能类型 |
|---|---|---|---|
| 方式 | LB1 | LB2 | |
| 1 | U | U | 没有程序加密功能 |
| 2 | P | U | 禁止进一步进行闪烁编程 |
| 3 | P | P | 同方式 2,并禁止校验 |

### 8.2.3　AT89S51/52 单片机

AT89S51/52 单片机是 AT89 系列单片机中的基本型产品,也是曾经一度非常流行的 AT89C51/52 单片机的替代产品。

AT89S51/52 单片机的主要性能和特点如下:

- 具有 40 个引脚,32 个 I/O 端口。
- 含有 4KB/8KB 可编程 Flash 存储器,可进行重复 1000 次以上的写入/擦除操作。
- 全静态工作频率 0Hz ~ 33MHz。
- 三级程序存储器保密。
- 具有 128B/256B 片内 RAM。
- 具有 2 个/3 个 16 位可编程定时器/计数器。
- 具有 5 个/6 个中断源。
- 具有 1 个全双工串行口。

AT89S51/52 相对于 AT89C51/52,增加的新功能包括:

◇ ISP 在线编程功能,它可使得改写单片机存储器内的程序时不需要把芯片从电路板上取下,这是一个非常有用的功能。

◇ 最高工作频率增加到 33MHz, AT89C51/52 的最高工作频率是 24MHz,因此 AT89S51/52 具有更高工作频率,从而具有了更快的计算速度。

◇ 内部集成看门狗计时器,不再需要像 AT89C51 那样外接看门狗计时器单元电路。

◇ 双数据指针(DPTR、DPTR1)。

◇ 电源关闭标识。

◇ 全新的加密算法,这使得对于 AT89S51/52 的程序复制变为不可能,程序的保密性大大加强,这样就可以有效地保护知识产权不被侵犯。

AT89S51/52 单片机的引脚定义与 8031/32 完全相同,各引脚输出功能的定义也基本一样。但由于其具有内部 Flash 存储器,因此在对其进行编程时,其中一些引脚起控制作用。在对 Flash 存储器编程时,这些引脚的功能如下:

ALE/$\overline{\text{PROG}}$:在对 Flash 编程期间,用于输入编程脉冲。

EA/Vpp:该引脚在对 Flash 存储器编程期间,施加编程电压 Vpp(如果编程电压为 12V 时,则施加 12V 电源)。

P0 口:在 Flash 存储器编程期间接收指令,在校验程序时则输出指令字节。

P1 口:在对 Flash 存储器编程和程序验证时,P1 口接收低 8 位地址。

P2 口:在对 Flash 存储器编程和程序验证时,P2 口接收高 8 位地址和一些控制信号。

P3 口：P3.3、P3.6、P3.7 在 Flash 存储器编程和程序校验时，接收控制信号。

AT89S51/52 具有并行和串行接口两种不同的编程方式，在系统设计时应该根据不同的编程模式设计不同的接口电路。

在 Flash 并行编程模式下，ALE 接收 $\overline{PROG}$ 编程脉冲信号，P1 口与 P2.0 ~ P2.3 为编程地址，P0 为编程数据。P2.6、P2.7、P3.3 和 $\overline{EA}$ 等其他引脚构成了编程模式控制位。一般情况下使用专用的编程器对 AT89S51/52 进行并行模式编程。

当使用 Flash 串行编程模式时，只需要 P1.5 ~ P1.7 三个引脚即可，具体编程电路和编程时序如图

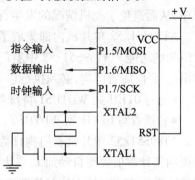

图 8-3　Flash 串行模式编程电路

8-3、图 8-4 所示。串行编程模式使单片机的编程更为简单，再配合一些简单的电路和软件即可实现所谓的 ISP 功能。表 8-4 是 AT89S51/52 单片机在串行编程模式下的命令格式。更详细的说明可以参考 Atmel 公司的数据手册。

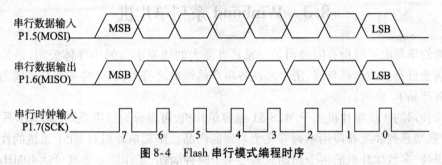

图 8-4　Flash 串行模式编程时序

表 8-4　AT89S51/52 串行模式编程命令

| 命　令 | 字节 1 | 字节 2 | 字节 3 | 字节 4 | 操　作 |
|---|---|---|---|---|---|
| 编程允许 | 1010 1100 | 0101 0011 | ×××× ×××× | ×××× ×××× | 允许串行编程 |
| 全片擦除 | 1010 1100 | 100× ×××× | ×××× ×××× | ×××× ×××× | 擦除全部内容 |
| 按字节读 | 0010 0000 | ×× × A12 ~ A8 | A7 ~ A0 | D7 ~ D0 | 读出一个字节 |
| 按字节写 | 0100 0000 | ×× × A12 ~ A8 | A7 ~ A0 | D7 ~ D0 | 写入一个字节 |
| 写加密位 | 1010 1100 | 1110 00B1B2 | ×××× ×××× | ×××× ×××× | 程序加密 |
| 读加密位 | 0010 0100 | ×××× ×××× | ×××× ×××× | ××× B3 B2B1 × × | 读出加密位状态 |
| 按页读 | 0011 0000 | ×× × A12 ~ A8 | Byte 0 | Byte 1 ~ 255 | 读出 256 字节 |
| 按页写 | 0101 0000 | ×× × A12 ~ A8 | Byte 0 | Byte 1 ~ 255 | 写入 256 字节 |

看门狗是保证单片机系统可靠运行的重要手段之一。看门狗又称为看门狗计时器，是一个特殊的计数器。该计数器由 CPU 指令启动工作（使能）和清零，但是却不能被停止。其计数值在系统时钟的作用下不断增加，当计数器计满溢出时，便会使单片机复位。因此在正常工作时，一旦启动看门狗计时器，就必须定时地将其清零。当单片机工作出现故障或异常时，如受到强烈的电磁干扰而使程序跑飞，或者进入软件逻辑上的死循环而造成死机，就会

无法定时清除看门狗计时器。这时看门狗将重新启动单片机,使单片机重新开始执行用户程序,从而避免了死机情况的发生,提高了系统的可靠性和抗干扰性能。

AT89S51/52 单片机内部集成了一个看门狗计时器,因此不需要增加外部元件即可实现看门狗的功能。AT89S51/52 中看门狗计时器在特殊功能寄存器中名称为 WDTRST,地址为 0A6H。要使能看门狗,必须执行以下两个操作步骤:

●先写 01EH 到 WDTRST 特殊功能寄存器。

●紧接着写 0E1H 到 WDTRST。

AT89S51/52 单片机看门狗计数器的位数为 14 位。当启动看门狗工作以后,每一个机器周期其计数值都要自动加 1,最大计数值为 3FFFH。为了不让看门狗计数器溢出,必须定期清除看门狗。具体方法与使能看门狗的操作相同,即先对 WDTRST 写 01EH,再写 0E1H。

当 AT89S51/52 单片机进入到掉电模式时,由于时钟已经停止,此时看门狗也就停止了工作。因此也就不再需要继续清除看门狗寄存器。但是在默认状态下,AT89S51/52 单片机进入节电模式,看门狗将继续工作。

## 8.3　Winbond 系列单片机

台湾的华邦电子股份有限公司是一家具有强大的研发实力的半导体公司,该公司向来以发展属于自有品牌产品自居,历年来在各项产品领域之努力,已经将华邦打造成为台湾最大的自有产品 IC 公司。

华邦公司的 8 位单片机属于 MCS-51 兼容单片机,可以分为标准系列、宽电压系列、Turbo-51 增强型系列和工业应用系列等几个系列的产品。华邦单片机对 8051 系统的性能作了改进和提高,多数单片机的指令周期只需要 4 个时钟周期,工作频率最高可达 40MHz。片上功能更强,程序存储器容量更大,Flash 存储器容量从 4KB 到 64KB,并具有 ISP 功能。保密措施更好,电压范围更宽,进一步降低了功耗。

华邦公司的标准系列单片机是与 MCS-51 完全兼容的第一代产品。除了包含 2 ~ 3 个定时器和一个全双工 UART 外,有些型号的产品还增加了外部中断、看门狗定时器和 ISP 等功能模块。

华邦公司的宽电压范围系列单片机具有较宽的工作电压范围,因而可以用于低电压供电和电源电压波动较大的应用场合。该系列产品的功耗也比较低。

Turbo-51 增强型系列单片机的指令周期做了优化,只需要 4 个时钟周期。因此在同样的时钟频率下,速度提高到原来的 3 倍,工作频率最高可以达到 40MHz。系统的功能模块也有了增加,有些型号的单片机还具有较宽的工作电压。该系列的产品以 W77 为前缀。

Turbo-51 工业应用系列单片机具有工业温度范围( - 40℃ ~ + 85℃)的工作能力,并且具有较宽的电源电压范围。该系列产品抗干扰能力强,适合在恶劣的工业环境中使用。

华邦公司上述各个系列单片机的产品均以 W77 或 W78 开头,其主要产品型号和部分参数列于表 8-5。

**表 8-5　华邦 W77/78 系列单片机的主要型号和参数**

(a)

| 标准系列型　号 | Flash /KB | RAM /B | 电　压 /V | 频率 /MHz | 定时器 | UART | 中断源 | 备　注 |
|---|---|---|---|---|---|---|---|---|
| W78C32 | — | 256 | 4.5～5.5 | 40 | 3 | 1 | 6 | CMOS |
| W78E51B | 4 | 128 | 4.5～5.5 | 40 | 2 | 1 | 5/7 | INT2/3 |
| W78E52B | 8 | 256 | 4.5～5.5 | 40 | 3 | 1 | 6/8 | INT2/3 |
| W78E54B | 16 | 256 | 4.5～5.5 | 40 | 3 | 1 | 6/8 | INT2/3 |
| W78E58B | 32 | 256 | 4.5～5.5 | 40 | 3 | 1 | 6/8 | INT2/3 |
| W78E516 | 64 | 512 | 4.5～5.5 | 40 | 3 | 1 | 6/8 | INT2/3 |
| W78E858 | 32 | 768 | 4.5～5.5 | 40 | 3 | 1 | 6/8 | INT2/3 128EEPROM |
| W78C51D | 4(ROM) | 128 | 4.5～5.5 | 40 | 2 | 1 | 5 | |
| W78C52D | 8(ROM) | 256 | 4.5～5.5 | 40 | 3 | 1 | 5 | |
| W78C54 | 16(ROM) | 256 | 4.5～5.5 | 40 | 3 | 1 | 6/8 | INT2/3 |
| W78C801 | 4(ROM) | 256 | 4.5～5.5 | 40 | 2 | 1 | 12 | 更多中断源 |
| W78C58 | 32(ROM) | 256 | 4.5～5.5 | 40 | 3 | 1 | 6/8 | INT2/3 |

(b)

| 宽电压系列型　号 | Flash /KB | RAM /B | 电　压 /V | 频　率 /MHz | 定时器 | UART | 中断源 | 备　注 |
|---|---|---|---|---|---|---|---|---|
| W78L32 | — | 256 | 1.8～5.5 | 24 | 3 | 1 | 6 | CMOS |
| W78L51 | 4(ROM) | 128 | 1.8～5.5 | 24 | 2 | 1 | 7 | INT2/3,WDT |
| W78L52 | 8(ROM) | 256 | 1.8～5.5 | 24 | 3 | 1 | 8 | INT2/3,WDT |
| W78L54 | 16(ROM) | 256 | 1.8～5.5 | 24 | 3 | 1 | 8 | INT2/3,WDT |
| W78L801 | 4(ROM) | 256 | 2.4～5.5 | 24 | 2 | 1 | 12 | 更多中断源 |
| W78LE51 | 4 | 128 | 2.4～5.5 | 24 | 2 | 1 | 7 | INT2/3,WDT |
| W78LE52 | 8 | 256 | 2.4～5.5 | 24 | 3 | 1 | 8 | INT2/3,WDT |
| W78LE54 | 16 | 256 | 2.4～5.5 | 24 | 3 | 1 | 8 | INT2/3,WDT |
| W78LE58 | 32 | 256 | 2.4～5.5 | 24 | 3 | 1 | 8 | INT2/3 |
| W78LE516 | 64 | 512 | 2.4～5.5 | 24 | 3 | 1 | 8 | INT2/3 |
| W78LE812 | 8 | 256 | 2.4～5.5 | 24 | 3 | 1 | 14 | 更多功能 |

(c)

| Turbo-51 型 号 | Flash /KB | RAM /B | 电 压 /V | 频率 /MHz | 定时器 | UART | 中断源 | 备 注 |
|---|---|---|---|---|---|---|---|---|
| W77C32 | — | 1K + 256 | 4.5 ~ 5.5 | 40 | 3 | 2 | 12 | WDT |
| W77L32 | — | 1K + 256 | 2.7 ~ 5.5 | 25 | 3 | 2 | 12 | WDT |
| W77C58 | 32(ROM) | 1K + 256 | 4.5 ~ 5.5 | 40 | 3 | 2 | 12 | WDT |
| W77C516 | 64(ROM) | 1K + 256 | 4.5 ~ 5.5 | 40 | 3 | 2 | 12 | WDT |
| W77E58 | 32 | 1K + 256 | 4.5 ~ 5.5 | 40 | 3 | 2 | 12 | WDT |
| W77LE58 | 32 | 1K + 256 | 2.7 ~ 5.5 | 25 | 3 | 2 | 12 | WDT |

(d)

| 工业应用 型 号 | Flash /KB | RAM /B | 电 压 /V | 频 率 /MHz | 定时器 | UART | 中断源 | 备 注 |
|---|---|---|---|---|---|---|---|---|
| W78IE52 | 8 | 256 | 2.4 ~ 5.5 | 40 | 3 | 1 | 6/8 | INT2/3, WDT |
| W78IE54 | 16 | 256 | 2.4 ~ 5.5 | 25 | 3 | 1 | 6/8 | INT2/3, WDT |
| W77IC32 | — | 1K + 256 | 2.7 ~ 5.5 | 40 | 3 | 2 | 6 | WDT |
| W78IE58 | 32 | 1K + 256 | 2.7 ~ 5.5 | 40 | 3 | 2 | 12 | 更多中断源、WDT |

　　最近华邦公司又新推出了 LPC 和 Enhanced-51 两个系列的产品,进一步丰富了 8 位单片机的类型。

　　LPC-51 系列单片机是一个快速 51 微控制器,该系列已经推出 W79E821A/822A/823A/824/825 等 5 个型号,兼容 NXP(PHILIPS)的 P89LPC762/764/767/768。W79E82X 系列的指令系统完全与标准的 8052 指令系统兼容,具有 16KB/8KB/4KB/2KB/1KB 可以在系统编程(ISP)的主 Flash EPROM;256B/128B 的 NVM 数据 Flash EPROM;256B/128B RAM;2 个 8 位和 1 个 2 位双向可位寻址的 I/O 端口;2 个 16 位定时器/计数器;4 路 10 位 A/D 转换器;4 路 10 位 PWM;2 个串口(包括 1 个 $I^2C$ 和 1 个增强型全双工串口)。支持 13 个中断源 4 级中断;容易编程和校验,W79E82X 系列内部的 Flash EPROM 程序存储器支持电编程读取。一旦程序确定后,用户可以对代码进行保护。W79E82X 系列支持在线电路仿真(ICE)功能,有一个 JTAG 接口可以连接到开发系统用于调试。

　　Enhanced-51 是一系列快速 8051 兼容微处理器,该系列的产品已经推出 W79E532/548/549/ 201 四个型号。它们的内核经过重新设计,提高了时钟速度和存储器访问周期速度。经过这种改进以后,在相同的时钟频率下,它的指令执行速度比标准 8051 要快许多。一般来说,按照指令的类型,其指令执行速度是标准 8051 的 1.5 ~ 3 倍。整体来看,该系列的速度比标准的 8051 快 2.5 倍。在相同的吞吐量及低频时钟情况下,电源消耗也降低。由于采用全静态 CMOS 设计,该系列能够在低时钟频率下运行。W79E532/548/549/ 201 内含 128KB/128KB/32KB/16KB、具有 ISP 功能、可区域寻址的 Flash EPROM,用于存储装载程序的 4KB 辅助 Flash EPROM。W79E532/548/549 还具有 1KB 片上外部数据存储器(用 MOVX 指令访问),以及节电模式。

华邦公司上述两个系列单片机的产品均以 W79 开头,其主要产品型号和部分参数列于表 8-6。

**表 8-6　华邦 W79 系列单片机的主要型号和参数**

(a)

| LPC-51<br>型　号 | Flash<br>/KB | RAM<br>/B | 电　压<br>/V | 频　率<br>/MHz | 定时器 | UART | 中断源 | 备　注 |
|---|---|---|---|---|---|---|---|---|
| W79E821A | 16 | 128 + 128 | 2.7 ~ 5.5 | 20 | 2 | 1 | 8 | A/D、PWM、<br>WDT、ICE 等 |
| W79E822A | 16 | 128 + 128 | 2.7 ~ 5.5 | 20 | 2 | 1 | 8 | 同上 |
| W79E823A | 16 | 128 + 128 | 2.7 ~ 5.5 | 20 | 2 | 1 | 8 | 同上 |
| W79E824 | 16 | 256 + 256 | 2.7 ~ 5.5 | 20 | 2 | 1 | 8 | 同上 |
| W79E825 | 16 | 256 + 256 | 2.7 ~ 5.5 | 20 | 2 | 1 | 8 | 同上 |

(b)

| Enhanced-51<br>型　号 | Flash<br>/KB | RAM<br>/B | 电　压<br>/V | 频　率<br>/MHz | 定时器 | UART | 中断源 | 备　注 |
|---|---|---|---|---|---|---|---|---|
| W79E532 | 128 | 1K + 256 | 4.5 ~ 5.5 | 40 | 3 | 1 | 7 | PWM、ISP |
| W79E548 | 128 | 1K + 256 | 4.5 ~ 5.5 | 40 | 3 | 1 | 7 | PWM |
| W79E549 | 32 | 1K + 256 | 4.5 ~ 5.5 | 40 | 3 | 1 | 7 | PWM |
| W79E201 | 16 | 256 | 4.5 ~ 5.5 | 40 | 3 | 1 | 8 | PWM |

# 8.4　NXP 80C51 系列单片机

## 8.4.1　概述

NXP(恩智浦)公司是一家新近独立的半导体公司,其前身是著名的 Philips 公司,已经拥有 50 年的悠久历史。

Philips 公司曾经拥有数目最多、功能最齐全的 8051 增强型单片机——80C51 系列。该系列产品与 Intel 的 MCS-51 系列单片机完全兼容,具有相同的指令系统、地址空间和寻址方式,采用模块化的系统结构,该系列中许多新的高性能的单片机都是以 80C51 为内核增加一定的功能部件构成的。新增加的功能部件有:A/D 转换器、捕捉输入/定时输出、脉冲宽度调制输出(PWM)、$I^2C$(IIC)总线接口、视屏显示控制器、监视定时器(Watchdog Timer)、EEPROM 等。

为了区别于其他公司的产品,NXP 公司所生产的 80C51 系列兼容单片机标识为 P89C51 系列单片机。NXP 公司的单片机产品包含了前 Philips 的全部 80C51 系列单片机产品,并且又进一步开发了小体积、低功耗的 LPC700 系列和改进性能、增强功能的 LPC900 系列的产品。

NXP(Philips)公司的 80C51 系列单片机产品是符合工业标准的 8 位高性能单片微控制器,其系统结构适合于实时过程控制应用。可根据实际需要选择 80C51 系列中不同型号的产品用于如测量仪器等简单应用场合或复杂的自动控制系统。各种型号产品也都有片内

ROM、片内 EPROM 和无 ROM 三种形式。其主要特点如下:

- 采用增强型 80C51 内核,最高频率可达 40MHz。
- 程序存储器容量从 4KB 到 96KB,片内数据存储器最大可达 8KB。
- 追加的 EEPROM 数据存储器。
- 提供不同类型的程序存储器,有 ROM 程序存储器、Flash 程序存储器,以及实现一次编程的程序存储器 OTP 型产品。
- 支持 6-Clock 时钟模式,在相同时钟频率下使运行速度加倍。
- 双数据指针,最多含有 15 个中断源、4 个中断优先级,更好地满足实时性要求。
- 发展低耗能、低电压专用系列以满足低功耗应用系统的需要。
- 扩大接口功能。设置高速 I/O 口(在定时/计数器捕获/比较逻辑支持下),扩展 I/O 数量,增加外部中断源,在片内实现 ADC、PWM、PCA 等功能。
- 3 个定时器/计数器,支持捕捉/比较逻辑、PCA、PWM 等功能,可自动触发 I/O 翻转。
- 采用多种措施提高芯片及组成系统工作的可靠性。内置 Watchdog(WDT),可以禁止 ALE 引脚信号输出,个别型号中还有电源监测、时钟监测功能。掉电后可以通过外部中断唤醒继续执行后续代码。
- 完善的串行总线,支持 UART、I²C 以及 SPI 接口。
- 支持 ISP/IAP 下载。

表 8-7 列出了 NXP 公司 80C51 系列单片机的主要产品和特性。

**表 8-7　NXP 公司 80C51 单片机的主要型号和参数**

| 型　号 | Flash ROM /KB | RAM /B | 频率 /MHz | 定时器 | PWM | WDT | UART /I²C /SPI | 中断源 | 备　注 |
|---|---|---|---|---|---|---|---|---|---|
| P80C31X2 | – | 128 | 33 | 3 | – | – | 1/ – / – | 6 | 无 ROM |
| P80C32X2 | – | 256 | 33 | 3 | – | – | 1/ – / – | 6 | 无 ROM |
| P8xC51X2 | 4 | 128 | 33 | 3 | – | – | 1/ – / – | 6 | ROM |
| P8xC52X2 | 8 | 256 | 33 | 3 | – | – | 1/ – / – | 6 | ROM |
| P8xC54X2 | 16 | 256 | 33 | 3 | – | – | 1/ – / – | 6 | ROM |
| P8xC58X2 | 32 | 256 | 33 | 3 | – | – | 1/ – / – | 6 | ROM |
| P87C51MB2 | 64 | 2K | 24 | 4 | Y | Y | 2/ – /1 | 13 | ROM |
| P87C51MC2 | 96 | 3K | 24 | 4 | Y | Y | 2/ – /1 | 13 | ROM |
| P87C660 | 16 | 512 | 33 | 4 | Y | Y | 1/1/ – | 8 | ROM |
| P87C661 | 16 | 512 | 33 | 4 | Y | Y | 1/2/ – | 9 | ROM |
| P89V660 | 16 | 512 | 40 | 4 | Y | Y | 1/2/1 | 8 | |
| P89V662 | 32 | 1K | 40 | 4 | Y | Y | 1/2/1 | 8 | |
| P89V664 | 64 | 2K | 40 | 4 | Y | Y | 1/2/1 | 8 | |
| P89LV51RB2 | 16 | 1K | 33 | 4 | Y | Y | 1/ – /1 | 7 | 低电压 3.3V |

| 型　号 | Flash ROM /KB | RAM /B | 频率 /MHz | 定时器 | PWM | WDT | UART /I²C /SPI | 中断源 | 备　注 |
|---|---|---|---|---|---|---|---|---|---|
| P89LV51RC2 | 32 | 1K | 33 | 4 | Y | Y | 1/ – /1 | 7 | 低电压 3.3V |
| P89LV51RD2 | 64 | 1K | 33 | 4 | Y | Y | 1/ – /1 | 7 | 低电压 3.3V |
| P89V51RB2 | 16 | 1K | 33 | 4 | Y | Y | 1/ – /1 | 7 | |
| P89V51RC2 | 32 | 1K | 40 | 4 | Y | Y | 1/ – /1 | 7 | |
| P89V51RD2 | 64 | 1K | 40 | 4 | Y | Y | 1/ – /1 | 7 | |
| P87C51RD2 | 64 | 1K | 40 | 4 | Y | Y | 1/ – /1 | 7 | ROM |
| P8xC552 | 8 | 1K | 24 | 3 | Y | Y | 1/1/ – | 15 | 多路 A/D |
| P8xC554 | 16 | 256 | 16 | 3 | Y | Y | 1/1/ – | 15 | 多路 A/D |
| P8xC591 | 16 | 512 | 12 | 3 | Y | Y | 1/1/ – | 15 | 多路 A/D |
| P8xC592 | 16 | 512 | 16 | 3 | Y | Y | 1/ – / – | 15 | 多路 A/D |
| P8xCE598 | 16 | 512 | 16 | 3 | Y | Y | 1/ – / – | 15 | 多路 A/D |

注：x=0 为无 ROM 产品；x=7 为 OTP/ROM 产品。

在 NXP 公司的 80C51 系列单片机中,比较有代表性的是 P89V51RB2/RC2/RD2 和 P8xC5xx 两类产品,以下分别予以介绍。

### 8.4.2  P89V51RB2/RC2/RD2 系列单片机

P89V51RB2/RC2/RD2 是一款 80C51 微控制器,包含 16KB/32KB/64KB Flash 和 1KB 数据的 RAM,也是 P89C51RB2/RC2/RD2 的替代产品。它的典型特性是 X2 倍频运行方式选项。利用该特性,设计工程师可使应用程序以传统的 80C51 时钟频率(每个机器周期包含 12 个时钟)或 X2 方式(每个机器周期包含 6 个时钟)的时钟频率运行,选择 X2 方式可在相同时钟频率下获得两倍的吞吐量。或者是将时钟频率减半而保持特性不变,这样可以极大地降低电磁干扰(EMI)。

P89V51RB2/RC2/RD2 的 Flash 程序存储器支持并行和串行在系统编程(ISP)。并行编程方式提供了高速的分组编程(页编程)方式,可节省编程成本和上市时间。ISP 允许在软件控制下对成品中的器件进行重复编程。应用固件的产生/更新能力实现了 ISP 的大范围应用。

P89V51RB2/RC2/RD2 也可采用在应用中编程(IAP),允许随时对 Flash 程序存储器重新配置,即使是应用程序正在运行也可以进行。其主要特性如下:

● 80C51 核心处理单元。
● 5V 的工作电压,操作频率为 0~40MHz。
● 16KB/32KB/64KB 的片内 Flash 程序存储器,具有 ISP 和 IAP 功能。
● 通过软件或 ISP 选择支持 12 时钟(默认)或 6 时钟运行模式。
● SPI(串行外围接口)和增强型 UART。
● PCA(可编程计数器阵列),具有 PWM 和捕获/比较功能。

- 4 个 8 位 I/O 口,含有 3 个高电流 P1 口(每个 I/O 口的电流为 16mA)。
- 3 个 16 位定时器/计数器。
- 可编程看门狗定时器(WDT)。
- 8 个中断源,4 个中断优先级。
- 2 个 DPTR 寄存器(双数据指针)。
- 低 EMI 方式(ALE 禁止输出)。
- 兼容 TTL 和 CMOS 逻辑电平。
- 掉电检测。
- 低功耗模式: ① 掉电模式,外部中断唤醒; ② 空闲模式。
- DIP40、PLCC44 和 TQFP44 的封装。

新增的特性使得 P89V51RB2/RC2/RD2 成为功能更强大的微控制器,更好地支持应用于脉宽调制、高速 I/O、递增/递减计数能力(如电机控制)等场合。图 8-5 给出了 P89V51RB2/RC2/RD2 的内部结构框图。

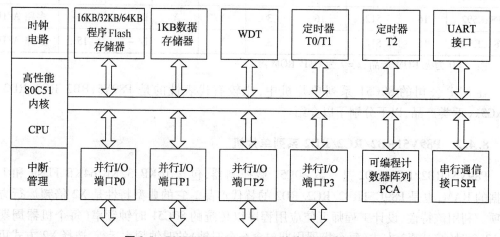

**图 8-5　P89V51RB2/RC2/RD2 单片机的结构框图**

P89V51RB2/RC2/RD2 器件具有独立的程序存储器和数据存储器地址空间。

P89V51RB2/RC2/RD2 含有 2 个内部 Flash 存储模块。模块 0 为 16KB/32KB/64KB,分成 128/256/512 个扇区,每个扇区含有 128B。模块 1 用来存放 IAP/ISP 程序,可以通过使能模块 1 来覆盖用户代码存储器的前 8KB。这种覆盖功能是由 FCF.1 软件复位位(SWR)和 FCF.0 存储单元选择位(BSEL)共同控制的。这两个位的组合以及指令所使用的存储器如表 8-8 所示。

**表 8-8　P89V51RB2/RC2/RD2 程序存储器选择**

| SWR(FCF.1) | BSEL(FCF.0) | 地址:0000 ~ 1FFFH | 地址:高于 1FFFH |
|:---:|:---:|:---:|:---:|
| 0 | 0 | 启动代码(模块 1) | 用户代码(模块 0) |
| 0 | 1 | 用户代码(模块 0) | |
| 1 | 0 | 用户代码(模块 0) | |
| 1 | 1 | | |

只要 SWR 位(FCF.1)清零,就可以通过清零 FCF 寄存器的 BSEL 位来访问模块 1 中的 IAP 程序。上电后,自动执行启动代码,并且将波特率自动设置成和主机相同。如果在大约 400ms 时间内自动设置波特率失败,并且 SoftICE 标志没有置位,那么控制权将交给用户代码。这种控制权的转换由软件复位来完成,并且最终 SWR 位将保持置位。因此,为了访问模块 1 中的 IAP 程序,用户代码必须清零 SWR 位。但是在动态修改 BSEL 位时要非常小心。由于 BSEL 位的改变将造成不同的物理存储器都映射到逻辑程序地址空间,因此,当在执行 0000H～1FFFH 地址范围内的用户代码时用户不能清零 BSEL 位。

PCA(Programmable Counter Array)是 P89C51RB2/RC2/RD2 系列单片机的一个很有用的增强特性。PCA 提供了更多的定时器能力和信号处理功能,与标准的定时器/计数器相比,它对 CPU 的干扰更小。PCA 由一个特定的定时器/计数器组成,并为五组比较/捕捉模块提供时间基准。图 8-6 给出了 PCA 的内部功能结构。与 PCA 模块相关的外部事件与端口 P1 相应的管脚共用。端口引脚中没有被 PCA 模块占用的仍可被用作标准 I/O 端口。

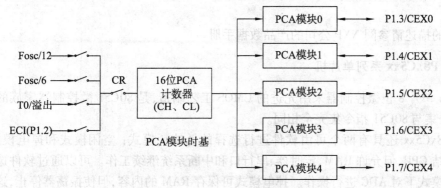

**图 8-6　PCA 的结构框图**

PCA 计数器是一个自由运行的 16 位计数器,它由寄存器 CH 和 CL 组成(计数值的高字节和低字节)。PCA 计数器是 5 个模块的共同时间基准,并且能被编程到运行在 1/12 的晶振频率,或者 1/6 的晶振频率。PCA 计数器的时钟源可以设定为 Fosc/12、Fosc/6、定时器 0 溢出,或者来自 ECI 管脚(P1.2)的外部时钟。由 CMOD SFR 的 CPS1 和 CPS0 位来决定。

可编程计数阵列(PCA)具有 5 个 16 位的捕捉/比较模块。每一个模块可以被编程为下列四种模式中的一种进行操作:上升与/或下降沿捕捉、软件定时器、高速输出、脉宽调制。除了这四种模式,模块 4 还能够被编程为看门狗定时器,每一个模块由端口 P1 中的引脚与它相关。模块 0 连接到 P1.3(CEX0),模块 1 连接到 P1.4(CEX1),模块 2 连接到 P1.5 (CEX2),模块 3 连接到 P1.6(CEX3),模块 4 连接到 P1.7(CEX4)。

CCON SFR 包含 PCA 的运行控制位(CR)和 PCA 定时器标志(CF)以及各个模块的标志(CCF0～CCF4)。通过软件置位 CR 位(CCON.6)来运行 PCA。CR 位被清零时 PCA 关闭。当 PCA 计数器溢出时,CF 位(CCON.7)置位,如果 CMOD 寄存器的 ECF 位置位,就产生中断。CF 位只可通过软件清除。CCON 寄存器的位 0～4 是 PCA 各个模块的标志(位 0 对应模块 0,位 1 对应模块 2,依此类推),当发生匹配或比较时由硬件置位。这些标志也只能通过软件清除。所有模块共用一个中断向量。

PCA 的每个模块都对应一个特殊功能寄存器。它们分别是:模块 0 对应 CCAPM0,模块 1 对应 CCAPM1,依此类推。特殊功能寄存器包含了相应模块的工作模式控制位。

当模块发生匹配或比较时,ECCF 位(CCAPMn. 0,n = 0,1,2,3 或 4,由工作的模块决定)使能 CCON SFR 的 CCFn 标志来产生中断。

PWM 位(CCAPMn. 1)用于使能脉宽调节模式。

当 PCA 计数值与模块的捕获/比较寄存器的值相匹配时,如果 TOG 位(CCAPMn. 2)置位,模块的 CEX 输出将发生翻转。

当 PCA 计数值与模块的捕获/比较寄存器的值相匹配时,如果匹配位 MAT(CCAPMn. 3)置位,CCON 寄存器的 CCFn 位将被置位。CAPN(CCAPMn. 4)和 CAPP(CCAPMn. 5)用来设置捕获输入的有效沿。CAPN 位使能下降沿有效,CAPP 位使能上升沿有效。如果两位都置位,则两种跳变沿都被使能,捕获可在两种跳变沿产生。

通过置位 CCAPMn 寄存器的最后一位 ECOM(CCAPMn. 6)来使能比较器功能。

每个 PCA 模块还对应另外两个寄存器 CCAPnH 和 CCAPnL。当出现捕获或比较时,它们用来保存 16 位的计数值。当 PCA 模块用在 PWM 模式中时,它们用来控制输出的占空比。

更详细的描述请参阅 NXP 公司的产品数据手册。

### 8.4.3　P8xC5xx 系列单片机

P8xC5xx 单片 8 位微控制器采用先进的 CMOS 工艺制造,是 80C51 微控制器家族的派生品,其指令集与 80C51 指令集完全相同。

另外,P8xC5xx 还具有两个可由软件进行选择的低功耗模式:空闲模式和掉电模式。空闲模式冻结 CPU,但允许 RAM、定时器、串行口和中断系统继续工作。可以通过软件选择是否在空闲模式下对 ADC 进行操作。掉电模式可保存 RAM 的内容,但使振荡器停止,这样所有其他片内功能都被禁止。在不丢失用户数据的情况下,时钟可停止工作,也可从时钟停止处恢复执行程序。

P8xC5xx 的主要特性如下:

- 80C51 中央处理单元。
- 8KB 内部程序存储器,可外部扩展到 64KB。
- 256B 片内数据 RAM,可外部扩展到 64KB。
- 3 个 16 位定时/计数器 T0、T1(标准 80C51)和附加的 T2(捕获与比较)。
- 带 8 路模拟输入的 10 位 ADC。
- 快速 8 位 ADC 选项。
- 2 个 8 位分辨率的脉宽调制输出(PWM)。
- 5 个 8 位 I/O 口加上一个与模拟输入复用的 8 位输入口。
- 带字节方式主和从功能的 $I^2C$ 总线串行 I/O 口。
- 片内看门狗定时器。
- 宽温度范围。
- 全静态操作:0～16MHz。
- 操作电压范围为 2.7～5.5V(0～16MHz)。
- 64B 加密阵列,OTP 产品具有 3 位保密位。
- 4 个中断优先级。

- 15 个中断源。
- 全双工增强型 UART：帧错误检测、自动地址识别。
- 电源控制模式：时钟可停止和恢复、空闲模式、掉电模式。
- 空闲模式中 ADC 有效。
- 双 DPTR。
- 可禁止 ALE 实现低 EMI。
- 可编程 I/O 口（准双向、推挽、高阻和开漏）。
- 掉电模式可通过外部中断唤醒。
- 软件复位（AUXR1.5）。
- 复位脚低有效。
- 上电检测复位。
- Once 模式。

P8xC5xx 包含 8KB × 8 非易失性 EPROM、256B RAM、5 个 8 位 I/O 口、2 个 16 位定时器/计数器（与 80C51 定时器相同）、一个附加的 16 位定时器（具有捕获和比较锁存）、一个具有 15 个中断源和 4 个中断优先级的可嵌套中断结构、1 个 8 位输入通道的 ADC、一个双 DAC 脉宽调制（PWM）接口、两个串行 I/O 口（UART 和 I²C）、一个看门狗定时器和一个片内振荡器和时序电路。

P8xC5xx 是为了工业应用而设计的，因此包含了大量的应用外设和更多的中断源。与此相应，也配置了更多的特殊功能寄存器。例如，P8xC552 在 MCS-51 的 21 个 SFR 的基础上又增加了 35 个，总共有 56 个 SFR。

如图 8-7 所示为 P8xC552 的结构框图。表 8-9 给出了 P8xC5xx 的中断优先级和入口地址。

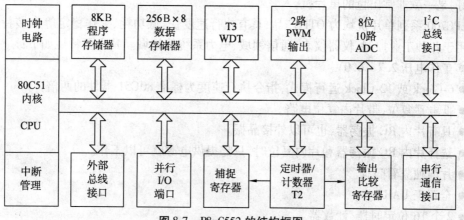

图 8-7　P8xC552 的结构框图

表 8-9　P8xC5xx 的中断优先级和入口地址

| 中　断　源 | 符　号 | 内部优先级 | | 入口地址 |
| --- | --- | --- | --- | --- |
| 外部中断 0 | $\overline{\text{INT0}}$ | 高 | | 0003H |
| I$^2$C 串行口 | SIO1 | | | 002BH |
| A/D 转换器 | ADC | | | 0053H |
| 定时器 T0 | T0 | | | 000BH |
| 捕捉 0 输入端 | CT0I | | | 0033H |
| 比较 0 | CM0 | | | 005BH |
| 外部中断 1 | $\overline{\text{INT1}}$ | | | 0013H |
| 捕捉 1 输入端 | CT1I | | | 003BH |
| 比较 1 | CM1 | | | 0063H |
| 定时器 T1 | T1 | | | 001BH |
| 捕捉 2 输入端 | CT2I | | | 0043H |
| 比较 2 | CM2 | | | 006BH |
| 串行口 UART | SIO0 | | | 0023H |
| 捕捉 3 输入端 | CT3I | | | 004BH |
| 定时器 T2 溢出 | T2 | 低 | | 0073H |

### 8.4.4　LPC700 和 LPC900 系列单片机

**1. LPC700 系列单片机**

LPC700 系列是 Philips 公司推出的一款增强型 51 单片机,其内部具有 WDT、I$^2$C 总线、模拟比较器、8 位 A/D 和 D/A 转换器、PWM(脉冲宽度调制器)、上电复位检测、欠压复位检测等功能,其不仅在低功耗方面有良好的表现,而且在可靠性/稳定性及电容兼容性方面表现很好,是一款非常出色的单片机。

LPC700 系列单片机均为 OTP 产品,具有执行速度快、低功耗、工作稳定等众多特性,广泛应用于各种工业控制、仪器仪表、通信领域、电力系统等领域。其主要特性如下:

- 工作电压 2.7 ~ 6.0V。
- 6-Clock 或 12-Clock 运行模式,指令执行速度为标准 80C51 器件的两倍。
- 低电平复位,带片内复位电路。
- 具有片内 RC 振荡器,也可以外接晶振。
- 选择片内 RC 振荡器和片内复位时,只需提供电源就可以工作。
- 片内独立看门狗。
- 全双工 UART。
- 2 个 16 位定时器/计数器。
- I$^2$C 总线接口。
- 2 路模拟比较器(LPC760 只有 1 路)。
- 键盘中断输入,外部中断输入,4 个中断优先级。
- 4 种可编程 I/O 端口模式:准双向、开漏极、推挽和只作为输入口。
- 所有口线均有 20mA 驱动能力。
- 空闲和掉电两种省电模式,可以利用中断从掉电中唤醒,典型掉电电流为 1μA。

表 8-10 列出了 NXP 公司 LPC700 系列单片机的主要产品和特性。

**表 8-10　NXP 公司 LPC700 单片机的主要型号和参数**

| LPC700 系列<br>型　号 | ROM<br>/KB | RAM<br>/B | I/O<br>端口 | 通讯端口 | 比较<br>器 | 键盘<br>中断 | 外部<br>中断 | A/D | D/A | PWM |
|---|---|---|---|---|---|---|---|---|---|---|
| P87LPC760 | 1 | 128 | 9/12 | UART,I²C | 2CH | 4 | 1 | — | — | — |
| P87LPC761 | 2 | 128 | 11/14 | UART,I²C | 3CH | 6 | 1 | — | — | — |
| P87LPC762 | 2 | 128 | 15/18 | UART,I²C | 4CH | 8 | 2 | — | — | — |
| P87LPC764 | 4 | 128 | 15/18 | UART,I²C | 4CH | 8 | 2 | — | — | — |
| P87LPC767 | 4 | 128 | 15/18 | UART,I²C | 4CH | 8 | 2 | 4CH<br>8BIT | — | — |
| P87LPC768 | 4 | 128 | 15/18 | UART,I²C | 4CH | 8 | 2 | 4CH<br>8BIT | — | 4CH<br>10BIT |
| P87LPC778 | 8 | 256 | 15/18 | UART,I²C | 4CH | 8 | 2 | 4CH<br>8BIT | — | 4CH<br>10BIT |
| P87LPC769 | 4 | 128 | 15/18 | UART,I²C | 4CH | 8 | 2 | 4CH<br>8BIT | 2CH<br>8BIT | — |
| P87LPC779 | 8 | 256 | 15/18 | UART,I²C | 4CH | 8 | 2 | 4CH<br>8BIT | 2CH<br>8BIT | — |

**2. LPC900 系列单片机**

LPC900 系列单片机是基于 80C51 内核的 Flash 存储器产品。该产品采用先进的 2-Clock 技术,运行速度是传统 80C51 的 6 倍,具有执行速度快、低功耗、高性能、低成本等众多特性,可以广泛应用于各类电子产品。LPC900 系列单片机内部集成了大量的外设功能,主要包括实时时钟、字节方式 I²C 通信端口、SPI 通信端口、捕获/比较单元、增强型 UART、A/D 转换器、ISP/IAP 在线编程等一系列特色功能部件。在产品的设计中可以节省外围器件,简化系统设计,降低系统成本,进一步提高系统的可靠性。

LPC900 系列单片机的主要特性如下:

● 采用 Flash 工艺,擦写次数在 10 万次以上。

● 6 倍速 80C51 内核,运行速度最高可达 9MIPS。

● 内置 1~16KB Flash 存储器,支持 ICP/IAP/ISP 下载,代码无法读出。

● 片内 128~768B RAM,部分器件具有 512B EEPROM。

● 4 个中断优先级。

● 两个 DPTR(双数据指针)。

● 4 个定时器。其中 T0、T1 可设置为触发管脚翻转,输出占空比为 50% 的方波;提供 CCU 比较/捕捉模块,可以输出 PWM 脉冲信号;具有可独立于系统时钟的 RTC,用于日历时钟;WDT 可以作为定时器使用。

● 提供多时钟源选择。除了外部晶振外,还可以使用内部 RC 振荡器,其精度为 1%。具有独立的 WDT 振荡器,保证系统可靠运行。

● 提供增强型 I/O 端口。可以配置为准双向口、推挽输出、开漏极输出以及只作为输入端口的模式;具有 20mA 的驱动能力,并可以兼容 5V 电压。

- 支持键盘中断。
- 提供多种串行接口:UART、SPI、I²C,其中 LPC952 提供 2 个 UART。
- 提供模拟功能:A/D、D/A 转换器和比较器。
- 部分器件提供 LCD 驱动功能。
- 完全掉电时电流可以低到 1μA。
- 工业级温度范围 –40℃ ~85℃。
- 电磁兼容性能优越。

为了适应不同的应用,LPC900 系列单片机具有不同的引脚和封装形式,引脚个数从 8 个到 64 个,功能也有所不同。表 8-11 列出了 NXP 公司 LPC900 系列单片机的主要产品和特性。

**表 8-11　NXP 公司 LPC900 单片机的主要型号和参数**

| LPC900 系列 型　号 | | ROM /KB | RAM /B | I/O 端口 | 通讯 端口 | 键盘 中断 | 外部 中断 | 比较 器 | A/D | D/A | LCD 驱动 |
|---|---|---|---|---|---|---|---|---|---|---|---|
| P89LPC90x (8 引脚, 体积最 小) | P89LPC901 | 1 | 128 | 6 | – | 2 | – | 1 | – | – | – |
| | P89LPC902 | 1 | 128 | 6 | – | 5 | – | 2 | – | – | – |
| | P89LPC903 | 1 | 128 | 6 | UART | 3 | – | 2 | – | – | – |
| P89LPC910x (10/14 引脚, 体积小) | P89LPC9103 | 1 | 128 | 8 | – | 2 | – | 1 | 4CH | 8 位 | – |
| | P89LPC9106 | 1 | 128 | 8 | UART | 2 | – | 1 | 4CH | 8 位 | – |
| | P89LPC9107 | 1 | 128 | 10 | UART | 2 | – | 1 | 4CH | 8 位 | – |
| P89LPC91x (14/16 引脚) | P89LPC912 | 1 | 128 | 12 | SPI | 4 | – | 2 | – | – | – |
| | P89LPC913 | 1 | 128 | 12 | UART/SPI | 4 | – | 2 | – | – | – |
| | P89LPC914 | 1 | 128 | 12 | UART/SPI | 4 | – | 2 | – | – | – |
| | P89LPC915 | 2 | 256 | 12 | UART/I²C | 6 | 2 | 2 | 4CH | 8 位 | – |
| | P89LPC916 | 2 | 256 | 14 | UART/ I²C/SPI | 5 | 1 | 2 | 4CH | 8 位 | – |
| | P89LPC917 | 2 | 256 | 14 | UART/I²C | 7 | 2 | 2 | 4CH | 8 位 | – |
| P89LPC92x (20 引脚) | P89LPC920 | 2 | 256 | 18 | UART/SPI | 8 | 2 | 2 | – | – | – |
| | P89LPC921 | 4 | 256 | 18 | UART/SPI | 8 | 2 | 2 | – | – | – |
| | P89LPC922 | 8 | 256 | 18 | UART/SPI | 8 | 2 | 2 | – | – | – |
| | P89LPC9221 | 8 | 256 | 18 | UART/SPI | 8 | 2 | 2 | – | – | – |
| | P89LPC924 | 4 | 256 | 18 | UART/SPI | 8 | 2 | 2 | 4CH | 8 位 | – |
| | P89LPC925 | 8 | 256 | 18 | UART/SPI | 8 | 2 | 2 | 4CH | 8 位 | – |
| P89LPC93x (28 引脚) | P89LPC930 | 4 | 256 | 26 | UART/ I²C/SPI | 8 | 2 | 2 | – | – | – |
| | P89LPC931 | 8 | 256 | 26 | UART/ I²C/SPI | 8 | 2 | 2 | – | – | – |
| | P89LPC932A1 | 8 | 768 + 512 | 26 | UART/ I²C/SPI | 8 | 2 | 2 | – | – | – |

续表

| LPC900 系列<br>型　号 | | ROM<br>/KB | RAM<br>/B | I/O<br>端口 | 通讯<br>端口 | 键盘<br>中断 | 外部<br>中断 | 比较<br>器 | A/D | D/A | LCD<br>驱动 |
|---|---|---|---|---|---|---|---|---|---|---|---|
| P89LPC93x<br>(28 引脚) | P89LPC933 | 4 | 256 | 26 | UART/<br>$I^2C$/SPI | 8 | 2 | 2 | 4CH<br>8 位 | 2CH<br>8 位 | – |
| | P89LPC934 | 8 | 256 | 26 | UART/<br>$I^2C$/SPI | 8 | 2 | 2 | 4CH<br>8 位 | 2CH<br>8 位 | – |
| | P89LPC935 | 8 | 768 +<br>512 | 26 | UART/<br>$I^2C$/SPI | 8 | 2 | 2 | 双4CH<br>8 位 | 2CH<br>8 位 | – |
| | P89LPC936 | 16 | 768 +<br>512 | 26 | UART/<br>$I^2C$/SPI | 8 | 2 | 2 | 双4CH<br>8 位 | 2CH<br>8 位 | – |
| | P89LPC938 | 8 | 768 +<br>512 | 26 | UART/<br>$I^2C$/SPI | 8 | 2 | 2 | 8CH<br>10 位 | | – |
| P89LPC95x<br>(44 引脚) | P89LPC952 | 8 | 512 | 42 | 双 UART/<br>$I^2C$/SPI | 8 | 2 | 2 | 8CH<br>10 位 | | – |
| | P89LPC954 | 16 | 512 | 42 | 双 UART/<br>$I^2C$/SPI | 8 | 2 | 2 | 8CH<br>10 位 | | – |
| P89LPC94xx<br>(64 引脚,<br>LCD 驱动) | P89LPC9401 | 8 | 256 | 23 | UART/<br>$I^2C$/SPI | 8 | 2 | 2 | – | | 32 ×4 段 |
| | P89LPC9408 | 8 | 768 +<br>512 | 23 | UART/<br>$I^2C$/SPI | 8 | 2 | 2 | 8CH<br>10 位 | – | 32 ×4 段 |

注: 上述产品更详细的描述请参阅 NXP 公司的产品数据手册。

# 8.5　Cygnal 公司的 C8051F 单片机

### 8.5.1　概述

Cygnal 公司的 C8051F 系列单片机是完全集成的混合信号系统级芯片(SoC),具有与 MCS-51 指令集完全兼容的高速 CIP51 内核;峰值速度可达 25 MIPS;在一个芯片内集成了构成一个单片机数据采集或控制系统所需的几乎所有模拟和数字外设及其他功能部件(包括 PGA、ADC、DAC、电压比较器、电压基准、温度传感器、SMBus/$I^2C$、UART、SPI、定时器、可编程计数器/定时器阵列、内部振荡器、看门狗定时器及电源监视器等);具有大容量的可在系统(ISP)和在应用(IAP)编程的 Flash 存储器。由于 C8051F 单片机与其他 8 位单片机相比具有更为优异的性能,所以一经面世就得到了广大单片机系统设计工程师的青睐,成为很多测控系统设计的首选机型。

与 MCS-51 相比较,80C51 已有很大发展。然而 Cygnal 公司发展的 C8051F 系列,与标准 8051 相比扩展了很多功能部件,并使用了一些在单片机中前所未见的技术,在许多方面已超出当前 8 位单片机水平,因此在配置和编程方面比标准 8051 要复杂一些。以下先对相关的一些新技术做简要介绍。

**1. 采用 CIP-51 内核大力提升 CISC 结构运行速度**

最早推出的标准 MCS-51 单片机已成为 8 位机中运行最慢的系列。为了提升速度,

DALLAS 公司和 Philips 公司采用传统的改变总线速度的办法,将机器周期从 12 个缩短到 4 个和 6 个,速度有了很大的提升(大约 2~3 倍)。

Cygnal 公司在提升 8051 速度上采取了新的途径,即设法在保持 CISC 结构及指令系统不变的情况下,对指令运行实行流水作业,推出了 CIP-51 的 CPU 模式。在这种模式中,废除了机器周期的概念,指令以时钟周期为运行单位。平均每个时钟可以执行完 1 条单周期指令,从而大大提高了指令运行速度。即与 8051 相比,在相同时钟下单周期指令运行速度为原来的 12 倍,整个指令集平均运行速度为原来 8051 的 9.5 倍,使 8051 兼容机系列进入了 8 位高速单片机行列。

### 2. I/O 从固定方式到交叉开关配置

迄今为止,I/O 端口大都是固定为某个特殊功能的输入/输出口,可以是单功能或多功能,I/O 端口可编程选择为单向/双向以及上拉、开漏等。固定方式的 I/O 端口,既占用引脚多,配置又不够灵活。为此,Scenix 公司在推出的 8 位 SX 单片机系列中,采取虚拟外设的方法将 I/O 的固定方式转变为软件设定方式。而在 Cygnal 公司的 C8051F 中,则采用开关网络以硬件方式实现 I/O 端口的灵活配置。在这种通过交叉开关配置的 I/O 端口系统中,单片机外部为通用 I/O 口,如 P0 口、P1 口和 P2 口。内有输入/输出的电路单元通过相应的配置寄存器控制的交叉开关配置到所选择的端口上,其原理结构如图 8-8 所示。

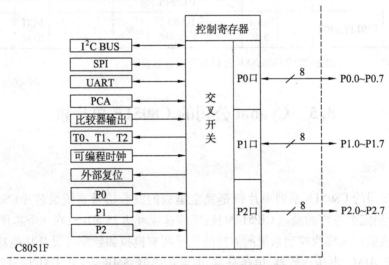

图 8-8  C8051F 的 I/O 端口配置结构框图

### 3. 从系统时钟到时钟系统

早期单片机都是用一个时钟控制片内所有时序。进入 CMOS 时代后,由于低功耗设计的要求,出现了在一个主时钟下 CPU 运行速度可选择在不同的时钟频率下操作;或设置成高、低两个主时钟,按系统操作要求选择合适的时钟速度,或关闭时钟。而 Cygnal 公司的 C8051F 则提供了一个完整而先进的时钟系统。在这个系统中,片内设置有一个可编程的时钟振荡器(无需外部器件),可提供 2MHz、4MHz、8MHz 和 16MHz 时钟的编程设定。外部振荡器可选择 4 种方式。当程序运行时,可实现内外时钟的动态切换。编程选择的时钟输出 CYSCLK 除供片内使用外,还可从随意选择的 I/O 端口输出,如图 8-9 所示。

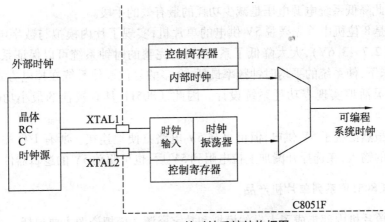

图 8-9　C8051F 的时钟系统结构框图

### 4. 从传统的仿真调试到基于 JTAG 接口的在系统调试

C8051F 在 8 位单片机中率先配置了标准的 JTAG 接口(IEEE1149.1)。引入 JTAG 接口将使 8 位单片机传统的仿真调试产生彻底的变革。在上位机软件支持下,通过串行的 JTAG 接口直接对产品系统进行仿真调试。C8051F 的 JTAG 接口不仅支持 Flash ROM 的读/写操作及非侵入式在系统调试,它的 JTAG 逻辑还为在系统测试提供边界扫描功能。通过边界寄存器的编程控制,可对所有器件引脚、SFR 总线和 I/O 口弱上拉功能实现观察和控制。

### 5. 从引脚复位到多源复位

在非 CMOS 单片机中,通常只提供引脚复位的一种方法。迄今为止的 80C51 系列单片机仍然停留在这一水平上。为了系统的安全和 CMOS 单片机的功耗管理,对系统的复位功能提出了越来越高的要求。Cygnal 公司的 C8051F 把 80C51 单一的外部复位发展成多源复位,如图

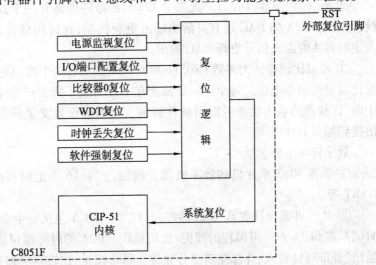

图 8-10　C8051F 的复位系统结构框图

8-10所示。C8051F 的多复位源提供了上电复位、掉电复位、外部引脚复位、软件复位、时钟检测复位、比较器 0 复位、WDT 复位和引脚配置复位。众多的复位源为保障系统的安全、操作的灵活性以及零功耗系统设计带来极大的好处。

### 6. 最小功耗系统的最佳支持

按照 CMOS 电路的特点,其系统功耗为:

$$W = CV^2 f$$

式中 C 为负载电容,V 为电源电压,f 为时钟频率。由上式可见,系统功耗与电源电压的平

方成正比,因此降低系统电源电压是减少功耗的最有效的手段。

C8051F 是 8 位机中首先摆脱 5V 供电的单片机,实现了片内模拟与数字电路的 3V 供电(电压范围 2.7~3.6V),大大降低了系统功耗;完善的时钟系统可以保证系统在满足响应速度的要求下,使系统的平均时钟频率最低;众多的复位源使系统在掉电方式下,可随意唤醒,从而可灵活地实现零功耗系统设计。因此,C8051F 具有极佳的最小功耗系统设计环境。

C8051F 虽然摆脱了 5V 供电,但仍可与 5V 电路方便地连接。所有 I/O 端口可以接收 5V 逻辑电平的输入,在选择开漏加上拉电阻到 5V 后,也可驱动 5V 的逻辑器件。

### 8.5.2　C8051F 系列单片机产品

C8051F 单片机内部集成了大量的模拟和数字资源。模拟资源主要包括:

① 由逐次逼近型 ADC、多通道模拟输入选择器和可编程增益放大器组成的完整 ADC 子系统。ADC 可以有多种转换启动方式,10 位或 12 位的 ADC 数据字可以被编程为左对齐或右对齐方式。大部分器件中的 ADC 都可被编程差分输入或单端输入。ADC 子系统可以产生窗口比较中断,即当 ADC 数据位于一个规定的窗口之内或之外时向 CPU 申请中断,这一特性允许用 ADC 以后台方式监视一个关键电压,当转换数据位于规定的窗口之内时才向 CPU 申请中断。

② 数、模转换器(DAC)。大部分 C8051F 器件内部有一个或两个电压输出 DAC 子系统。C8051F02X 的 DAC 还有灵活的输出更新机制,允许用软件命令和定时器 2、定时器 3 及定时器 4 的溢出信号更新 DAC 输出。

③ 模拟比较器。大多数 C8051F 单片机内部都有两个模拟电压比较器。可以用软件设置比较器的回差电压。每个比较器都能在上升沿或下降沿产生中断,或在两个边沿都产生中断,比较器的输出状态可以用软件查询。可通过设置交叉开关端 11MUX 将比较器的输出接到端口 I/O 引脚。

数字资源主要包括:

① 标准 8052 单片机的数字资源。例如,三个 16 位定时器/计数器、256B 内部 RAM、UART 等。

② 片内可编程计数器/定时器阵列(PCA)。PCA 包括一个专用的 16 位计数器/定时器时间基准和 3~6 个可编程的捕捉/比较模块。PCA 的时钟源可以是系统时钟分频、定时器溢出、外部时钟输入、外部振荡源分频等。每个捕捉/比较模块都有多种工作方式,如边沿触发捕捉、软件定时器、高速输出、脉冲宽度调制器、频率输出等。

③ SPI 总线和 SMBus/$I^2C$ 总线。大部分 C8051F 单片机中集成了 SPI 总线和 SMBus/$I^2C$ 总线。这些串行总线不"共享"定时器、中断或端口 I/O,所以可以使用任何一个或全部同时使用。

Cygnal C8051F 系列单片机的主要特点如下:

● 片内资源。

◇ 8~12 位多通道 ADC。

◇ 1~2 路 12 位 DAC。

◇ 1~2 路电压比较器。

◇ 内部或外部电压基准。

◇ 内置温度传感器 ±3。

◇ 16 位可编程定时/计数器阵列 PCA,可用于 PWM 等。

◇ 3 ~ 5 个通用 16 位定时器。

◇ 8 ~ 64 个通用 I/O 口。

◇ 带有 $I^2C$/SMBus、SPI、1 ~ 2 个 UART 多类型串行总线。

◇ 8 ~ 64KB Flash 存储器。

◇ 256B ~ 4KB 数据存储器 RAM。

◇ 片内时钟源内置电源监测看门狗定时器。

● 主要特点:

◇ 高速的 20 ~ 25MIPS 与 8051 全兼容的 CIP51 内核,最高可达 100MIPS。

◇ 内部 Flash 存储器可实现在系统编程,既可作程序存储器,也可作非易失性数据存储器。

◇ 工作电压为 2.7 ~ 3.6V,典型值为 3V。I/O、RST、JTAG 引脚均允许 5V 电压输入。

◇ 全系列均为工业级芯片( -45℃ ~ +85℃ )。

◇ 片内 JTAG 仿真电路提供全速的电路内仿真。不占用片内用户资源,支持断点、单步、观察点、运行和停止等调试命令,支持存储器和寄存器校验和修改。

表 8-12 给出了 Cygnal 公司 C8051F 单片机的主要型号和参数。

表8-12 Cygnal 公司 C8051F 单片机的主要型号和参数

| C8051F 信号 | MIPS (峰值) | Flash 存储器 /KB | RAM /B | 存储器接口 | I/O 引脚数 | 串行通信接口 | 定时器 (16-bit) | PCA 通道 | 内部震荡器精度 | ADC1 | ADC2 | DAC | 温度传感器 | 参考电压 | 比较器 | 其他 | 封装 |
|---|---|---|---|---|---|---|---|---|---|---|---|---|---|---|---|---|---|
| C8051F005 | 25 | 32 | 2304 | - | 32 | UART,SMBus,SPI | 4 | 5 | ±20% | 12-bit,8ch,100ksps | - | 12-bit,2ch. | Y | Y | 2 | - | TQFP64 |
| C8051F015 | 25 | 32 | 2304 | - | 32 | UART,SMBus,SPI | 4 | 5 | ±20% | 10-bit,8ch,100ksps | - | 12-bit,2ch. | Y | Y | 2 | - | TQFP64 |
| C8051F020 | 25 | 64 | 4352 | Y | 64 | 2 UARTs,SMBus,SPI | 5 | 5 | ±20% | 12-bit,8ch,100ksps | 8-bit,8ch,500ksps | 12-bit,2ch. | Y | Y | 2 | - | TQFP100 |
| C8051F021 | 25 | 64 | 4352 | Y | 32 | 2 UARTs,SMBus,SPI | 5 | 5 | ±20% | 12-bit,8ch,100ksps | 8-bit,8ch,500ksps | 12-bit,2ch. | Y | Y | 2 | - | TQFP64 |
| C8051F022 | 25 | 64 | 4352 | Y | 64 | 2 UARTs,SMBus,SPI | 5 | 5 | ±20% | 10-bit,8ch,100ksps | 8-bit,8ch,500ksps | 12-bit,2ch. | Y | Y | 2 | - | TQFP100 |
| C8051F023 | 25 | 64 | 4352 | Y | 32 | 2 UARTs,SMBus,SPI | 5 | 5 | ±20% | 10-bit,8ch,100ksps | 8-bit,8ch,500ksps | 12-bit,2ch. | Y | Y | 2 | - | TQFP64 |
| C8051F040 | 25 | 64 | 4352 | Y | 64 | CAN2.0B,2 UARTs,SMBus,SPI | 5 | 6 | ±2% | 12-bit,13ch,100ksps | 8-bit,8ch,500ksps | 12-bit,2ch. | Y | Y | 3 | ±60V PGA | TQFP100 |
| C8051F060 | 25 | 64 | 4352 | Y | 59 | CAN2.0B,2 UARTs,SMBus,SPI | 5 | 6 | ±2% | 16-bit,2ch,1Msps | 10-bit,8ch,200ksps | 12-bit,2ch. | Y | Y | 3 | DMA | TQFP100 |
| C8051F064 | 25 | 64 | 4352 | Y | 59 | 2 UARTs,SMBus,SPI | 5 | 6 | ±2% | 16-bit,2ch,1Msps | - | - | - | Y | 3 | DMA | TQFP100 |
| C8051F120 | 100 | 128 | 8448 | Y | 64 | 2 UARTs,SMBus,SPI | 5 | 6 | ±2% | 12-bit,8ch,100ksps | 8-bit,8ch,500ksps | 12-bit,2ch. | Y | Y | 2 | 16×16 MAC | TQFP100 |
| C8051F124 | 50 | 128 | 8448 | Y | 64 | 2 UARTs,SMBus,SPI | 5 | 6 | ±2% | 12-bit,8ch,100ksps | 8-bit,8ch,500ksps | 12-bit,2ch. | Y | Y | 2 | - | TQFP100 |
| C8051F126 | 50 | 128 | 8448 | Y | 64 | 2 UARTs,SMBus,SPI | 5 | 6 | ±2% | 10-bit,8ch,100ksps | 8-bit,8ch,500ksps | 12-bit,2ch. | Y | Y | 2 | - | TQFP100 |
| C8051F130 | 100 | 128 | 8448 | Y | 64 | 2 UARTs,SMBus,SPI | 5 | 6 | ±2% | 10-bit,8ch,100ksps | - | - | Y | Y | 2 | 16×16 MAC | TQFP100 |
| C8051F206 | 25 | 8 | 1280 | - | 32 | UART,SPI | 3 | - | ±20% | 12-bit,32ch,100ksps | - | - | - | - | 2 | - | TQFP48 |

续表

| C8051F 信号 | MIPS (峰值) | Flash 存储器 /KB | RAM /B | 存储器接口 | I/O 引脚数 | 串行通信接口 | 定时器 (16-bit) | PCA 通道 | 内部震荡器精度 | ADC1 | ADC2 | DAC | 温度传感器 | 参考电压 | 比较器 | 其他 | 封装 |
|---|---|---|---|---|---|---|---|---|---|---|---|---|---|---|---|---|---|
| C8051F230 | 25 | 8 | 256 | - | 32 | UART,SPI | 3 | - | ±20% | - | - | - | - | - | 2 | - | TQFP48 |
| C8051F236 | 25 | 8 | 1280 | - | 32 | UART,SPI | 3 | - | ±20% | - | - | - | - | - | 2 | - | TQFP48 |
| C8051F300 | 25 | 8 | 256 | - | 8 | UART,SMBus | 3 | 3 | ±2% | 8-bit,8ch., 500ksps | - | - | Y | - | 1 | - | MLP11 |
| C8051F304 | 25 | 4 | 256 | - | 8 | UART,SMBus | 3 | 3 | ±20% | - | - | - | - | - | 1 | - | MLP11 |
| C8051F305 | 25 | 2 | 256 | - | 8 | UART,SMBus | 3 | 3 | ±20% | - | - | - | - | - | 1 | - | MLP11 |
| C8051F310 | 25 | 16 | 1280 | - | 29 | UART,SMBus,SPI | 4 | 5 | ±2% | 10-bit,21ch., 200ksps | - | - | Y | - | 2 | - | LQFP32 |
| C8051F314 | 25 | 8 | 1280 | - | 29 | UART,SMBus,SPI | 4 | 5 | ±2% |  | - | - | Y | - | 2 | - | LQFP32 |
| C8051F315 | 25 | 8 | 1280 | - | 25 | UART,SMBus,SPI | 4 | 5 | ±2% | - | - | - | Y | - | 2 | - | MLP28 |
| C8051F320 | 25 | 16 | 2304 | - | 25 | USB 2.0, UART, SMBus, SPI | 4 | 5 | ±1.5% | 10-bit,17ch., 200ksps | - | - | Y | Y | 2 | - | LQFP32 |
| C8051F326 | 25 | 16 | 1536 | - | 15 | USB 2.0, UART, SMBus, SPI | 2 | - | ±1.5% | - | - | - | Y | Y | - | Separate I/O Supply Pin | QFN28 |
| C8051F327 | 25 | 16 | 1536 | - | 15 | USB 2.0, UART, SMBus, SPI | 2 | - | ±1.5% | - | - | - | Y | Y | - | Fixed I/O Supply Pin | QFN28 |
| C8051F330 | 25 | 8 | 768 | - | 17 | UART,SMBus,SPI | 4 | 3 | ±2% | 10-bit,16ch., 200ksps | - | 10-bit, 1ch. | Y | Y | 1 | - | MLP20 |
| C8051F330D | 25 | 8 | 768 | - | 17 | UART,SMBus,SPI | 4 | 3 | ±2% | 10-bit,16ch., 200ksps | - | 10-bit, 1ch. | Y | Y | 1 | - | PDIP20 |
| C8051F331 | 25 | 8 | 768 | - | 17 | UART,SMBus,SPI | 4 | 3 | ±2% | - | - | - | Y | - | 1 | - | MLP20 |
| C8051F340 | 48 | 64 | 5376 | Y | 40 | USB 2.0, 2×UART, SMBus, SPI | 4 | 5 | ±1.5% | 10-bit,17ch., 200ksps | - | - | Y | Y | 2 | - | TQFP48 |
| C8051F347 | 25 | 32 | 3328 | - | 25 | USB 2.0, UART, SMBus, SPI | 4 | 5 | ±1.5% | 10-bit,17ch., 200ksps | - | - | Y | Y | 2 | - | LQFP32 |

续表

| C8051F 信号 | MIPS (峰值) | Flash 存储器 /KB | RAM /B | 存储器接口 | I/O 引脚数 | 串行通信接口 | 定时器 (16-bit) | PCA 通道 | 内部震荡器精度 | ADC1 | ADC2 | DAC | 温度传感器 | 参考电压 | 比较器 | 其他 | 封装 |
|---|---|---|---|---|---|---|---|---|---|---|---|---|---|---|---|---|---|
| C8051F350 | 50 | 8 | 768 | – | 17 | UART,SMBus,SPI | 4 | 3 | ±2% | 24-bit,8ch.,1ksps | – | 8-bit,2ch. | Y | – | 1 | – | LQFP32 |
| C8051F360 -GQ | 100 | 32 | 1000 | Y | 39 | UART,SMBus,SPI | 4 | 3 | ±2% | 10-bit,16ch.,200ksps | – | 10-bit,1ch. | Y | Y | 2 | 16×16 MAC | TQFP48 |
| C8051F361 -GQ | 100 | 32 | 1000 | – | 27 | UART,SMBus,SPI | 4 | 3 | ±2% | 10-bit,16ch.,200ksps | – | 10-bit,1ch. | Y | Y | 2 | 16×16 MAC | LQFP32 |
| C8051F410 | 50 | 32 | 2304 | – | 24 | UART,SMBus,SPI | 4 | 6 | ±2% | 12-bit,24ch.,200ksps | – | 12-bit,2ch. | Y | Y | 2 | Volt Reg, RTC | LQFP32 |
| C8051F411 | 50 | 32 | 2304 | – | 20 | UART,SMBus,SPI | 4 | 6 | ±2% | 12-bit,24ch.,200ksps | – | 12-bit,2ch. | Y | Y | 2 | Volt Reg, RTC | MLP28 |
| CP2102 | – | 1 | 1000 | – | – | UART to USB Bridge | – | – | Y | | – | – | – | – | – | Volt Reg | MLP28 |
| CP2103 | – | 1 | 1000 | – | 4 | UART to USB Bridge | – | – | Y | | – | – | – | – | – | Volt Reg | MLP28 |
| C8051F520 | 25 | 8 | 256 | – | 6 | LIN 2.0,SPI,UART | 3 | 3 | 0.5% | 12-bit,6ch.,200ksps | – | – | Y | – | – | Volt Reg, -40 to 125oC | 10-pin3 ×3 QFN |
| C8051F530 | 25 | 8 | 256 | – | 16 | LIN 2.0,SPI,UART | 3 | 3 | 0.5% | 12-bit,6ch.,200ksps | – | – | Y | – | – | Volt Reg, -40 to 125oC | 20-pin TSSOP/ QFN |
| C8051F920 | 25 | 32 | 4352 | Y | 24 | UART,SMBus,SPIX2 | 4 | 6 | ±2% | 10-bit,23ch.,300ksp | – | – | Y | Y | 2 | Volt Reg, RTC | LQFP32 |
| C8051F930 | 25 | 64 | 4352 | Y | 24 | UART,SMBus,SPIX2 | 4 | 6 | ±2% | 10-bit,23ch.,300ksp | – | – | Y | Y | 2 | Volt Reg, RTC | LQFP32 |
| C8051T600 | 25 | 8KBOTP | 256 | – | 8 | UART,SMBus | 3 | 3 | ±2% | 10-bit,8ch.,500ksp,, | – | – | Y | – | 1 | Volt Reg | QFN11/ SOIC14 |
| C8051T610 | 25 | 16KBOTP | 1280 | – | 29 | UART,SMBus | 4 | 4 | ±2% | 10-bit,21ch.,500ksp | – | – | Y | – | 2 | Volt Reg | LQFP32 |

### 8.5.3 SoC 产品及其发展趋势

Cygnal 公司推出 C8051F 系列产品,把 80C51 系列推上了一个崭新高度,将单片机从 MCU 带入了 SoC(System on Chip)时代。SoC 是嵌入式应用系统的最终形态。嵌入式系统应用中除了最底层最广泛应用的单片机外,基于 PLD、硬件描述语言的 EDA 模式,基于 IP 库的微电子 ASIC 模式等,形成了众多的 SoC 解决方法。无论是微电子集成,还是 PLD 的可编程设计,或是单片机的模拟混合集成,目的都是 SoC,手段也会逐渐形成基于处理器内核加上外围 IP 单元的模式。作为 8 位经典结构的 8051 已开始为众多厂家承认,并广泛用于 SoC 的处理器内核。

**1. 从单片机向 SoC 发展的 8051 内核**

单片机从单片微型计算机向微控制器(MCU)发展,体现了单片机向 SoC 的发展方向,按系统要求不断扩展外围功能、外围接口以及系统要求的模拟、数字混合集成。在向 SoC 发展过程中,许多厂家引入 8051 内核构成 SoC 单片机。例如,ADI 公司引入 8051 内核后配置自己的优势产品——信号调理电路,构成了用于数据采集的 SoC;Cygnal 公司则为 8051 配置了全面的系统驱动控制、前向/后向通道接口,构成了较全面的通用型 SoC。

**2. 80C51 内核在 PLD 中的 SoC 应用**

基于 PLD,采用硬件描述语言设计的电子系统是近年来十分流行的方法。在解决较大规模的智能化系统时,要求可编程逻辑门数量很大。这导致设计工作量大,资源很难充分利用,出错概率也大。随着 IP 核及处理器技术的发展,从事可编程逻辑器件的公司在向 SoC 进军时,几乎都会将微处理器、存储单元、通用 IP 模块集成到 PLD 中构成可配置的 SoC 芯片(CSoC)。当设计人员使用这样的芯片开发产品时,由于系统设计所需部件已有 80% 集成在 CSoC 上,设计者可以节省许多精力。Triscend 公司推出的 E5 系列 SoC 就是由以 8051 为处理器核,加上 40KB RAM、WDT、DMA 和 4 万门带 SoC 总线的 PLD 组成,形成了一个以 8051 为内核的可编程的半定制 SoC 器件。

**3. 8051 内核在可编程选择 SoC(PSOC)器件中的应用**

完全基于通用 IP 模块,由可编程选择来构成产品 SoC 的设想是由 Cypress 公司倡导并推出的。这种可编程选择的 SoC 取名为 PSoC,由基本的 CPU 内核和预设外围部件组成。Cypress 将多种数字和模拟器件、微处理器、处理器外围单元、外围接口电路集成到 PSoC 上,用户只需按产品的功能构建自己的产品系统即可。Cypress 公司在构建 PSoC 中的 8 位处理器时,就选择了 8051 作为其内核。

# 习 题 八

1. 新型 8051 兼容单片机在性能上有哪些提高?

2. 何为双数据指针(Data Pointer)? 双数据指针有何作用?

3. 在新型 8051 兼容单片机中,当系统时钟为 40MHz 及 6 时钟运行模式时,每个机器周期为多长?

4. 何为 PWM ? 它有何作用?

5. PWM 功能也可以在标准 8051 单片机上实现,试给出实现方案。

6. Atmel 公司的 89 系列单片机与标准 8051 的主要区别有哪些？主要特点是什么？

7. Winbond 公司的 8051 兼容单片机有几个系列？其主要特点是什么？

8. NXP 公司的 8051 兼容单片机分为几个系列？各有何特点？

9. Cygnal 公司的 C8051F 系列单片机的主要特点有哪些？在关键技术上有哪些突破？

10. 何为兼容单片机？它包含哪些方面的含义？所谓完全兼容指什么？

11. 除了本书上介绍的 8051 兼容单片机以外,你还知道哪些 8051 兼容单片机的相关产品？

12. 你对哪种单片机的评价最高？理由是什么？

13. 何为 ISP？与 IAP 有何区别？

14. PCA 有哪些主要功能和应用？

15. 什么是看门狗电路？它有何作用？

16. Atmel 89C2051/4051 单片机中的比较器有何用处？请给出一个应用实例。

# 附录 A　MCS-51 指令表

MCS-51 指令系统常用符号及含义：

| | |
|---|---|
| addr11 | 11 位地址 |
| addr16 | 16 位地址 |
| bit | 内部 RAM 或专用寄存器中的直接寻址位 |
| rel | 补码形式的 8 位地址偏移量 |
| direct | 直接地址单元(RAM、SFR、I/O) |
| # data | 立即数 |
| Rn | 当前寄存器区的 8 个通用工作寄存器 R0 ~ R7(n = 0 ~ 7) |
| Ri | 当前寄存器区中可作间址寄存器的 2 个通用工作寄存器 R0、R1(i = 0、1) |
| A | 累加器 |
| B | 专用寄存器,用于 MUL 和 DIV 指令中 |
| C | 进位标志或进位位,或布尔处理机中的累加器 |
| @ | 间接寻址方式中,表示间接寄存器的符号 |
| / | 位操作数的前缀,表示对该位操作数先取反再参与操作,但不影响该操作数 |
| (X) | X 中的内容 |
| ((X)) | 由 X 寻址的单元中的内容 |
| ← | 箭头左边的内容被箭头右边的内容所代替 |
| ∧ | 逻辑"与" |
| ∨ | 逻辑"或" |
| ⊕ | 逻辑"异或" |

表 A-1　数据传送类指令

| 十六进制代码 | 指令助记符 | 说　　明 | 字节数 | 执行周期数 | 对标志位影响 | | | |
|---|---|---|---|---|---|---|---|---|
| | | | | | CY | AC | OV | P |
| E8 ~ EF | MOV A, Rn | (A)←(Rn) | 1 | 1 | × | × | × | √ |
| E5 | MOV A,direct | (A)←(direct) | 2 | 1 | × | × | × | √ |
| E6,E7 | MOV A,@Ri | (A)←((Ri)) | 1 | 1 | × | × | × | √ |
| 74 | MOV A,#data | (A)←data | 2 | 1 | × | × | × | √ |
| F8 ~ FF | MOV Rn,A | (Rn)←(A) | 1 | 1 | × | × | × | × |
| A8 ~ AF | MOV Rn,direct | (Rn)←(direct) | 2 | 2 | × | × | × | × |
| 78 ~ 7F | MOV Rn,#data | (Rn)←data | 2 | 1 | × | × | × | × |
| F5 | MOV direct,A | (direct)←(A) | 2 | 1 | × | × | × | × |
| 88 ~ 8F | MOV direct,Rn | (direct)←(Rn) | 2 | 2 | × | × | × | × |
| 85 | MOV direct1,direct2 | (direct1)←(direct2) | 3 | 2 | × | × | × | × |

| 十六进制代码 | 指令助记符 | 说　　明 | 字节数 | 执行周期数 | 对标志位影响 | | | |
|---|---|---|---|---|---|---|---|---|
| | | | | | CY | AC | OV | P |
| 86,87 | MOV direct,@Ri | $(direct) \leftarrow ((Ri))$ | 2 | 2 | × | × | × | × |
| 75 | MOV direct,#data | $(direct) \leftarrow data$ | 3 | 2 | × | × | × | × |
| F6,F7 | MOV @Ri,A | $((Ri)) \leftarrow (A)$ | 1 | 1 | × | × | × | × |
| A6,A7 | MOV @Ri,direct | $((Ri)) \leftarrow (direct)$ | 2 | 2 | × | × | × | × |
| 76,77 | MOV @Ri,#data | $((Ri)) \leftarrow data$ | 2 | 1 | × | × | × | × |
| 90 | MOV DPTR,#data16 | $(DPTR) \leftarrow data16$ | 3 | 2 | × | × | × | × |
| 93 | MOVC A,@A+DPTR | $(A) \leftarrow ((A)+(DPTR))$ | 1 | 2 | × | × | × | √ |
| 83 | MOVC A,@A+PC | $(A) \leftarrow ((A)+(PC))$ | 1 | 2 | × | × | × | √ |
| E2,E3 | MOVX A,@Ri | $(A) \leftarrow ((P2)+(Ri))$ | 1 | 2 | × | × | × | √ |
| E0 | MOVX A,@DPTR | $(A) \leftarrow ((DPTR))$ | 1 | 2 | × | × | × | √ |
| F2,F3 | MOVX @Ri,A | $((P2)+(Ri)) \leftarrow (A)$ | 1 | 2 | × | × | × | √ |
| F0 | MOVX @DPTR,A | $((DPTR)) \leftarrow (A)$ | 1 | 2 | × | × | × | √ |
| C0 | PUSH direct | $(SP) \leftarrow (SP)+1,((SP)) \leftarrow (direct)$ | 2 | 2 | × | × | × | × |
| D0 | POP direct | $(direct) \leftarrow ((SP)),(SP) \leftarrow (SP)-1$ | 2 | 2 | × | × | × | × |
| C8~CF | XCH A,Rn | $(A) \longleftrightarrow (Rn)$ | 1 | 1 | × | × | × | √ |
| C5 | XCH A,direct | $(A) \longleftrightarrow (direct)$ | 2 | 1 | × | × | × | √ |
| C6,C7 | XCH A,@Ri | $(A) \longleftrightarrow ((Ri))$ | 1 | 1 | × | × | × | √ |
| D6,D7 | XCHD A,@Ri | $(A)_{3\sim0} \longleftrightarrow ((Ri))_{3\sim0}$ | 1 | 1 | × | × | × | √ |

表 A-2　算术运算类指令

| 十六进制代码 | 指令助记符 | 说　　明 | 字节数 | 执行周期数 | 对标志位影响 | | | |
|---|---|---|---|---|---|---|---|---|
| | | | | | CY | AC | OV | P |
| 28~2F | ADD A, Rn | $(A) \leftarrow (A)+(Rn)$ | 1 | 1 | √ | √ | √ | √ |
| 25 | ADD A,direct | $(A) \leftarrow (A)+(direct)$ | 2 | 1 | √ | √ | √ | √ |
| 26,27 | ADD A,@Ri | $(A) \leftarrow (A)+((Ri))$ | 1 | 1 | √ | √ | √ | √ |
| 24 | ADD A,#data | $(A) \leftarrow (A)+data$ | 2 | 1 | √ | √ | √ | √ |
| 38~3F | ADDC A, Rn | $(A) \leftarrow (A)+(Rn)+CY$ | 1 | 1 | √ | √ | √ | √ |
| 35 | ADDC A,direct | $(A) \leftarrow (A)+(direct)+CY$ | 2 | 1 | √ | √ | √ | √ |
| 36,37 | ADDC A,@Ri | $(A) \leftarrow (A)+((Ri))+CY$ | 1 | 1 | √ | √ | √ | √ |
| 34 | ADDC A,#data | $(A) \leftarrow (A)+data+CY$ | 2 | 1 | √ | √ | √ | √ |

| 十六进制代码 | 指令助记符 | 说　　　明 | 字节数 | 执行周期数 | 对标志位影响 | | | |
|---|---|---|---|---|---|---|---|---|
| | | | | | CY | AC | OV | P |
| 98~9F | SUBB A, Rn | $(A)\leftarrow(A)-(Rn)-CY$ | 1 | 1 | √ | √ | √ | √ |
| 95 | SUBB A,direct | $(A)\leftarrow(A)-(direct)-CY$ | 2 | 1 | √ | √ | √ | √ |
| 96,97 | SUBB A,@Ri | $(A)\leftarrow(A)-((Ri))-CY$ | 1 | 1 | √ | √ | √ | √ |
| 94 | SUBB A,#data | $(A)\leftarrow(A)-data-CY$ | 2 | 1 | √ | √ | √ | √ |
| 04 | INC A | $(A)\leftarrow(A)+1$ | 1 | 1 | × | × | × | √ |
| 08~0F | INC Rn | $(Rn)\leftarrow(Rn)+1$ | 1 | 1 | × | × | × | × |
| 05 | INC direct | $(direct)\leftarrow(direct)+1$ | 2 | 1 | × | × | × | × |
| 06,07 | INC @Ri | $((Ri))\leftarrow((Ri))+1$ | 1 | 1 | × | × | × | × |
| A3 | INC DPTR | $(DPTR)\leftarrow(DPTR)+1$ | 1 | 2 | × | × | × | × |
| 14 | DEC A | $(A)\leftarrow(A)-1$ | 1 | 1 | × | × | × | √ |
| 18~1F | DEC Rn | $(Rn)\leftarrow(Rn)-1$ | 1 | 1 | × | × | × | × |
| 15 | DEC direct | $(direct)\leftarrow(direct)-1$ | 2 | 1 | × | × | × | × |
| 16,17 | DEC @Ri | $((Ri))\leftarrow((Ri))-1$ | 1 | 1 | × | × | × | × |
| A4 | MUL AB | $(B)(A)\leftarrow(A)\times(B)$ | 1 | 4 | √ | × | √ | √ |
| 84 | DIV AB | $(A)\leftarrow(A)/(B)$ 的商 $(B)\leftarrow(A)/(B)$ 的余数 | 1 | 4 | √ | × | √ | √ |
| D4 | DA A | 对 A 中的数据进行十进制调整 | 1 | 1 | √ | √ | √ | √ |

**表 A-3　逻辑操作类指令**

| 十六进制代码 | 指令助记符 | 说　　　明 | 字节数 | 执行周期数 | 对标志位影响 | | | |
|---|---|---|---|---|---|---|---|---|
| | | | | | CY | AC | OV | P |
| 58~5F | ANL A, Rn | $(A)\leftarrow(A)\wedge(Rn)$ | 1 | 1 | × | × | × | √ |
| 55 | ANL A,direct | $(A)\leftarrow(A)\wedge(direct)$ | 2 | 1 | × | × | × | √ |
| 56,57 | ANL A,@Ri | $(A)\leftarrow(A)\wedge((Ri))$ | 1 | 1 | × | × | × | √ |
| 54 | ANL A,#data | $(A)\leftarrow(A)\wedge data$ | 2 | 1 | × | × | × | √ |
| 52 | ANL direct,A | $(direct)\leftarrow(direct)\wedge(A)$ | 2 | 1 | × | × | × | × |
| 53 | ANL direct,#data | $(direct)\leftarrow(direct)\wedge data$ | 3 | 2 | × | × | × | × |
| 48~4F | ORL A, Rn | $(A)\leftarrow(A)\vee(Rn)$ | 1 | 1 | × | × | × | √ |
| 45 | ORL A,direct | $(A)\leftarrow(A)\vee(direct)$ | 2 | 1 | × | × | × | √ |
| 46,47 | ORL A,@Ri | $(A)\leftarrow(A)\vee((Ri))$ | 1 | 1 | × | × | × | √ |
| 44 | ORL A,#data | $(A)\leftarrow(A)\vee data$ | 2 | 1 | × | × | × | √ |

| 十六进制代码 | 指令助记符 | 说　　　明 | 字节数 | 执行周期数 | 对标志位影响 | | | |
|---|---|---|---|---|---|---|---|---|
| | | | | | CY | AC | OV | P |
| 42 | ORL direct,A | $(direct)\leftarrow(direct)\vee(A)$ | 2 | 1 | × | × | × | × |
| 43 | ORL direct,#data | $(direct)\leftarrow(direct)\vee data$ | 3 | 2 | × | × | × | × |
| 68~6F | XRL A,Rn | $(A)\leftarrow(A)\oplus(Rn)$ | 1 | 1 | × | × | × | √ |
| 65 | XRL A,direct | $(A)\leftarrow(A)\oplus(direct)$ | 2 | 1 | × | × | × | √ |
| 66,67 | XRL A,@Ri | $(A)\leftarrow(A)\oplus((Ri))$ | 1 | 1 | × | × | × | √ |
| 64 | XRL A,#data | $(A)\leftarrow(A)\oplus data$ | 2 | 1 | × | × | × | √ |
| 62 | XRL direct,A | $(direct)\leftarrow(direct)\oplus(A)$ | 2 | 1 | × | × | × | × |
| 63 | XRL direct,#data | $(direct)\leftarrow(direct)\oplus data$ | 3 | 2 | × | × | × | × |
| E4 | CLR A | $(A)\leftarrow0$ | 1 | 1 | × | × | × | √ |
| F4 | CPL A | $(A)\leftarrow\overline{(A)}$ | 1 | 1 | × | × | × | × |
| 23 | RL A | 累加器 A 循环左移一位 | 1 | 1 | × | × | × | × |
| 33 | RLC A | 累加器 A 带进位标志循环左移一位 | 1 | 1 | √ | × | × | √ |
| 03 | RR A | 累加器 A 循环右移一位 | 1 | 1 | × | × | × | × |
| 13 | RRC A | 累加器 A 带进位标志循环右移一位 | 1 | 1 | √ | × | × | √ |
| C4 | SWAP A | 对累加器 A 中的数据进行半字节交换 | 1 | 1 | × | × | × | × |

**表 A-4　控制转移类指令**

| 十六进制代码 | 指令助记符 | 说　　　明 | 字节数 | 执行周期数 | 对标志位影响 | | | |
|---|---|---|---|---|---|---|---|---|
| | | | | | CY | AC | OV | P |
| *1 | ACALL addr11 | $PC\leftarrow(PC)+2,SP\leftarrow(SP)+1$<br>$(SP)\leftarrow(PC)L,SP\leftarrow(SP)+1$<br>$(SP)\leftarrow(PC)H,PC10\sim PC0\leftarrow addr11$ | 2 | 2 | × | × | × | × |
| 12 | LCALL addr16 | $PC\leftarrow(PC)+3,SP\leftarrow(SP)+1$<br>$(SP)\leftarrow(PC)_L,SP\leftarrow(SP)+1$<br>$(SP)\leftarrow(PC)_H,PC\leftarrow addr16$ | 3 | 2 | × | × | × | × |
| 22 | RET | $PC_H\leftarrow((SP)),SP\leftarrow(SP)-1$<br>$PC_L\leftarrow((SP)),SP\leftarrow(SP)-1$<br>子程序返回 | 1 | 2 | × | × | × | × |
| 32 | RETI | $PC_H\leftarrow((SP)),SP\leftarrow(SP)-1$<br>$PC_L\leftarrow((SP)),SP\leftarrow(SP)-1$<br>中断返回 | 1 | 2 | × | × | × | × |

| 十六进制代码 | 指令助记符 | 说 明 | 字节数 | 执行周期数 | 对标志位影响 | | | |
|---|---|---|---|---|---|---|---|---|
| | | | | | CY | AC | OV | P |
| *1 | AJMP addr11 | $(PC) \leftarrow (PC) + 2$<br>$PC10 \sim PC0 \leftarrow addr11$<br>$PC15 \sim PC11$ 不变 | 2 | 2 | × | × | × | × |
| 02 | LJMP addr16 | $(PC) \leftarrow addr16$ | 3 | 2 | × | × | × | × |
| 80 | SJMP rel | $(PC) \leftarrow (PC) + 2$<br>$(PC) \leftarrow (PC) + rel$ | 2 | 2 | × | × | × | × |
| 73 | JMP @A + DPTR | $(PC) \leftarrow (A) + (DPTR)$ | 1 | 2 | × | × | × | × |
| 60 | JZ rel | $(PC) \leftarrow (PC) + 2$<br>若$(A) = 0$,则$(PC) \leftarrow (PC) + rel$ | 2 | 2 | × | × | × | × |
| 70 | JNZ rel | $(PC) \leftarrow (PC) + 2$<br>若$(A) \neq 0$,则$(PC) \leftarrow (PC) + rel$ | 2 | 2 | × | × | × | × |
| E5 | CJNE A,direct,rel | $(PC) \leftarrow (PC) + 3$<br>若$(A) \neq (direct)$,则$(PC) \leftarrow (PC) + rel$ | 3 | 2 | × | × | × | × |
| B4 | CJNE A,#data,rel | $(PC) \leftarrow (PC) + 3$<br>若$(A) \neq data$,则$(PC) \leftarrow (PC) + rel$ | 3 | 2 | × | × | × | × |
| B8 ~ BF | CJNE Rn,#data,rel | $(PC) \leftarrow (PC) + 3$<br>若$(Rn) \neq data$,则$(PC) \leftarrow (PC) + rel$ | 3 | 2 | × | × | × | × |
| B6,B7 | CJNE @Ri,#data,rel | $(PC) \leftarrow (PC) + 3$<br>若$((Ri)) \neq data$,则$(PC) \leftarrow (PC) + rel$ | 3 | 2 | × | × | × | × |
| D8 ~ DF | DJNZ Rn,rel | $(PC) \leftarrow (PC) + 2$,$(Rn) \leftarrow (Rn) - 1$<br>若$(Rn) \neq 0$,则$(PC) \leftarrow (PC) + rel$ | 2 | 2 | × | × | × | × |
| D5 | DJNZ direct,rel | $(PC) \leftarrow (PC) + 3$,$(direct) \leftarrow (direct) - 1$<br>若$(direct) \neq 0$,则$(PC) \leftarrow (PC) + rel$ | 3 | 2 | × | × | × | × |
| 00 | NOP | 空操作 | 1 | 1 | × | × | × | × |

表 A-5 位操作类指令

| 十六进制代码 | 指令助记符 | 说 明 | 字节数 | 执行周期数 | 对标志位影响 | | | |
|---|---|---|---|---|---|---|---|---|
| | | | | | CY | AC | OV | P |
| C3 | CLR C | $CY \leftarrow 0$ | 1 | 1 | √ | × | × | × |
| C2 | CLR bit | $(bit) \leftarrow 0$ | 2 | 1 | × | × | × | × |
| D3 | SETB C | $CY \leftarrow 1$ | 1 | 1 | √ | × | × | × |
| D2 | SETB bit | $(bit) \leftarrow 1$ | 2 | 1 | × | × | × | × |
| B3 | CPL C | $CY \leftarrow \overline{CY}$ | 1 | 1 | √ | × | × | × |
| B2 | CPL bit | $(bit) \leftarrow \overline{(bit)}$ | 2 | 1 | × | × | × | × |
| 82 | ANL C,bit | $(CY) \leftarrow (CY) \wedge bit$ | 2 | 2 | √ | × | × | × |

| 十六进制代码 | 指令助记符 | 说　明 | 字节数 | 执行周期数 | 对标志位影响 | | | |
|---|---|---|---|---|---|---|---|---|
| | | | | | CY | AC | OV | P |
| B0 | ANL C,/bit | $(CY) \leftarrow (CY) \wedge \overline{(bit)}$ | 2 | 2 | √ | × | × | × |
| 72 | ORL C,bit | $(CY) \leftarrow (CY) \vee bit$ | 2 | 2 | √ | × | × | × |
| A0 | ORL C,/bit | $(CY) \leftarrow (CY) \vee \overline{(bit)}$ | 2 | 2 | √ | × | × | × |
| A2 | MOV C,bit | $(CY) \leftarrow (bit)$ | 2 | 1 | √ | × | × | × |
| 92 | MOV bit,C | $(bit) \leftarrow (CY)$ | 2 | 1 | × | × | × | × |
| 40 | JC rel | $(PC) \leftarrow (PC) + 2$，若$(CY) = 1$，则$(PC) \leftarrow (PC) + rel$ | 2 | 2 | × | × | × | × |
| 50 | JNC rel | $(PC) \leftarrow (PC) + 2$，若$(CY) = 0$，则$(PC) \leftarrow (PC) + rel$ | 2 | 2 | × | × | × | × |
| 20 | JB bit,rel | $(PC) \leftarrow (PC) + 3$，若$(bit) = 1$，则$(PC) \leftarrow (PC) + rel$ | 3 | 2 | × | × | × | × |
| 30 | JNB bit,rel | $(PC) \leftarrow (PC) + 3$，若$(bit) = 0$，则$(PC) \leftarrow (PC) + rel$ | 3 | 2 | × | × | × | × |
| 10 | JBC bit,rel | $(PC) \leftarrow (PC) + 3$，若$(bit) = 1$，则$(PC) \leftarrow (PC) + rel$，$(bit) \leftarrow 0$ | 3 | 2 | × | × | × | × |

# 附录 B　MCS-51 指令矩阵表(汇编/反汇编表)

### 表 B-1　MCS-51 指令矩阵

| | 0 | 1 | 2 | 3 | 4 | 5 | 6,7 | 8～F |
|---|---|---|---|---|---|---|---|---|
| 0 | NOP | AJMP0 | LJMP addr16 | RR A | INC A | INC direct | INC @Ri | INC Rn |
| 1 | JBC bit,rel | ACALL0 | LCALL addr16 | RRC A | DEC A | DEC direct | DEC @Ri | DEC Rn |
| 2 | JB bit,rel | AJMP1 | RET | RL A | ADD A,#data | ADD A,direct | ADD A,@Ri | ADD A,Rn |
| 3 | JNB bit,rel | ACALL1 | RETI | RLC A | ADDC A,#data | ADDC A,direct | ADDC A,@Ri | ADDC A,Rn |
| 4 | JC rel | AJMP2 | ORL direct,A | ORL direct,#data | ORL A,#data | ORL A,direct | ORL A,@Ri | ORL A,Rn |
| 5 | JNC rel | ACALL2 | ANL direct,A | ANL direct,#data | ANL A,#data | ANL A,direct | ANL A,@Ri | ANL A,Rn |
| 6 | JZ rel | AJMP3 | XRL direct,A | XRL direct,#data | XRL A,#data | XRL A,direct | XRL A,@Ri | XRL A,Rn |
| 7 | JNZ rel | ACALL3 | ORL C,bit | JMP @A+DPTR | MOV A,#data | MOV direct,#data | MOV @Ri,#data | MOV Rn,#data |
| 8 | SJMP rel | AJMP4 | ANL C,bit | MOVC A,@A+PC | DIV AB | MOV direct,direct | MOV direct,@Ri | MOV direct,Rn |
| 9 | MOV DPTR,#data16 | ACALL4 | MOV bit,C | MOVC A,@A+DPTR | SUBB A,#data | SUBB A,direct | SUBB A,@Ri | SUBB A,Rn |
| A | ORL C,/bit | AJMP5 | MOV C,bit | INC DPTR | MUL AB | | MOV @Ri,direct | MOV Rn,direct |
| B | ANL C,/bit | ACALL5 | CPL bit | CPL C | CJNE A,#data,rel | CJNE A,direct,rel | CJNE @Ri,#data,rel | CJNE Rn,#data,rel |
| C | PUSH direct | AJMP6 | CLR bit | CLR C | SWAP A | XCH A,direct | XCH A,@Ri | XCH A,Rn |
| D | POP direct | ACALL6 | SETB bit | SETB C | DA A | DJNZ direct,rel | XCHD A,@Ri | DJNZ Rn,rel |
| E | MOVX A,@DPTR | AJMP7 | MOVX A,@R0 | MOVX A,@R1 | CLR A | MOV A,direct | MOV A,@Ri | MOV A,Rn |
| F | MOVX @DPTR,A | ACALL7 | MOVX @R0,A | MOVX @R1,A | CPL A | MOV direct,A | MOV @Ri,A | MOV Rn,A |

说明:表中为行向高位,列向低位的十六进制数构成一个字节的指令的操作码,其相交处的框内就是相对应的汇编语言指令。

# 附录 C　图形符号对照表

### 表 C-1　常用分立元件图形符号

| 元件名称 | 常见图形符号 | 国家标准(GB4728)和国际标准(IEC617) |
|---|---|---|
| 一般电阻 | | |
| 一般电容 | | |
| 极性电容 | | |
| 一般电感 | | |
| 带磁芯的电感 | | |
| 压电晶体 | | |
| 一般开关 | | |
| 按钮开关 | | |
| 二极管 | | |
| 发光二极管 | | |
| 三极管 | | |

**表 C-2 常用逻辑门电路图形符号**

| 电路名称 | 原部颁标准 | 常见图形符号 | 国家标准（GB4728）和国际标准（IEC617） |
|---|---|---|---|
| 与门 | 74LS08 | 74LS08 | 74LS08 |
| 或门 | 74LS32 | 74LS32 | 74LS32 |
| 非门 | 74LS04 | 74LS04 | 74LS04 |
| 或非门 | 74LS02 | 74LS02 | 74LS02 |
| 二输入端与非门 | 74LS00 | 74LS00 | 74LS00 |
| 四输入端与非门 | 74LS20 | 74LS20 | 74LS20 |
| 集电极开路的二输入端与非门（OC门） | 74LS03 | 74LS03 | 74LS03 |
| 缓冲输出的二输入端与非门（驱动器） | 74LS37 | 74LS37 | 74LS37 |
| 异或门 | 74LS86 | 74LS86 | 74LS86 |
| 带施密特触发特性的非门 | 74LS14 | 74LS14 | 74LS14 |

# 参 考 文 献

1. 李朝青. 单片机原理及接口技术[M]. 北京:北京航空航天大学出版社,1999.

2. 王爱英. 计算机组成与结构[M]. 北京:清华大学出版社,1994.

3. 郁慧娣. 微机系统及其接口技术[M]. 南京:东南大学出版社,1998.

4. 蔡美琴,张为民. MCS-5 系列单片机系统及其应用[M]. 北京:高等教育出版社,1996.

5. 孙函芳、徐爱卿. MCS-5196 系列单片机的原理与应用[M]. 北京:北京航空航天大学出版社,1996.

6. 窦振中. 单片机外围器件实用手册存储器分册[M]. 北京:北京航空航天大学出版社,1998.

7. 徐惠民,安德宁. 单片微型计算机原理、接口、应用[M]. 北京:北京邮电学院出版社,1990.

8. 余永权. 89 系列(MCS-51 兼容)Flash 单片机原理及应用[M]. 北京:电子工业出版社,1997.

9. 宋建国. AVR 单片机原理及应用[M]. 北京:北京航空航天大学出版社,1998.

10. 王勇,佟锦林,徐爱卿. 嵌入式单片机 8×C251 用户指南[M]. 北京:北京航空航天大学出版社,1997.

11. 何立民. 单片机应用技术选编(1)～(8)[M]. 北京:北京航空航天大学出版社,1994～2000.